纪 念 改 革 开 放 40 周 年
推 动 者 系 列

科技引领未来

刘未鸣／主编

吴良镛　潘建伟等／著

U0305025

中国文史出版社

图书在版编目（CIP）数据

科技引领未来 / 吴良镛等著 . — 北京：中国文史出版社，2018.4
（纪念改革开放 40 周年·推动者系列）
ISBN 978-7-5205-0251-1

Ⅰ . ①科… Ⅱ . ①吴… Ⅲ . ①科技发展—研究—中国 Ⅳ . ① N12

中国版本图书馆 CIP 数据核字（2018）第 088078 号

责任编辑：牛梦岳 高 贝

出版发行	**中国文史出版社**
社　　址	北京市西城区太平桥大街 23 号　邮编：100811
电　　话	010-66173572　66168268　66192736（发行部）
传　　真	010-66192703
印　　装	北京温林源印刷有限公司
经　　销	全国新华书店
开　　本	787×1092　　1/16
印　　张	20.75
字　　数	295 千字
版　　次	2018 年 6 月北京第 1 版
印　　次	2018 年 6 月第 1 次印刷
定　　价	68.00 元

纪念改革开放 40 周年·推动者系列

总策划、主编： 刘未鸣

策划、副主编： 张剑荆　　詹红旗

编　　　委： 王文运　　张春霞　　马合省　　窦忠如　　金　硕

历史将记住这个名字

刘未鸣

我们为这套丛书取名"推动者"。

因为，中国改革开放40年是中国人的奋斗史，也是思想史。13亿中国人是改革开放的参与者，也是推动者。

而曾经活跃或正活跃在改革开放舞台上的各领域的标志性人物，以其深刻的思想、艰苦的求索和卓越的成就，成为推动者的代表，他们的名字将连同那些标志性的事件写进中国改革开放的历史。

中国的改革开放发轫于农村。只要谈及农村的改革，就自然会想到小岗村，想到严俊昌，正是这位村领头人的勇敢，小岗村的包产到户才成为农村家庭承包责任制的序曲；就自然会想到被誉为"中国农村改革之父"的杜润生、"杂交水稻之父"的袁隆平、"中国农民伟人"的吴仁宝，以及含泪给朱镕基总理写信直言农民疾苦的乡官李昌平。

中国改革开放的纵深地带在经济领域。只要谈到经济领域的改革，就自然会想到于光远，作为中国改革开放的重要参与者和见证人，于光远为转型中国所提出的真知灼见，影响深远；就自然会想到董辅礽、高尚全、吴敬琏、厉以宁、萧灼基、周其仁，以及林毅夫、钱颖一和李稻葵，他们的名字与经济领域的重大改革举措息息关连。

经过40年的洗礼，科技引领未来、教育改变中国的观念已根植人心，也因此这些名字被越来越多的人所熟知：吴良镛、孙家栋、金怡濂、屠呦呦、戚发轫、胡启恒、潘建伟，李希贵、柳斌、刘道玉、朱永新、陶西平，以及俞敏洪、徐永光。

经过40年的洗礼，依法治国、依法行政、依法经商、做守法公民的观念日渐深入人心。而在驶向法治中国的进程中，王铁崖、高铭暄、郭道晖、许崇德、巫昌祯、江平、李步云、应松年、王利明这些名字将会被人们牢牢记住，这些法学家们以他们的家国情怀和专业精神，推动着法制改革。

40年改革开放，中国大地上孕育出许多新的群体，农民工、律师、会计师、北漂、白领、海归，而企业家无疑是这些群体中十分耀眼的一个，这个群体中的佼佼者如柳传志、任正非、鲁冠球、曹德旺、张瑞敏、马蔚华、刘永好，以及许家印、李书福、马化腾等，以敢为天下先的改革、创新精神和义利兼顾的情怀诠释了中国当代企业家的精神。

40年间，不论物质生活的方式如何变化与创新，人们对精神生活的追求、对传统文化的眷念从来没有中止过，而侯仁之、吴冠中、张君秋、谢晋、李学勤、王蒙、傅庚辰、冯骥才、刘心武、叶小钢等，则无疑是我们精神家园的守望者，他们关于文化大国建设的思考、对于文化自信与自觉的探求，启迪亦感动了无数人。

40年间，即便在一些地方为追求经济高速发展而不惜过度消耗资源、伤及生态环境的时候，依然有人执著于青山绿水的守护。曲格平、梁从诫、李文华、张新时、牛文元、解振华、廖晓义、王文彪，他们不仅让世界了解了中国传统文化中"人与自然和谐共生"的价值观，也让国际社会看到了当代中国人为实现这一价值观所做出的不懈努力。

……

这套丛书收录了80位改革开放的标志性人物和他们深刻思考改革开放、艰难探索发展路径的精品力作。我们深知，中国的改革开放是全方位的，涉及所有领域、所有群体，但限于时间和精力，我们只选择了7个领域和1个群体。我们同样深知，所选7个领域和1个群体中改革开放的标志性人物远不止丛书所列举的这80位，还有很多如告别铅与火的王选、中国第一商贩年广久、国企改革试水者步鑫生，以及以一首《致橡树》开启诗歌新流派的舒婷、问鼎诺贝尔文学奖的莫言，等等，因为篇幅等原因，未能收录进来，我们谨在此向他们致敬。

我们相信，历史将记住这80个名字。

历史也将记住更多的名字。

更重要的是，历史将记住这个名字：推动者。

目　录

潘建伟

吴良镛

吴良镛，男，1922 年生，江苏南京人。1944 年毕业于中央大学建筑系。1946 年协助梁思成创建清华大学建筑系。中国科学院院士、中国工程院院士。2011 年度国家最高科学技术奖获得者。曾任清华大学建筑系主任、中国建筑学会副理事长、中国城市规划学会理事长，以及国际建筑师协会副主席、世界人居学会主席等职。现任清华大学建筑与城市研究所所长、人居环境研究中心主任。

论中国建筑文化研究与创造的历史任务

新时期的建筑文化危机——欣欣向荣的建筑市场中地域文化的失落

当前，中国经济快速稳步发展，建筑设计、城市设计的"市场"欣欣向荣，非常热闹。大小竞赛不断，并且似乎非国际招标不足以显示其"规格"，影响所及，国际上一些建筑事务所纷纷来中国的主要城市争一席之地，进行一场"混战"。由于目前中国建筑师新生力量在茁长，设计机构在重组，在大型竞赛的诱惑下只能被动地参战，中国建筑师正面临着新一轮的力量不平衡甚至不公平的竞争。

繁荣的建筑市场中的设计竞赛，表面上看，是技术与经济的竞争，实际上也是一种地域文化的竞争。一般说来，技术与经济竞争的目标和要求较为明显，"指标"具体，而建筑文化的竞争、设计艺术匠心的酝酿则较难捉摸但非常重要。目前，一般商品市场的竞争战略观念已经从产品竞争转变到智能竞争，要求掌握"核心专长"，即要拥有别人所没有的优势智能。有人说21世纪竞争将取决于"文化力"的较量，"当今世界，文化与经济和政府相互交融，在综合国力竞争中的地位和作用越来越突出。文化的力量，深深熔铸在民族的生命力、创造力和凝聚力之中"。建筑也莫能例外，中国建筑师理应熟悉本土文化，能够赢得这方面的竞争，但事实上未必如此，以首都博物馆为例。应该说首都博物馆设计不是一般的建筑设计，它本身是文化建筑，又建在中国文化中心、首位历史文化名城中的主要大街上，建筑构思理应追求更多一些文化内涵和地方文化特色，事实很令人失望，从参赛的一些方案包括中标的方案中，我们并不能得到这种印象。这并不是孤立的现象，在国家大剧院设计竞赛中，由于操办者的偏颇以及中国某些同行们的哄抬，那位建筑师扬言"对待传统的最好办法就是把它逼到危险的境地"，今天试看到处"欧陆风"建筑的兴起，到处不顾条件地企图靠外国建筑师来本地创名牌，甚至有愈演愈烈之势。我们永远要认真地虔诚地向确实学有专长的一切外国专家学习，并欢迎他们参与中国建设，但上述一些现象却反映了我们对中国建筑文化缺乏应有的自信。

城市"大建设"高潮中对传统文化的"大破坏"

目前，中国城市化已经进入加速阶段，在大建设的高潮中，"建设性破坏"时有发生，如浙江绍兴原是一个规模并不大、河网纵横、保存得相当完整的历史文化名城，与苏州分庭抗礼，分别是越文化与吴文化的代表，对绍兴不难进行整体保护，甚至有条件申请人类文化遗产，可是决策者却偏偏按捺不住"寂寞"去赶时髦，在名城中心开花，大拆大改，建大高楼、大广场、大草地，并安放两组体量庞大的建筑。这种遭遇何止一地？在"三面荷花一面柳，一城山色半城湖"的济南大明湖，现在因为湖边高楼四起，在湖中只能看到残山剩水，已失去昔日烟波浩渺的诗情画意。

上述之点绝非孤立现象，尽管情况错综复杂，其共同点则可以归结为对传统文化价值的近乎无知与糟蹋，以及对西方建筑文化的盲目崇拜，而实质上是"世界范围各种思想文化的相互激荡"，是所谓全球化与地域文化激烈的碰撞的反映。

全球化对地域文化的撞击

全球化是一个尚在争议的话题，随着科学技术的发展、交通传媒的进步，全球经济一体化的到来，从积极的意义来说，其经济方面可以促进文化交流，给地域文化发展以新的内容、新的启示、新的机遇；地域文化与世界文化的沟通，也可以对世界文化发展有所贡献。但事实上，全球化的发展与所在地的文化和经济日益脱节，面对席卷而来的"强势"文化，处于"弱势"的地域文化如果缺乏内在活力，没有明确的发展方向和自强意识，没有自觉的保护与发展，就会被动，有可能丧失自我的创造力与竞争力，湮没在世界"文化趋同"的大潮中。源远流长的中国文化当然不能算是弱势文化，但由于近百年来中国政治、经济、社会发展缓慢，科学技术落后，建筑科学发展长期停滞不前甚至处于没落之中。然而，就在这种困难条件下，20 世纪 20—30 年代涌现出近代建筑的先驱者，以积极的精神努力不懈地介绍西方现代建筑，整理中国遗产；改革开放后，现代形形色色的流派劈天盖地而来，建筑市场上光怪陆离，使一些并不成熟的中国建筑师难免眼花缭乱，同时，由于对本土文化又往往缺乏深厚的功力，甚至存在不正确的偏见，因此尽管中国文化源远流长，博大精深，面对全球强势义化，我们一时仍然显得"头重脚轻"，无所适从，因此在新的建设中，特别是有人文内涵的建筑中，特别需要有民族的文化精神。

失去建筑的一些基本准则，漠视中国文化，无视历史文脉的继承和发展，放弃对中国历史文化内涵的探索，显然是一种误解与迷茫。成功的建筑师从来就不是拘泥于国际式的现代建筑的樊笼，美国建筑师事务所设计的上海金茂大厦就是一个证明。我并不认为中国建筑师无此才能，而是失之于方向的不明确。

"城市黄金时代"与城市振兴的机遇——一本书的启示

城市文明与文化一直为学者们所倡导。在 20 世纪 40 年代，美国评论家、历史、人文、社会、建筑等多领域的学者芒福德鉴于资本主义社会城市的兴起与当时的社会现象，曾撰写《城市文化》一书，后意犹未尽，又进一步发展为《历史中的城市》，受到国际、国内学术界的关注。在 20 世纪末，英国城市学家霍尔在写《明日之城市》之后，又撰写《城市文明》，进一步选择西方 2500 年文明史中的 21 个城市，细评其发展源流、文化与城市建设特点，指出城市在市政创新中具有四个方面的独特表现：城市发展与文化艺术的创造，技术的进步，文化与技术的结合，针对现实存在的问题寻找答案。他指出，在城市发展史中有十分难得的"城市黄金时代"现象，这特别的窗口同时照亮了世界内外，如公元前 5 世纪的雅典，14 世纪的佛罗伦萨，16 世纪的伦敦，18、19 世纪的维也纳，以及 19 世纪末的巴黎等，清晰可见。为什么它形成在特定的城市，并在特定的时期内，突然地显现其创造力？为什么这种精神之花在历史的长河中短暂即逝，一般在十几年、二十年左右，匆匆而来又悄然逝去？为什么少数城市能有不止一个黄金时代？为什么又难以捕捉并创造这智慧的火花？在此我们无法对这本巨著所涉及的城市作摘要叙述，对书中的观点未必全然同意，且作者声明，这本书并不试图说明一切，对五千年的中华文化等尚未涉及，这就从另一角度促使我们思考自己的文化史、城市史，中国黄金的城市时代是什么？对唐长安和洛阳、北宋汴梁、南宋杭州、元大都以至明清北京等一般的情况学者们大体有所了解，我们可以从中再发现什么？我们不一定像霍尔那样得出同样的结论，但这些城市确有极盛一时的辉煌及其发展规律，从中我们能发掘或阐释什么？

中国的城市黄金时代已经到来

今天的中国城市无论沿海还是内地都处在大规模的建设高潮之中，可以说已经进入城市的黄金时代。依笔者所见，如果乐观一点说，中国可以有若干城市同时塑造它们的黄金时代。在此情形下，关键就看我们如何在国家或主管部门总的建设纲领的指导下，审时度势，及时根据当地条件，针对自己的特有问题，利用技术进步，创造性地加以解决。每个城市如果真正深入地研究自己的历史文化，总结其历史经验，捕捉当前发展的有利条件，创造性地制定发展战略，不失时机地集中调动多方面的积极因素（包括文化优势），城市发展必将大有可为。苏州召开"吴文化与现代化论坛"研讨会就颇有创意，首次向社会公开招标，征集研究课题，把研讨会当作过程来办，促成了营造社会氛围和抓好研究成果的互动；它给我们的启发不仅在对吴文化本身的历史发展为何蔚为大观，还在于通过对吴文化价值的新认识，将吴文化研究的主题从历史推向了现代。鸦片战争后，上海开辟租界，"海派文化"的兴起，至少使我国江南文化推向一个新的历史阶段，反过来又影响江南文化的发展，至今上海及长江三角洲的发展仍具有巨大的活力。美国百人会常务理事，百人会文化协会主席杨雪兰女士在上海召开的"中华学人与21世纪上海发展国际研讨会"上指出，"文化是上海发展的原动力"，"上海具有丰富多彩的文化历史，并且已经开辟了特定的文化基础的通道，上海目前需要的是一个全面的、战略性的计划去推动和促进其充满活力和独创的文化，从而来显示上海在中国和世界的独特位置"。

在《城市文明》一书中，霍尔批判了斯宾格勒所说的"西方文化的衰落"，在斯宾格勒预言的80年后，芒福德预言的60年后，霍尔以本人的著述为证持有异议，在世界大城市中都一直保持着持续的创造力与持续的再创造，而整个过程似无尽头，无论西方文化还是西方城市都无衰微的迹象。中心的问题是，为什么城市生命能自我更新，更确切的要问，点燃城市之火的创造的火花的本质是什么？我们可以思考霍氏所提的问题，但更要反躬自问，难道中国建筑文化传统真的成为"弱势文化"？被人掷于"危险的边缘"？就如此一蹶不振？面对中国如此蓬勃的建设形势，除了吸取西方所长外，就如此碌碌无所作为？我们不能不反躬自省。

在此，我想再次重申："我们在全球化进程中，学习吸取先进的科学技术，创造全球优秀文化的同时，对本土文化更要有一种文化自觉的意识、文化自尊的态度、文化自强的精神。"

开拓性地、创造性地研究中国建筑文化遗产

综上所述，我们迫切需要加强对中国建筑文化遗产的研究并向全国学人及全社会广为介绍，这是时代的任务。中国史家对建筑文化的研究不遗余力，20 世纪 40 年代，梁思成先生首著《中国建筑史》；20 世纪 60 年代，经刘敦桢、梁思成、刘秀峰等人倡导，曾组织当时全国的建筑研究力量，编纂《中国建筑史》，八易其稿；20 世纪 80 年代，"十年动乱"刚结束即着手编纂《中国古代建筑技术史》，《华夏意匠》也问世；嗣后，《中国大百科全书》之"建筑·园林·城市规划"分卷中，中国建筑部分以其严谨的内容，光彩照人；近年来，一系列大型中国建筑图书编辑出版，亦为盛事。如果说 20 世纪 60 年代《中国建筑史》的编纂是第一代、第二代建筑史家结合的盛举，"文革"后的《中国古代建筑技术史》是第二代的成果，那么近几年来除了第二代的建筑史家力著相继问世外，一系列中国建筑新图书的出版，如《中国民族建筑》《中国建筑艺术史》以及《古建园林技术》杂志等，青年史家脱颖而出。应该说中国古建筑研究经过三代人之努力已蔚为大观，功绩卓著，形势喜人。

但从现实要求看，已有的工作还远不能适应时代需要。一般讨论建筑文化，每每就建筑论建筑，从形式、技法等论建筑，或仅整理、记录历史，应该说这方面的努力有成功、成熟与开拓之作，这是一个方面。今天，建筑与

城市面临新的发展形势，我们宜乎以更为宽阔的视野，看待建筑与城市文化问题。现仅对经济与城市化大发展，以及欣欣向荣的建筑市场，对建筑与城市文化发展作一些新探索。

着眼于地域文化，深化对中国建筑与城市文化的研究

文化是有地域性的，中国城市生长于特定的地域中，或者说处于不同的地域文化的哺育之中。愈来愈多的考古发掘成果证明，历史久远的中华文化实际上是多种聚落的镶嵌，如就全中华而言，亦可称亚文化的镶嵌，如河姆渡文化、良渚文化、龙山文化、二里头文化、三星堆文化、巴渝文化等，地域文化发掘连绵不断，信息源源而来。地域文化是人们生活在特定的地理环境和历史条件下，世代耕耘经营、创造、演变的结果。一方水土养一方人，哺育并形成了独具特色的地域文化；各具特色的地域文化相互交融，相互影响，共同组合出色彩斑斓的中国文化空间的万花筒式图景。

如果说中国古代建筑史研究在通史、断代史方面已经做了大量的、开创性的工作，相应地，在地域文化研究方面则相对不足，甚至有经缺纬。多年来，本人提倡地区建筑学，其理论与实践不能没有地域文化研究的根基，否则就是无源之水、无本之木。

地域文化有待我们发掘、学习、光大，当然这里指的地域建筑文化内涵较为广泛，从建筑到城市，从人工建筑文化到山水文化，从文态到生态的综合内容。例如，中国的山水文化有了不起的蕴藏，中国的名山文化基于不同哲理的审美精神，并与传统的诗画中的意境美相结合，别有天地，在我们对西方园林、地景领域中有所领略之后，再对中国园林山水下番功夫，当更能领略天地之大美。

必须说明的是，地域文化本身是一潭活水，而不是一成不变的。有学者谓全球文化为"杂合"文化，地域文化本身也具有"杂合"性质，不能简单理解为纯之又纯，随着时代的发展，地域文化也要发展变化；另一方面，随

着本土文化的积淀，它又在新形式的创造与构成中发挥一定的影响。

从史实研究上升到理论研究

中国建筑文化研究向来重史实，这是前贤留给我们的一个很好的传统，但理论建树必须要跟上。对建筑文化遗产研究要发掘其"义理"，即对今天仍然不失光彩的一些基本原则，如朴素的可持续发展思想，环境伦理思想，"惜物"等有益的节约资源的观念。从经典建筑群中，我们可以总结建筑规划苗长的艺术规律，例如举世闻名的布达拉宫中，顺治初年的三座殿堂，后来又经过不同时代断断续续的添建，从中可以领悟建筑群递增的规律与自组织现象。

在理论研究中，不可忽略的一个方面是对中国近代建筑文化的研究。中国近代本身就是中与西、新与旧、成功与失败、革新与保守交融的时期，从历史经典的作品，建筑师本人的身上，也可以找出时代发展的轨迹。仍以"海派文化"为例（建筑部分），这里充满传统与革新、碰撞与融合、理论的困惑与矛盾，又有中西合璧"石库门"建筑的实践，其探索对今天仍不无启发。因此，可以说抛却近代历史，建筑与城市理论研究也就不完整。

就理论研究来说，我们有必要加强"西学"与"中学"根基。当前中国建筑师在国际竞赛中处于弱势，一个很重要的原因就在于"西学"与"中学"根基都不够宽厚。相比之下，"中学"的根基尤为薄弱。就素质来说，我们的学生是非常优秀的，我不愁他们对当前国际建筑成就吸收的能力，当然需要有正确的观点和方向，辨别精华糟粕，但同时更希望善为引导他们在"中学"上要打好基础，在科学上要有整体性理解，在艺术修养上要达到高境界，在思想感情上要对吾土吾民有发自内心的挚爱。当然，加强"西学"与"中学"根基，并不是要求每个人都能像先贤那样融会贯通，但我们在治学的态度和方法论上，也应该向这个方面努力，把历史和现实中纷繁的、似乎"孤立"的现象连缀为线索，渐成系统，并作东西方比较研究，这是提高文化修养，激发对新事物的敏感，促进创作意匠的关键之点。

追溯原型，探讨范式

为了较为自觉地把研究推向更高的境界，要注意追溯原型，探讨范式。建筑历史文化研究一般常总结过去，找出原型，并理出发展源流，例如中国各地民居的基本类型、中国各种类型建筑的发展源流、聚居形式的发展以及城市演变，等等。找出原型及发展变化就易于理出其发展规律，但作为建筑与规划研究不仅要追溯过去，还要面向未来，特别要从纷繁的当代社会现象中尝试予以理论诠释，并预测未来，因为我们研究世界的目的不仅在于解释世界，更重要的是改造世界，对建筑文化探讨的基本任务亦在于此。历史和现实留存许多尚待解决的问题，如当前全球文化与地域文化的关系并未弄清楚，作为研究工作者，总要有一种看法与见解，当然随着形势的发展可以不断修正、充实、完善，也有可能否定。如果继续深入研究，就不仅是一种看法，甚至可以提高到尝试对某种范式的建构，可以促使我们较为自觉地把理论与实践推向更高的境界。这是我们观察事物的着眼点、立足点，这样可以促使我们开阔视野，激发思考，我们的历史研究就必然逐渐从专史到史论，从单纯的历史、文化研究到关注现实，关注未来，并以多学科的视野寻找焦点、生长点，探索"可能的未来"。其实，有创见、有贡献的中西方学者多是这样一步步走来的，现实也要求、迫使我们非如此不可，时代在前进，我们要随时代改进我们的学习。

以审美求新的意识来发掘遗产，创造性地运用于实践

科学和艺术在建筑上应是统一的，21世纪建筑需要科学的拓展，也需要寄托于艺术的创造。艺术的追求是无止境的，高低之分、文野之分、功力之深浅等一经比较就立即显现。特别要指出的是，我们不能把传统文化僵化成

固定的形式而依样画葫芦，照搬照抄，如果我们在研究中能结合建筑与城市设计创作实践，以审美的意识来发掘其有用的题材，借题发挥，立异标新，当能另辟蹊径，用以丰富其文化内涵。

例如，我们在山东曲阜孔子研究院的设计创作中，对这样建立在特殊地点（孔子家乡）的特殊功能的建筑物（以研究和发展儒学文化为内容）的建筑，它必须是一座现代建筑屹立在这文化之乡，同时自当具备特有的文化内涵，在对孔子同时代——战国时代的建筑文化，及对中国书院建筑的发展沿革、形制，进行一番探讨之后，从建筑构图、总体布局、室内外造型上，包括装饰纹样等都做了一定的探索，既选择其内在的"含义"，又予以现代形象表达，创造一种既带有传统书画院的文化气息，又具有"欢乐的圣地感"的公共空间，因此整个设计能独树一帜。

像中国这样一个历史悠久的国家，除列入保护名册的历史名城与历史地段外，可以借题发挥大做文章的城市、地段几乎所在皆是，就看你如何去因借创造。有了丰富的历史、地理、文化知识，就好像顿生慧眼，山还是那个山，水还是那个水，但一旦你发掘出李、杜题韵，东坡游记，立即光彩照人，"落花流水皆文章"，涌出了无穷的想象力，沟通了时间的湍流，促使建筑师、规划师以生花之笔勾画出情理兼容的大块文章。

推进并开拓文物保护工作

中国古建筑研究的先驱者如梁思成等在从事历史研究的同时，非常重视文物保护，做了大量工作，并形成了较为系统的思想理论体系。改革开放后，文保工作的情况发生很大变化，建设规模变大，内容变多，时间紧急，保护规划工作跟不上，并且由于投资者各种方式幕前幕后的介入、法制的不完善，这项工作的复杂性与日俱增，破坏文物的行为此起彼伏，文物保护工作异常艰苦。当前的客观情况要求必须积极推进并开拓文物保护工作，包括扩大保护工作的内容，研究符合实际的可供操作的保护措施，争取更多的专业工作者合作，吸取社会各阶层热心人士参与，唤起全社会的认识与关注，以至争取决策者的秉公支持，力挽当前混乱局面。在所有这些工作中，出于专业职责和对历史与后人负责的考虑，文物学术界有识之士在发掘史实，参考国际成功经验与理论，密切与规划工作者结合，投身实际，提出切实措施等方面，更是当仁不让，义不容辞。

时代在前进，我们追求的目标必须不断随之向高处发展，难点在于这移动中的目标本身就需要不断寻觅，不能故步自封，学术思想总在原地踏步。文明是与时并进的，积极关注中国建筑文化的提高必然要提到我们的议事日程，中国建筑与文化研究的高潮必然到来，我们要及早从多方面入手。中国建筑研究需要放眼世界，总当以东方的思想情操、美学境界启发新的创造，倡建中国学派，并汇入世界建筑文化洪流中，未来不可限量，难于管窥，要有"大海波涛现代人"的胸怀去开拓进取，当然，还必须清醒地认识到，道路漫长，跬步千里，我们必须艰苦努力。

（此文发表在 2004 年 1 月 1 日《中国建设报》）

科技、人文与建筑

一、我对科技与人文相结合的认识经历

早在半个世纪以前，就有很多学者呼吁科技与人文，或理工与人文的结合。我对这方面的认识主要来自特定的历史环境和经历。

第一，学习环境。1940—1944 年，我在重庆中央大学读书，这是一个综合性大学，经常有很多综合性的讲演，对于大部分讲演一有时间我就去听。1946 年后我到清华大学工作，一直到 1952 年院系调整，当时清华也是一个综合性大学，可以在任何地方跟任何一位老师交流，甚至是跨学科的交流、跨理工和人文的交流。

第二，较早得益于梁思成先生。1948 年初，梁思成先生在清华同方部作了一个题为"理工与人文"的演讲，提出"二战"后很多人去追索战争的原因，部分科学家包括一些大学校长认为由于过分地重视技术，不理解人文，以至于做了一些违背社会伦理道德的事，梁思成先生称之为"半个人的世界"，意思是不懂得人文科学的人只能称为"半个人"，这个讲演对我的影响很深。

第三，我所从事的专业建筑与城市规划学本身就蕴含科技、人文、艺术特有的综合的内涵，较为自觉地对待这一特点，使我从科研上得益。这集中体现在"广义建筑学"的初步建立和"人居环境科学"的探索上，只是初步的收获，但经历了一个很长时间的探索过程，这里主要讲的就是这个过程。

二、在科研上科技与人文相结合的一些受益

相当长一个时期以来，建筑观念都停留在"房子"（building）的阶段，认为建筑就是盖房子，"茅茨土阶"，最基本的功能就是"遮风雨，蔽寒暑"；后来踵事增华，追求房子的外观美，增加社会功能等，如萧何造未央宫，"非壮丽无以重威"，在理论上为古代建筑艺术建立根据。这是一个从房子到建筑艺术（architecture）的过程。从20世纪50年代起直到"文化大革命"，建筑界有很多批判，对建筑理论、建筑方向、建筑思想、民族形式、大屋顶等的批判，当时我也被卷入批判之中，所以我总在想，建筑的本质究竟是什么？社会有很大的发展，建筑怎样适应社会的要求？相当长一段时期我感到困惑与茫然。改革开放后重整专业，我回到专业上来，逐渐获得新的认识：

第一，必须从科学的角度认识建筑，建立在较为完整的科学体系上。如果尽讲艺术、讲形式、讲列宁的反映论以及建筑的二重性等，就会使人越来越糊涂。

第二，必须整体地认识建筑。建筑不仅仅是房子，有关居住的社会现象都应该是建筑所覆盖的范围。

建筑的基本单位不应该是房子，而是"聚落"（settlement）。从三家村到小镇到城市，都是聚落，对于一个聚落来说，房子只不过是个零件。拿清华园来说，清华园不是各个系馆而是个整体的校园，校园应有多方面的功能，这就是建筑。我的建筑观怎么从"房子"到了"聚落"？1984年我到日本参观大阪人类学博物馆，发现人类早期的房子不仅是一幢房子，还有菜地、牲畜、水塘等，形成了一个整体，缺哪一部分人都不能生活，这就是最基本的；1988年我参观墨西哥人类学博物馆，发现也是这样；在中国，差不多同时期的西安姜寨发掘的新石器时代母系社会遗址，五组大房子对着中间广场，外面有壕沟，这也是人的基本居住单位。从这里面，从考古的遗迹

中，我得到了"群居"的观念，即必须大家共同住在一起。我刚来清华时，在图书馆里看到孙本文先生的《社会学》里面提出"人有好群居性"；我听了费孝通先生的"城市社会学"和"乡村社会学"课，把社会学引入到建筑学，发表了"完整社会单位"的理论。回顾1939—1944年四川、云南农村住宅成群结合，3—5幢房子外加竹林、水塘、猪圈，作为一个基本的居住生活单位，这里蕴有真正的、广泛的建筑学，这种最朴素、最自然的社会生活现象才是建筑学的真谛。对照理论上的探求，国外有Science of Human Settlement，从聚居角度研究城市；国内有《文献通考·职役考》云："昔日皇帝经土设井，以塞争端……使八家为井，井开四道，而分八宅，凿井于中。一则不泄地气，二则无费，三则同风俗，四则齐巧拙，五则通财货，六则存之更守，七则出入相同，八则嫁娶相谋，九则有无相贷，十则疾病相救。"也就是说，水井是邻里的中心，聚井而居，可以同风俗、通财货，有利于安全保卫、互相协助等等。用现在的话说就是可以得到"聚居效应"，可以说这是早期"聚落"思想的萌芽。

从房屋到聚落，应该是我对建筑学认识的一个飞跃。有了聚落问题，就有地区问题、社会文化问题、环境问题、可持续发展等等。1989年我在《广义建筑学》一书中，首先讲"聚居论"，不是就房子论房子，而是把房子看成聚居社区，有社会内容、政治内容、工程技术等各个方面。如果仅仅是工程技术、建筑艺术等，这些就房子论房子的观念就会受到局限，必须扩大其范围，这样建筑学跟城市规划学、园林学都成了一个概念。在此基础上，1993年进一步发展到"人居环境"（human settlement）领域，人居环境的核心就是要以人为本，科技与人文相结合。

三、从科技的原创性谈科技与人文相结合

我是从建筑学开始认识聚落的，后来看到考古学家张光直先生也走向了聚落形态研究，认为"聚落不是一个逻辑抽象出来的概念，也不是用一连串

的器物为特征来代表它。相反聚落由一系列以特定的方式被遗弃的特定空间的文化遗物所构成，是一个考古学可以处理的经验性的实体"。张光直先生把聚落作为考古学的基本单位；我把它作为建筑学的基本单位。这些方面还是有接近、借鉴的地方。

无论是认识建筑还是其他，都从比较广泛地、模糊地认识事物，发展为各个学科，如建筑学、城市规划学、道路工程学、市政工程学都分离出来。这是社会的进步、认识的进步、科学的进步，当然是对的。但是，每个学科只是学习过程中的一块敲门砖、一个起点、一个基本境界、一个专业的基础，专业要发展，要有些创造性，仅仅局限于专业基础是不够的（借以谋生可以），不能浅尝辄止，而要继续深入地探索。社会实践和社会问题是错综复杂的，解决实际问题必然是多学科的，这就需要自然科学和人文科学两方面的基础。在进行有创造性的工作，特别是原创性工作的时候，这个基础特别有用。学术的原创性来自许多社会现象，社会问题求解的心情，追求探索，触类旁通的契机（灵感）。这就要求每一个专家、每一个科学家都必须发挥别人所没有发挥的东西，解决尚未解决的难题，能够应用自然科学和社会科学的知识来进行探讨，要从多学科有目的地、有意识地推进，将中学和西学融会贯通，形成融贯的科学研究。对工程师、科学家来说，特别要有人文的素养。有了人文的素养，才能对有些现象顺手拈来，能够抓得住，特别是在最尖锐的矛盾中，最棘手的难题就蕴有潜在的创新机遇，创造与难题的突破是孪生兄弟。我常说，中国 1/5 的居住与人口问题的难题有所突破，就是国际先进水平。

四、以融贯的观念研究中国城市化问题

当前的社会经济发展的特征是全球化、城市化、现代化。城市化是一个社会形态与发展过程。过去我们不重视城市化。城市从工业革命后逐渐兴起，1800 年全世界城市人口只有 3%，现在发达国家大多在 60%—80%；

中国在 20 世纪 60—70 年代只有 10%，近几年发展较快，城市化水平达到 33%。现在正处在加速时期，面临的城市问题也非常多，有技术问题、环境问题、人文问题、社会问题等。这些问题不是用一般的传统概念所能解决的，也不是将有关学科叠加起来就能得到答案。目前的城市科学普遍跟不上时代的需要。对于国外的经验、理论，如果不能了解它产生的政治经济社会背景，也难以直接搬用。错综复杂的城市问题需要科技与人文相结合，多学科融贯，创造性地加以研究，找出独特的道路。果真如此，我们的城市规划建设理论与方法就有可能处于科学的前沿，其成果也将成为世界城市史的光辉一页。

张謇经营南通的例子，对我甚有启发。19 世纪末 20 世纪初，不少有识之士探索中国现代化道路。末代状元张謇在家乡南通兴办大生纱厂、发展交通、推广植棉，在提高生产力的基础上，从事当地文化、教育、社会福利与城市建设，兴办公园、博物院等。这是中国人以自己的资金，经过自己的规划建设，发展新城区，堪称"中国近代第一城"，与同时期西方被称为近代城市规划先驱者的霍华德等，在英国所为，虽历史地理条件各异，应同属创举。过去学术界一般重视中国古代城市建设成就，南通等发现深有启发。在中国早期现代化中，除南通外，当可发现仍有不少杰出人物对振兴实业，建设城市均有不同的贡献。例如，无锡的现代化建设，以至稍后四川重庆附近北碚附近的试验等，都有不同的贡献。从思想修养和人生境界来说，他们是立足于中国文化传统基础上的务实家，是带有理想色彩的笃行家（如张謇首先作为人文学者，继又从事实业），其思想渊源、理论基础、杰出创造等，颇值得我们在新时期作进一步研究，并对新条件下中国现代化进程与创造有所启发。

五、科学工作者的文化哲学修养

这个问题我在《广义建筑学》的哲学思考中曾这样写道：

半个世纪以来，我在治学过程中一直注意涉猎一些与建筑有关的人文书籍，这对于我认识事物特别是建筑学的方法论大有裨益。举个例子来说，季羡林先生指出，东方哲学思想重"整体概念"和"普遍联系"，这是很紧要的话，城市规划要涉及方方面面要求，从全局上考虑问题，自然离不开整体思维和相互联系；建筑学讲究"构图"（composition），所谓"巧者，合异类共成一体也"（《释名》），即将不同的内容组合在一起，其中要从根本上加以解决仍然是整体思维和互相联系，然而，西方某些新兴理论恰恰就忽视了这一点，将视野局限在某一方面，求新、求异，并言之成理，持之有效，也难免抓住二点，不及其余。可以说，能高瞻远瞩、集大成者，都离不开整体思维。

多年来，我的工作从建筑、城市设计、园林设计、城市规划，乃至于区域研究等，都以"整体设计论"（Holistic Design Thinking）为出发点，学习从哲学高度来分析问题、认识问题和解决问题。在自己从事的专业活动中，力求较为自觉地探索专业间的点滴联系的链条，推进我的专业活动。

最后，引用曾经启发我的两段讲话作为结束：

自然科学与社会科学必将交叉、结合，因为"历史本身是自然史，即自然界成为人这一过程的一个现实部分。自然科学往后将包括人的科学，正像人的科学包括自然科学一样，这将是一门科学"（《马克思恩格斯全集》第42卷，人民出版社1979年版，第128页）。

科学是内在的整体，它被分解为单纯的部门不是取决于事物本身，而是取决于人类认识能力的局限性。实际上存在着由物理学到化学，通过生物学和人类学到社会科学的连续的链条，这是任何一处都不能被打断的链条（德国著名科学家M.普朗克语，转引自《中国社会科学》1981年第3期）。

（此文发表在2004年第1期《中国大学教学》）

通古今之变·识事理之常·谋创新之道

自 1950 年从美国回来参加规划建设工作，至今已经近 55 个年头。其间，中国城市规划学会从建筑学会中的城镇规划组到今天的一级学会，也有50 年的历程。回顾所见、所闻、所思、所行，可总结之处很多，现就本人经历，从学术发展的角度，提出三点，即总结历史、发展理论、实践创新，与同行共勉，并庆祝中国城市规划学会成立 50 周年。

一、温故知新，认真认识和总结历史

新中国成立半个多世纪来，城市规划建设事业可歌可泣。从领导到技术人员到全国人民，为此投入多少人力、财力和物力，流下多少辛苦的汗水，牵动多少的期望和遐想，难以计数，从建立社会主义计划经济到从计划经济向社会主义市场经济转型，取得了世人瞩目的辉煌成就；与此同时，也存在着很多棘手的问题和不可回避的缺点，包括资源的浪费、生态环境的破坏、对文化遗产的保护不力、城市特色缺乏，等等。凡此都应该及时总结。

（一）需要对伟大的实践进行总结

由于我国学界缺少良好的评论制度，规划建设评论不像西方那样活跃，我们的成就得失很难及时地、正确地得到反映，对一些违背当时领导意图的规划见解常常语焉不详，甚至难以找到档案。例如，对 1949 年梁思成、陈占祥《关于中央人民政府行政中心位置的建议》一直持否定态度，本人在

《北京旧城与菊儿胡同》一书中对该方案作了正面的申述，不久就有否定的文章发表，直到近年来《城记》一书将整个事情的来龙去脉挖掘出来，社会上对此才有所认识。同时，由于本学科的特殊性，一些事后证明是不正确的决策往往由于出自高层管理机构，或者一些行政部门领导的主观臆定，由于多方面的原因对很多遗留的问题不愿触及（事实上问题可能是多届领导积习相沿下来的，甚至是一连串的错误决策造成的）。在某些方面来说，这也影响和束缚了城市规划工作的总结以及学术性的探讨。所以，希望今天我们可以树立风范，认真地做好历史总结工作，论事不论人，把在过去无经验、不自觉中所造成的错误与失败，点石成金，总结科学的规律，成为我们的财富，更好地寻找前进的方向。

当然，过去我们也有当代建筑、城市历史的编写，近来又喜见不少高质量的研究成果频频出现，但是从学术发展和深化的要求以及从中国城市规划建设的伟大成就来说，当前的研究还较为分散，需要有更高的要求。并且，这样一项重大的工程还有时间的紧迫性，随着老一代的老成凋谢，当事人的离去，过去的历史都将淡化甚至遗忘，将来也难以查考，甚为可惜，所以我认为要抢时间，社会上和学术界应该增强讨论，进一步科学地解读历史，总结经验。例如广州积极编纂城市规划的历史和历次规划，其他一些城市也有类似的做法，都是很值得的，也是应该赞扬的，这既是历史任务，又是时代发展的要求。我希望有关方面拨出专款，支持这一项具有历史意义的工程，尤其应该调动规划专业的研究生，在积极学习国外城市规划理论和实践的同时，加强对本国历史的关心和研究，借鉴历史发展理论，否则我们还会重复过去50年的错误，以及西方已经走过的弯路。

（二）需要一部完整的历史

要更为全面地理解50多年的规划建设史，过去的每一项成就与不足，都是有血有肉的，应该是"完整的历史"。举例来说，为迎接国庆十周年从1958年开始的天安门广场的改建和国庆工程，是新中国成立初期建设史上的光辉篇章和不朽的凯歌，非常值得认真地梳理和研究。当时建设热情高涨，天安门广场的改建与人民大会堂、革命历史博物馆的设计，从中央做出决定到完成只有 10 个月的时间，堪称"战天斗地"的 10 个月。这项工程设计发动面之广，工作效率之高，几乎难以想象，当时号称"六亿人民作设计"。在方案阶段，几天一次评比，设计人员休息时，图纸作业不停；平面还未完全确定，就开始动工了。周总理亲自把关，记得有一次深夜 12 点钟国务院副秘书长齐燕铭还来学校与设计者讨论建设问题，征询意见。在设计建设过程中，总理非常关心，记得直到完成后，总理还与梁思成先生谈起一直是有些担心的，直到建设后才放心了。如此万众一心，是一般工程和其他建设无法相比的。10 个月的建设周期，也是一个奇迹，记得当时一位在北京从事波兰大使馆建设的总建筑师说，"如果我不是在北京亲眼所见，简直不可想象"。这当然都是事实，但是随着时间的流逝，也不可避免地淡化了，目前往往停留在一般的理解层面上。

建设虽然在轰轰烈烈地进行，但是未忽略科学的一面。这一项建设的成功并非突如其来，事前对工程的任务有很长时间的酝酿和讨论过程。1953 年在华北行政委员会举办的城市建设展览会中，即有天安门广场的规划方案，正是由于充分的酝酿，主题思想和建设内容才逐步明确，否则在短短的 10 个月内，是不会出现如此具体化了的全局部署的。在工程进行中周总理对设计质量并不放心，特意指定以茅以升先生为结构组长的一批优秀的结构专家审定工程设计，以梁思成为首的建筑专家审查建筑设计，整整进行了一个星期，提了不少宝贵意见，并进行了修改。记得当时关于宴会厅结构设计在理念上争议很大，后来对原设计结构方案作了原则性的改进（如宴会厅中四个柱子，原定为刚性基础后改设计为弹性基础）。经历唐山地震，这样的大跨度仍能岿然不动。

不过，在快速成功的工程背后确有后遗症。结束之后，人民大会堂内部改造不断，有些是装修性的，也有的是设计、施工造成的。北京火车站东站也是如此，记得 1974 年我为了修改长沙火车站设计时去调查，当时的总工程师领我到各处参观，并告知从完工后到 20 世纪 70 年代十多年来一直有 200 多名工人维修不歇，原设计的地下自动行李运输设置，因工程紧急未完成，废弃的设备一直还躺在那儿。

人民大会堂奇迹般的成功，也往往成为后来有些重大工程不按基本建设程序和科学规律办事、"只算政治账，不算经济账"，以致造成巨大人力、物力浪费的借口。工程事前无任务研究（而如前所述人民大会堂对任务的决策是有较长时间考虑的）匆匆上马，一锤子定音，即使有不同意见，也不予理睬等等。足见成功的工程背后也有并不为一般所关注的消极方面。

另一方面，即使被证明是失败的规划建设，也未必没有良好的思想与内涵。例如"赶英超美"的"大跃进"被历史所否定，当时"快速规划"理念下未始没有提供值得我们再思考的理论闪念，例如"区域整体观念""大地园林化"的提出，其意义是深邃的，北京"分散集团式"的规划结构思想也由此诞生；"人民公社"虽然是失败了，但从当时参与规划者思想中以及会议中所形成的有些思想，如"十网""五化""五环"，和今天提倡的城乡一体化，有共通之处①。20 世纪 90 年代我曾希望一位博士生把"大地园林化"作为论文再探讨，他表示迟疑，就说明这被掀掉的一页缺乏具体分析，给人影响之深。多少富有激情的思想火花，连同"洗澡水"一起倒掉了。

上述两方面的例子，都说明了完整地总结历史是多么的重要。

（三）需要一部批判的历史

早在 1953 年，万里同志在第一次城市规划座谈会开幕词中开宗明义地指出，城市规划面临着局部与整体的矛盾、目前与长远的矛盾、生产与生活的矛盾等基本矛盾；1956 年"反四过"的提出，批判了当时规划工作中出现的不良倾向，即"标准过高、规模过大、占地过多、求新过急"，这说明即使新中国成立初期对城市规划并无经验的情况下，也是力求辩证地、批判

---

① 武廷海：《中国近现代区域规划》，北京：清华大学出版社，2006 年。

地看待和认识问题的。

可惜，规划工作每每不免随各时期政策的波动而左右，例如随着"大跃进"的到来，"反四过"也就一风吹过，而且变本加厉，如果不究其本质，难以解决问题（联想当前的新"四过"，有着新的社会背景，但爱惜资源，尊重国家与各地的国情与乡情，根据物力、财力合理规划，按科学规律办事，则是必须要遵循的，丢掉了这些才是最大的过错）。当时的批判也有过于简单化、不够学术性的倾向。例如对"复古主义"的批判虽然及时制止，但也带来了很多消极的影响。相当时期来，在建筑方针上不再提民族性问题，有人并以此作为推销"畸形建筑"的借口，直到最近温总理提出"城市规模要合理控制，城市风貌要突出民族特色和地方特色"①，这一建筑、规划的重要原则才得以从政治上"平反昭雪"。

所以，通过一个较长的时期来看，既要善于充分肯定成绩也要不忘批判缺点，如大跃进建设中的热情过高而理性不足，以及学苏过程中的成绩与偏差，都要适宜地总结。

二、与时俱进，发展中国城市规划建设理论

目前国内规划学界，理论研究的热情很高，相关专业杂志涌现，发表论文的数量在逐年上升，培育的学生也在不断地增多，中青年学者高质量论文陆续出现，颇感欣慰。但是，能不能就此认为学术已经得到了空前的发展呢？严格来说或就我们规划者庄严的使命来说，只能是总体上有所推进。在过去相当长的时期，规划工作者总埋怨国内不重视、不尊重规划，现在全国上至国务院领导下到社会各界都相当重视规划工作了，但也应该清醒地看到，我们的规划是不是就能够切实地解决问题呢？这是值得深思的。建设在推进，水涨船高，规划理论方法还需要与时俱进，其间原因也非常复杂，并

---

① 2006 年 8 月，温家宝总理"第四次市长代表大会"重要批示。

且已经不仅是学术理论的问题了，作为科学工作者，以下还是从学术理论来谈论问题。

（一）从丰富的历史中总结理论

如前所述，我们要对 20 世纪 50 年代以来亲身参与的城市建设的历史进行系统整理和深入研究，从实践中的成功与不足总结出理论，进一步讲，还要和中国的历史结合起来，至少要和中国的现代化衔接起来，了解地方性、民族性，并加以修正提高。例如孙中山的"建国方略"，以及张謇对南通和其后卢作孚对重庆的经营等，还是有很多地方经验与创造的，非常值得深入的研究（这一点后文还将述及）。历史是在探索中前进的，成绩和缺点都是财富。

从现代化的角度看，研究中国的历史理论要与世界城市建设史，特别是工业革命后的近二三百年的城市建设史联系起来。就国际环境来说，当今全球化时代，文化认同、全球化与本土化、文化的多样性以及中国的文化定位等问题更需要整体的认识。中国的发展无论如何是世界史的一部分，古今中外的成就与得失，都足以启发我们。而相当时期，我们对东西方成就、学术源流、比较差异、综合探索，虽不是全然阙如，但也明显不足。因此学贯古今，兼通中外，应是规划学人应有的治学修养，我每引司马迁的话，"究天人之际，通古今之变，鉴中外之长，成一家之言"（第三句是我加写的），以此激励，正视理论的包容性，当然真正要做到是很难的，但至少要心向往之，力求朝这一方向前进。

（二）从制度的发展变化进行深入的理论研究

芒福德曾说"真正影响城市规划的是最深刻的政治和经济的转变"。从1950 年年轻的共和国初创建立新制度到"文革"的破坏，之后拨乱反正，改革开放，重新重视规划，建立新制度，迎接"城市规划的第三个春天"，再到社会主义市场经济体制的建立，这些都是深刻的制度变化，然而目前仍旧缺乏对这一变化过程进行明确的研究和分析。正是由于对制度转型以及带来的变化缺乏足够的认识，预见不够，以致在很多问题上显得被动，因此这方面大有可总结的地方。这也说明，我们的研究不能就事论事，事物总有前因后果，如果对内在的制度因素、存在的矛盾以及相应的变化缺乏深入的分析和消化，哪些是现象，哪些有深层次的原因，不甚了了，就容易随大溜，四处观望，随风办事，不仅不易总结经验提出新的创造，甚至盲人骑瞎马，随主管指示办事，决策的正确与否则取决于决策者是不是明白人。

最近，读到《城市规划》杂志上的一篇文章《规划理论作为一种制度创新》，对规划工作与社会发展、制度变迁之间的关联做了深入的探讨，文中说"社会变迁是人类社会一切职业变迁的推力，故也是规划职业以及作为规划职业指导的规划理论变迁的真正动力，由于社会变化的多元性，社会发展的多向性，以及社会发展受偶然事件影响而出现的曲折性，应对的制度安排也反映出片面性、多向性和发展过程的非线性"，"研究规划理论应该增加对近现代社会变迁大背景的分析，规划工作是否有用，取决于规划师是否应承了社会的要求"，"中国规划理论的建立，必须要从中国制度创新的高度来理解"[1]。中国城市发展到今天，各种体制问题的存在，也在催生政治文明的制度创新。试以北京市城市发展为例，在1949年作为共和国首都，基于城市发展的需要，规模加大，市区的行政界限经过数次的扩大，这在当时是必要的，随着城市的发展，以及京津冀城乡空间发展研究的深化，认识到过去作为京师外围的"畿辅"在水利、农业、服务业以及军事上的保卫作用，今天也需要以"新畿辅"的视野来研究北京、天津、河北省的分工与协作关系，需要建立"首都地区"的观念，如果这一观念经过进一步深入研究而被接受的话，京津冀地区新的城乡规划体系就要有所变化，这可能也是规划理论对制度创新的作用。

---

①［美］张庭伟：《规划理论作为一种制度创新——论规划理论的多向性和理论发展轨迹的非线性》，《城市规划》2006年第8期。

（三）弘扬基本原理，提倡复杂性研究

我们现在通行的城市规划知识体系，主要是从西方学来的，而西方是从18、19世纪工业化进程中以解决面临的问题出发，逐步形成的，直到20世纪发展成为近代城市规划的理论。例如说，在30年代颁布的《城市规划大纲》，即《雅典宪章》，解释城市有居住、交通、生产、游憩等四大功能，于是有了"功能分区"，在当时看来是有所发展的。可是"四大功能"难道就能解决所有的问题？城市规划难道就这么简单？于是1977年的《马丘比丘宪章》等对此有所批评，并否定了功能分区，又提出了综合分区等概念。现在看来，这些理性的分解方式是西方"还原论"哲学思想的特色，包括希腊的道萨迪亚斯，尽管提倡整体性，但他的"人类聚居学"理论也未脱离还原论的窠臼，其他如被我国学术界一度热衷的A.克里斯多夫的"模式语言"，尽管对一向从形体出发的西方建筑理论加强了理性的分析，但仍然是以"还原论"的模式为基础的。

与西方的哲学方法相反，中国的城乡及其建设发展人居环境理论，是建立在先秦以来哲学、社会文化"整体论"基础之上的，如"天人合一"的人与自然观等，并且重视事物的相互联系，这些都是可贵之处，但规划理论疏于局部研究的深化。因此，弘扬基本理论，这两个方面都不能忽略，我们需要的是"整体论"与"还原论"的辩证统一。

我们一方面要看到基本原理的重要性，弘扬和发展基本原理，另一方面当今城市问题复杂，问题本身起了变化，城市规划工作面临的是一个庞大的、多学科的复杂的体系，已不是一两个专业的发展以及简单的学科交叉所能济事，也不要企图一个规划、一篇文章、一些小成就或某一种新的理论就能解决问题。从整体来说，这是一个大时代、大跨度、多领域、复杂性的前沿学科，很难建立如黑格尔体系的"大一统"的"终极真理"，而是要建立在片断的不断发展之和上，与时俱进，不断深化，永无止境。例如，这几年来北京、天津总体规划修编，河北省的城乡体系规划的开展，就说明过去就

城市论城市不能适应发展要求。

当前，仅仅将旧有的概念加以改善还是不够用的，也不能解决问题，因为解决问题的基础都动摇了。怎么办？我认为需要积极借助一些前沿的科学来深入地剖析、思考，比如复杂性科学在城市规划中的应用，可能就会在思想和理论上指导和启发我们。因为，在规划制定和执行的过程中，涉及社会政治、经济等诸多方面的内容，不能确定的因素很多，很难简单求解。当然，复杂性科学本身也有很多的矛盾和困惑，并不能给予城市规划现成的答案，因此我们还是要依据不同的时空条件、不同的社会情况作多路探索，并在哲学思想、方法论和法制建设的指导下，进行整体的剖析，多层次、多途径地思考，剖析和统筹各类问题，使得规划理论、方法、手段能够与时俱进，根据不同的对象而得到创造性的应用与发展。

三、综合创新，创造性地开展规划建设实践

"群籁虽参差，适我无非新。"城市规划与建设是经世致用之学，要从理论到实践，从理想到行动。有识之士在批判我们的规划"中空化""边缘化"，这是事实，也是危机。但是问题在于规划建设工作者虽然没有对现实问题视而不见，但若没有解决当前最迫切的问题，包括土地问题、能源问题、资源问题……即"以问题为导向"，切实地研究解决当前最迫切的问题，作为行业发展的主流，还是以不变应万变，夸夸其谈，不能解决问题，那就必然要被推向边缘。时代在发展，不怨其他，而应求诸于己。规划建设实践的创新内容十分丰富，这里提出三点供讨论。

（一）城市与区域间的展拓

城市与区域的关系并不是什么新鲜理论，我们规划界早已熟悉芒福德的名言，"真正的城市规划必须是区域规划"。我个人从唐山地震后思考北京问题就是将京津冀结合在一起的，此后从苏南小城镇到长三角的研究也是如

此，正是基于这些探索，才形成了"京津冀城乡空间发展规划"研究。经过五年来的进一步实践，现在第二报告正在完善和出版中。这样一个为多数专业人士皆知的区域规划理论，胡序威先生呼吁了几十年，我从唐山地震算起也实践了 30 年，深有体会，其中有非常大的创造空间。其间，我又将人居环境观念融入区域规划领域，并进行了一系列的实践。从自己切身体会学科的意义到积极呼吁区域规划由来已久，真正做一点点成绩却也不胜艰苦困难，这样说并非吓唬青年学者，而是要鼓励攻坚。

（二）必须面对体制改革

我们常常看到听到有这样的议论，"我们规划该做的都做了"，对体制问题无可奈何，只能议论议论，发发牢骚。这些议论、牢骚都是事实，现实的体制问题有时令规划工作者一筹莫展。但是，应当看到在包括部委参加的一些规划问题座谈会上，科学工作者的观点基本是一致的。还是应该认识到，改进体制问题的探索，既是规划工作者的社会责任和义务，也是学术理论建设的当然内容，前节引述的《规划理论作为一种制度创新》一文对此做了很好的说明。

同时，我们从规划实践中可以看到规划过程的整体性与规划执行的分散性（因为不同部门各行所司，有认识问题，也有代表所在单位的利益问题等等），也是规划建设客观面临也必须要正视和解决的问题。"一部新的规划的制定，面对旧问题的解决，往往意味着新的问题的产生"，这是我庆祝北京市新一轮总体规划修编完成时在首规委召开的会议上引用某西方学者的话，尽管北京的规划取得了很好的成绩，并为国务院所嘉许，但事隔两年，对新的问题的产生，我的忧虑更为加重。若不能及时采取有效的措施，包括人口控制等重大问题，都有落空之虞，因为总体规划所拟定的只是大方向、大的指导准则，还需要在实践中，在"行动"中（西方规划学强调 action，意亦在此）不断深化、补充，并根据发展中的要求进一步审定，并推进必要的改革。

对于体制改革与学术发展，我认为可以从具体的城市规划建设问题形成的由来寻找理论对策，探求实践中的点滴创新与体制改革。一切创造者，无论孙中山也好，张謇也好，以至于霍华德与格迪斯的创造，总结起来，大致有三：第一，要敏锐地看到问题，面对问题；第二，要进行科学的思考和立论，尝试解决问题；第三，要投入实践和试验，推动社会进步。我们的努力开始时可能是微小的推进，从点点滴滴、小尺度做起，然而如果创见正确，则必然孕有生命力，逐渐壮大起来。

（三）从功能城市到文化城市

中国是数千年文明的大国，随着考古发掘与史前研究的推进，文明的面貌日益清晰。从聚落到城市，都是文化活动的载体，城市文化渗透、凝聚在不同的时间、空间与人间，城市规划虽是物质环境的规划，但不能见物不见人，见功能不见文化。当前即使一些历史文化名城，文物建筑也得不到积极保护，孤零孑立，岌岌可危，文化名城看不到文化，不亦悲夫！文化是城市的灵魂，没有文化的城市充其量是混凝土森林。继中央提出"小康社会""科学发展观"以及科学上"自立创新"之后，文化振兴和文化复兴必然要提到议事日程上来。今喜见"十一五"文化发展规划公布，敲响了振兴文化的号角。城市规划，功能必不可少，但文化也不是可有可无，人文的复兴既唤起民族文化精神，也是发展经济必不可少的动力。西欧城市20多年来提倡的城市文艺复兴，是意义宏远之举。

四、再接再厉，迎接中国城市规划学术发展的"科学革命"

值此中国城市规划学会成立50周年之际，我思考当前城市规划发展中的三个关键方面：规划历史、规划理论与规划实践，目的在于为中国城市规划的"自主创新"提供基本的平台。早在20世纪30年代，张岱年先生即提出"综合创新"，结合今天城市规划的学术发展，更令人领会思想家的远见卓识。

综合考虑规划历史、理论与实践的关系，中国城市规划的学术发展要注意处理好三个基本关系：

一是理论与实践的关系，要立足于中国，坚持走中国的道路。中国的建设量大面广势头猛，需要解决的问题甚多而且非常棘手，但从另一方面来说，无论理论与实践发展的空间也都很大。这发展的空间就是要面对活生生的规划实践，舍得抛掉过时的理论与思维，如韩愈所说"唯陈言之务去"，所谓"陈言"，在当时是指骈文浮华的辞藻，就是空话、套话，革除了才能"文起八代之衰"（今天可以理解为"文学革命"）；也亦如西方学者库恩所言，每当新问题层出不穷、旧的范式无能为力时，也正是新的理论、新的科学革命涌现（emergence，有主张译为"突变"）之时。为什么中国早期现代化中会出现张謇的南通"中国近代第一城"？其实质是立足中国文化之根基，借鉴西方之方法，在家乡广袤的城市—区域土地上，对工业、农业、社会、交通、文化、教育进行了一系列试验，在不到30年的时间里，多方面活动"聚焦"、落实在南通及其地区的空间上，这一成果在当时就被誉为"模范"，这些成功的尝试，可谓那个时代的"自主创新"，也渐为世界关注，可惜由于当时中国混乱的政治局面，反而不为本国学术界所认识。我基于具体的工作实践，提出了"广义建筑学"，倡导城市、建筑、园林必须融为一体，整体综合的创造，并在具体实践中身体力行，并不断地得到充实和发展，对此深有体会。

二是历史、现实与未来的关系。一方面，我们要总结历史，指导理论研究与实践探索，通古今之变，始能识事理之常；另一方面，我们要面向未来，勇于作改革的促进派。无论中外，有为者必须是革新者。建筑设计、城市规划，不是"炸油饼"式的重复制作和营销，也不是随波逐流的"炒作""浮躁""奉上瞒下"。规划工作者，特别是我们的年青一代，必须有"先天下之忧而忧"，力挽狂澜之抱负，至少也要保持清醒、冷静的头脑，做"真规划"，这样才能谈得上预见性。

三是中国与世界的关系，中国规划建设的理论和实践要与世界接轨。今天，中国的规划发展已经成为世界城市规划建设体系的一个组成部分，在经济全球化、文化多元的条件下，中国城市规划建设的自主创新必须立足于中国文明的基础之上，既要脚踏实地，以深厚的情谊，扎根乡土，又要高屋建瓴，具有放眼世界之林的胸怀。1989年我在《广义建筑学》中提出，"创造性地解决了中国的实际问题，也必然为国际所承认，就必然是国际水平"，中国成语"实至名归"，这已为我们自己的实践所证明，为中国各地涌现的"世界人居奖"所证明，也必将为以后更多的成就所证明。我们要有拿来主义的眼光，可以吸收西方城市、建筑方面的成功的科学文化，同时也要有送出主义的自信，应将自己的科学文化传统与新的创造介绍给世界，也只有做到这一点才能立足于世界，真正做到文化自觉、文化自尊、文化自强和文化自新。就中国城市规划建设历史总结来说，我们不仅要有纵向比较，分清不同历史条件下的不同发展情况，还应与国外相比较。我们的现代建设起步较晚，还有很长的一段路需要走，所以要充分地借鉴发达国家的经验，以扬长避短；同时也要看到，中国城市规划建设有着自身的特殊性，不是简单的借鉴所能解决的，而中国城市规划理论与实践的经验和教训，同样可以丰富世界城市规划建设理论与实践，这一点还有很多工作要做，在相当程度上，寄希望于今天的中青年。

历史地看，如今城市规划的发展有非常明确、正确的思想引导，如"可持续发展""科学发展观"以及"和谐社会""小康社会""节约型社会"等发展目标与理想，乃至刚刚提出的"文化发展规划"，皆为金玉之声，但是如果没有过去一系列的实践，包括成功与失败，也不会提高至如此的水平。科学工作者应该将这些哲理融合渗透到自己的精神领域与工作实践中去，努力推动使之成为现实。为了做到以上诸点，规划工作者需要气宇宽宏，精诚合作，共建大业。两年多来，我未写过城市规划方面的文章，今天中国城市规划学会成立50年庆典，心潮澎湃，学会邀我题词如下，与同道共勉：

通古今之变，识事理之常，谋创新之道，立世界之林。

（此文发表在2006年第11期《城市规划》）

科学帅才与团队建设

今天，我们正面临一个全球大转型的时代。世界范围内，经济危机、气候变化、能源紧缺等，问题重重；亚洲亦是多事之秋，并不安定；中国在改革开放取得伟大成就之后，也面临发展转型的问题。时代的发展需要大思想、大战略、大手笔，这是交付到我们手中的一个意义重大而又十分艰巨的任务，每一个中国学人都应以此为己任，勉力为之。

清华大学在努力向世界一流大学迈进的征程中，更应担当起这一社会与历史的使命。目前，据我所知，清华已经在酝酿不少大手笔。如今年上半年与中国工程院联合成立了"中国工程科技发展战略研究院"，旨在发挥智库作用，支撑国家工程科技领域的重大战略决策。这是一个重大的战略举措，其中既要有集中力量的领域，也要允许有所分散，有多种多样的课题，所谓"大集中、小分散"。

基于这样的大背景，全校的教学、科研应当形成一个网络体系。从个人经验来看，需要重视两个方面：首先是科学帅才、将才的培养；其次是学术团队的建设。这二者又是相互联系的。

清华大学招收的学生是来自全国各地的优秀人才。对于人才的要求，学校一直强调要政治、业务相结合，理论、实践相联系，理工、人文相融汇，德艺双馨，等等。科学帅才的培养非常不易。首先，要有坚定正确的政治方向、广博的知识、科学的见解、多学科的视野；其次，要有战略性的思想，关注社会发展与国内外大事，进而从中思考自己专业领域的发展方向；重点是什么—行动纲领是什么—如何突破；最后，还要有长时间实践经验的积累，难于一蹴而就；同时，从开展业务的角度，还需要有组织能力等。

从我多年的观察来看，并不是没有挂帅的岗位，如城市总规划师、学科带头人、首席科学家等，但实际情况是，在其位者并不是都能称之为"帅"，这需要眼光高远，善于组织，并有坚定的思想认识和全力以赴的操守。这样的要求固然很高，往往不能求全，但在实际工作中若能谦虚谨慎地与团队合作，恰当地处理内、外部关系，就能弥补某些方面的缺陷。

除了少数纯粹的人文、自然科学领域的工作，可凭借个人才能、奋力独立工作实现突破外，在大多数领域，尤其是我们从事城乡建设一类的行业，任何一个伟大的任务都必须依赖团队才能完成。

清华的前校长高景德曾经不无感慨地对我说："人人都知道团队好，但要造就一个团队可真不容易啊！"团队需要经过长时间的积累才能逐步成长起来，而不是简单地依靠行政任命。一方面，要有深孚众望的带头人；另一方面，要不断有中青年力量补充进来，它就像一潭活水，是生生不息的。

以清华在住宅规划与设计领域的学术发展而论，20世纪60年代，清华大学建筑系就与土木系合作完成了北京左家庄住宅区试点工程，实现了"双百"方针（即"造价一百元一平方米，工期一百天一栋"）、"先地下后地上"等，在新中国成立十多年来一直难以解决的问题上取得了重要的科研突破。"文革"之后，又持续开展了一系列的城市规划设计研究与实践，包括70年代末的什刹海规划、80年代的菊儿胡同四合院项目、90年代的大栅栏地区改造规划等。然而，一直以来，尤其在当前中国住宅建设的严峻任务面前，我深切期待清华建筑学科在住宅领域能形成一个强大的综合性的体系。

科学体系的发展随时代而变化，并非一日之功。如前所述，今天的时代呼唤大思想、大战略、大手笔，在此背景之下讨论人才建设，也要有大视野、大气魄。一般而论，在多元化的时代，要"不拘一格降人才，不拘一格识人才，不拘一格用人才"。科学帅才、将才和各级学术带头人的产生与学术团队的成长，一方面要有行政的部署，另一方面更要依靠自身的努力。时代已经为我们造就了良好的环境，学校要有明确的战略目标和具体措施，提供学术的空气，每个教师更要有自觉的主观能动性，奋发有为地尽自己最大的努力。这是每个人的使命。

（此文发表在 2011 年 11 月 25 日《新清华》）

建筑师应加强艺文修养　创一代新风

对生活之美的追求，需要我们在人居环境建设中自觉地创造，这正是建筑师的责任。"三分匠人，七分主人"，主事者应加强艺文的修养，并自觉地在新的领域中开拓，创一代之新风。

人居环境是物质建设也是文化建设

综观历史，秦汉为第一基础，中国人居环境在先秦就做好了思想准备和文化准备，秦汉开始铺开，建立了一个大框架。隋唐为第二基础，这一时期实现了中国人居环境在文化艺术上的飞跃，为中国人居环境奠定了艺术与审美的框架。

当前，中国人居环境面临着新的挑战。这是中国人居环境的又一次重大变化，必将在原有两个框架的基础上奠定一个新的大框架。党的十七届六中全会提出来文化的问题，这是我们在第二个基础上提到的问题。

人居环境建设既是物质建设，也是文化建设。文化建设的根本目的在于满足人民的精神需求，通过发展各项文化事业，繁荣文化生活，增添文化蕴含。建设文化强国不仅是技术措施，更不仅着重于文化产业的兴建，其核心是中华文化精神之提倡，中华智慧之弘扬，民族感情之凝聚。我们在学习吸取先进的科学技术，创造全球优秀文化的同时，对本土文化要有一种文化自觉的意识，文化自尊的态度，文化自强的精神，共同企望中国文化的伟大复兴。

审美文化是以艺术文化为核心的具有一定审美特征、审美价值的文化形态，是人类总体文化的组成部分。最早提出审美文化这一概念的是德国法兰克福学派。他们主张按照美的规律来建造审美文化，重建审美化、艺术化的世界，使人们在对审美文化的关照中实现精神的升华和对现实的超越。中国在 20 世纪末开始研究和探讨审美文化。

中国人居史上艺文综合集成之典例

人居环境的审美文化有赖于艺文的综合集成。中国古代的人居环境取得过辉煌的艺术成就，从考古发掘、历史遗迹到名家画卷、诗词歌赋，美不胜收。

神州大地、万古江河构成多少壮观的城市、村镇、市井、街衢，人居环境中蕴藏着无限丰富的审美文化。美即是生活，中国人自古以来就热爱现实生活，向往并追求生活中的审美品质。

中国历史上的人居环境是以人的生活为中心的美的欣赏和艺术创造，因此人居环境的美也是各种艺术美的综合集成，它包括书法、文化、绘画、雕塑、工艺美术等，当然也包括建筑。人居环境的审美文化是各种艺术的综合集成，可以中国古人常用之"艺文"一词以概之。

在我国的史书、方志中往往将当时的有关图书典籍汇编起来，称为《艺文志》。最早见于《汉书》的《艺文志》，历代志书中的《艺文志》都是那一时代各个艺术门类的综合呈现。

事实上，在中国人居史上，艺文是一个综合学科，有着丰富的内涵。例如中国书法是一个独特的艺术门类，一座宏大的建筑常有精心书写的书法作品相映衬。例如"天下第一关"五个大字榜书，光芒四射，远近都能欣赏，书法艺术与环境融为一体，塑造了山海关雄浑壮阔的整体气势。

雕刻、题记等也往往会成为人居环境的精神支柱。比如东岳泰山有一座碑刻博物馆，这个碑刻博物馆有一个字，号称"大字鼻祖""榜书第一"，更加绝妙的是其将岩石、流水、石亭等与书法融为一体，形成别具特色的人居环境。

雕塑可以成为人居环境的主角，凌驾于整个空间。如乐山大佛坐像、洛阳龙门石窟奉先寺大佛坐像、大足宝顶山石窟卧像、敦煌莫高窟大佛、蓟县观音像等，气魄宏伟、蔚为壮观。绘画有时也成为人居环境的主角，现在的佛寺就因其壁画的卓绝艺术而闻名遐迩，如山西繁峙岩壁画。

建筑作品中的若干尝试

文化与建筑密不可分。我至今还记得第一次见到昆明大观楼时的心情，当时感受的不仅是建筑本身，更被气势磅礴的环境所折服。我国古典文学与建筑结合紧密，比如诗词与建筑就有着千丝万缕的联系。人们旅游时可以感受一下王羲之的《兰亭集序》，还有范仲淹的《岳阳楼记》等，不可胜数。再比如人民大会堂，那么大的厅，当时搞高棚，总理说，你们可不可以根据"秋水共长天一色"这句诗中描绘的意境，把墙面和天花板连在一起搞，后来实现了。这就说明我们领导同志的艺术涵养，尤其是文学涵养非常高。

接到设计曲阜孔子研究院的任务后，我一直思考，在曲阜孔庙的南面建设一个怎样的孔子研究院？后来想到《论语》中，有孔子与四位弟子畅谈人生及社会理想，从而表现儒家思想的一些章节，于是邀请钱绍武先生创作了雕像作品。这个主题定了，所以整个的建筑设计是以古代的书院跟孔子的雕像为中心的。同时，以"高山流水"为题材，做背景衬托浮雕，象征孔子思想源远流长。进而，从建筑师的角度探讨了雕塑的尺寸和可能的形式与场景，精心考虑了雕塑在视觉透视中的最佳位置。

金陵红楼梦文化博物馆，位于南京江宁织造府西园遗址，是曹雪芹的诞生地，其曾祖曹玺及祖父曹寅的文化活动均以此处为中心。设计中运用"核桃模式"与"盆景模式"，体现了中国传统"纳须弥于芥子"的艺术境界。楼阁园林是博物院的重要组成部分，塑造了立体山水画式的园林，布置的树木、山水、溪水构成了多少有些象征南京石头城之意象的"都市盆景",更让人联想到《石头记》的书名。

20世纪80年代,我与雕塑家刘开渠、傅天仇等商议在北戴河长寿山,寻找合适地形,创造一系列中国古代神医雕像,并名之为"长寿谷"。当时雕刻了李时珍像等,经过30年不断积累,这一地区已经成为名胜景点。

理论性的启示

艺文的综合集成在当代从内容到形式都有更广阔的创新空间。例如日军南京大屠杀纪念馆一、二期都是成功的作品。第二期建筑师与雕塑家合作,将高大的墙面与一系列的雕塑相配合,将当时的人间浩劫展现在拜谒者面前,震撼人心,我称之为雕塑的史诗。

历史上艺术精品往往藏在宫廷或为民间收藏家所有,当代则往往收藏在博物馆中,成为"博物院的宠儿"。事实上,更多的美散见于人们的生活中,人居环境的美即是生活的美,美应当走向日常的生活环境,走向大众。这之中有极为宽阔的艺文中的大千世界等待创造,这也正是建筑师希望做到的境界。用什么方法使得人居环境具有文化内涵,具有美的内涵,这需要建筑师不断求索。

从诸多艺术门类单项的杰作到人居环境中的综合集成,成功的作品可以有更强的艺术震撼力,但是要做到这一点非常不易。例如在新中国成立初期设计人民英雄纪念碑时,建筑师、雕刻家争论不休,雕刻家要在碑顶搞一个房子,建筑师就说人民英雄纪念碑就是碑,一面是人民英雄永垂不朽,另一面是人民英雄纪念碑基座浮雕。这样建筑师向建筑师靠拢,雕刻家向雕刻家靠拢,后来怎么办呢?后来北京市副市长很聪明,这个会不开了,另外请一个专家来主持做成现在这样的效果,这个浮雕是相当成功的。今天就是再强调,一个经典的建筑作品不是单项的艺术门类,而是人居环境的综合集成。

在实际工作中,这往往需要联合诸艺术门类的大家,以共有的热爱之情，超强的人格魅力，精湛的艺术智慧与崇高的合作精神，抛弃个人的固执与偏见，能从众说纷纭的迷茫中走出来，从事综合的美学创作。

从艺文净化中提炼中国美学精神，中国传统审美文化是一个宽阔的领域，并独具特色。需要发掘整理中国古代已有的思想和理论，进而探索中国建筑美学的独到形式。

唐代书法家孙过庭的《书谱》中论述书法的美学法则，其中很多规律适用于今天人居环境的创造。"违而不犯，和而不同。"现实中人居环境建设涉及复杂的客观条件，不同门类的事物糅合在一起，但仍要不丧失整体的规律，各领域、各时期的人居环境建设要讲求和谐，但同时又要张扬个性。当然，这需要一个慢慢生成的过程。

（此文发表在 2012 年第 22 期《建筑》）

人生理想于诗意栖居

汽车热、高楼热导致环境污染接踵而来，自然与人文的破坏不期而至，众多"城市弊病"加速向我们袭来。于是，我们的城市失去了自己的灵魂，穿梭在充斥混凝土、钢筋味道的世界里，我们真切希冀未来每一个人都能够"诗意般地栖息在大地上"。

建筑，文化魂魄何处寻

对于旧城的保护，各个地方需要探讨本地的历史和实际，创造性提出又新又好的策略，不仅是把"旧"的保护好了，还要积极大力并全方位的修葺维护。2012 年，位于北京市东城区的梁思成、林徽因故居被部分拆除，但北京市文物局并不知晓。经过持续两年多的"拆迁"与"保护"的拉锯战，梁、林故居终究没能逃脱碎为瓦砾的悲惨命运。后来据称，东城区文化委认定此次拆除未经报批，属于"违规拆除"，表示将依法查处到底。但是，经典建筑已经灰飞烟灭，文化历史典故也随之被埋葬，这时的所有挽救与努力都是徒劳。

近日，美国有线电视新闻（CNN）旗下的生活旅游网站，评选出了全球最丑的十大建筑，当中朝鲜的平壤柳京饭店"荣登"榜首，迪拜的亚特兰蒂斯饭店名列第二位。另外，由中国台湾知名建筑师李祖原设计、位于沈阳的方圆大厦也不幸入围。中国入围建筑的差之精髓在于，该大厦以具传统文化意味的"古钱币"为建筑外形，设计理念虽寓意入驻大厦的业主财源广进、事业发达，但却显得极其粗俗、浅薄，无现代创意与时尚进步美学思路。简而言之，不具备深邃的建筑文化内蕴，是一个没有建筑灵魂的空架子。

改革开放后，现代建筑形形色色的流派铺天盖地袭来，建筑市场上光怪陆离，使得一些并不成熟的中国建筑师难免眼花缭乱。短短不足20年，尽管各类建筑数量迅速增加，但却是"千城一面"，原因在于建筑失去了人文精神，这怎能不令人担忧？与此同时，建筑设计人员对本土文化缺乏深厚功力，甚至存在不正确偏见，这导致源远流长、博大精深的中国文化，在全球强势文化面前显得头重脚轻，无所适从。因此，未来我们期待赋予新建筑丰富的人文内涵，并渴望设计理念中更多一些民族精神与气息。

断壁残垣，遗失古老文化

中国的城市经营摧枯拉朽，这是事实名词而非形容词。旧城改造、房地产开发的大面积用地，令很多文物古迹在劫难逃，甚至一些处于被保护之列的文物古迹，也在推土机的轰鸣声中倏然化为废墟。建设性的破坏以及破坏性的建设，使文化积淀在城市建设中泯灭，比较有代表性的案例，当属贵为中国建筑学之父、曾为保护北京古城墙而呐喊的梁思成，如今他的故居也难脱被拆除的厄运，让人不禁痛心惋惜。

现在有些城市呈现出大量不健康现象，比如重经济发展、轻人文建设；重建筑规模、轻整体和谐；重攀高比新、轻地方特色等。有些城市存在开发过度的倾向，为了最大限度获取土地收益，旧城开发项目几乎破坏了地面上绝大部分文物建筑、古树名木，甚至愚昧无知地抹去了无数珍贵的文化史迹。高楼大厦固然代表城市文明的现代气息，但没有历史痕迹的单调繁华，给人的感觉却是失忆。总之，一座城市若丧失文化传承之根本，就难以形成持久的品牌辐射力。在一些古老而现代的欧洲城市，文物没有成为它们发展的障碍，反而增加了城市文化底蕴，文物保护与城市经营，只有在"笨蛋的逻辑"中才会难以调和。

文化缺失，盲目崇拜西方

改革开放以来，形形色色的建筑流派蜂拥而至，对我国的城市建设产生了很大影响。这些舶来品在带给国人新鲜的同时，却因未经消化而破坏了城市原有的文脉和肌理。这个问题很令人头痛，可以借鉴西方文化理念，也不反对艺术需要的标新立异，但国内建筑若失去一些基本准则，漠视中国文化，无视历史文脉的继承和发展，放弃对中国历史文化内涵的探索，显然这就是一种误解与迷失。

例如在孔子研究院的设计思路中，先根据它特有的地理位置与所处时代，准确定位为具备中国独特文化内涵的现代学院建筑。在此前提下，设计与建筑工程人员首先对战国时代的建筑文化，以及中国书院建筑发展的沿革、形制进行一番深入研究、温习，从建筑构图、总体布局、室内外造型，甚至装饰纹样等都做了一定摸索。最后，运用西方和中国建筑技巧融合的形式，给予该建筑现代形象表达意味，从而创造出一种明净、高尚的圣地感。

城乡联系被人为割裂

从20世纪80年代初，大规模、高速度的工业化、城镇化在中国拉开大幕。但是，城乡收入差异导致大规模人口流动，中国的建筑规划正面临人口、资源、环境等诸多挑战，城乡建设亟须适应时代、符合国情的科学创新。

"人居环境科学"是围绕地区开发、城乡发展及其诸多问题进行研究的学科群，它与人类居住环境的形成与发展有关，包括自然科学、技术科学与人文科学的学科体系。以城乡统筹为例，城市与乡村相辅相成、互为存在，不能人为割裂城乡联系。随着我国城镇化进程不断加快，县域城镇化越来越受到各方关注。县是农村经济、社会、文化等发展的基本单元，是解决"三农"问题的平台。

"上面千根线，下面一根针。"一切事情都要通过"县"这个"针眼"落到实处。在壮大县域经济的基础上，对国土资源、经济社会发展和城乡建设进行综合协调，把积极推进县域城镇化作为转变经济发展方式，以及社会管理制度改革的重要突破口，实现大中小城市的协调发展。

改善规划缓解拥堵"心脏病"

现在的城市尺度越来越大，发展内容越来越综合、越来越复杂。现实中，有的城市开发往往按人口计算出需要面积，画一块"大饼"就算是规划。经验告诉我们，这是一种不科学的做法，规划不只是搞一点"美的创造"，更需要从实际问题探讨，罗列出各种可能的模式，否则适得其反。

例如耗时 5 年建设、耗资 100 多亿元、面积达 32 平方公里的内蒙古鄂尔多斯康巴什新城，继高利贷危机之后，导致楼市全面降价，现在变成了名副其实的"鬼城"，无人居住。鄂尔多斯的楼市泡沫破灭，引起人们对整个中国楼市，以及房地产合理规划的深度思考。这里还涉及房价合理与否，它与各地居民收入水平和经济发展情况相关，房价收入比有国际通用的衡量标准。世界银行和联合国人居中心认为，房价收入比在 3—6 之间为"合理"；一旦数值超过 6，就属"房地产泡沫区"；而超过 7 时，被公认为"全球房价最难承受地区"。

近几年，全国许多大城市规划过度，都出现交通拥堵加剧的现象，其中状况堪忧的北京被戏称"首堵"。为什么道路越修越多、越修越宽，交通反而越来越堵？透过现象看本质，交通拥堵的"病根"不是机动车数量的增长，而在于城市规划不合理与人口日益膨胀现象严重。以北京为例，回龙观、天通苑、望京三个位于郊区且规模巨大的"住宅城"，由于就业功能、成熟城市配套等功能区的布局缺乏合理性，致使大量人口每日如潮水般在城郊之间奔涌，成为制造拥堵的源头。可见，优化城市交通是北京亟须修炼的

"内功"，仅仅凭借交通技术来解决城市发展问题行不通。所以，包括交通拥堵在内的大城市诟病，必须通过城市建设的合理创新战略予以根本解决。

自然和谐迈向"山水城市"理想

钱学森给我写信说："我近年来一直在想一个问题，能不能把中国的山水诗词、古典园林和泼墨山水画融合在一起，创立'山水城市'概念？这样，人可以离开自然再返回自然。"无独有偶，我毕生追求正是让全社会拥有良好和谐的人居环境，让人们诗情画意地栖居在大地上。

过去几年，我们经历了一连串惊心动魄的环保事件，从日本福岛核泄漏、云南曲靖铬渣污染、渤海湾油田溢油事故、城市阴霾天引发的 PM2.5 监测等，我们的生存环境每况愈下。蓝天白云、碧水清波离我们的生活越来越远，而要创造一个宜居城市，必须重视一个问题，那就是有序的建设。不乱建、乱盖，要进行规划与全面安排，项目位于旧城，要首先了解它的历史并考虑如何与现在环境相适合；项目盖在新区，更要懂得有机环保和可持续发展的道理。

（此文发表在 2013 年第 9 期《居业》）

对话吴良镛：地方规划切忌跟风盲从

康 培

  吴良镛教授是名扬海内外的建筑学和区域规划领域的学者。他于 1987年起任国际建协副主席，1988 年任人类聚居学会主席，曾任中国建筑学会副理事长、中国城市规划学会理事长，《中国大百科全书·城市规划》卷主编，头衔多得数不胜数；1989 年他主持规划设计的北京菊儿胡同实验项目荣获国内多项大奖以及亚洲建筑师协会颁发的"优秀设计金质奖章"，1989 年国际文化理事会认为他"杰出的艺术事业及对人类艺术遗产有价值的贡献"，并颁发给他荣誉证书，1993 年在联合国总部由应届联大主席授予他"世界人居奖"，等等。

  数不胜数的荣誉对这位年过八旬的老人似乎只是过眼云烟。作为一位研究建筑与城市规划 60 余年的大师，十分谦逊，他笑言自己只是一个建筑师，如今时代发展太快，自己不敢对太多问题妄谈看法，颇显大师风范。

青年时为复兴家园投身建筑

  记者：1946 年，应该是抗日战争胜利之际，是时您正协助梁思成先生在清华大学创办建筑工程学系。您能否谈谈当时的情况？

  吴良镛：是的。1945 年春，我从滇缅边境回到重庆，当时主持"战后保护委员会"的梁思成先生正在重庆，他托人带信给我去帮他画图。直到 8月 15 日日本投降，机构撤了，工作结束，我才离开。又过了两个月，接到梁的信，告诉我清华要办建筑系，让我去看他。当时傅斯年先生也在，看我有点怯生，林徽因先生就请他和梁思成先生到隔壁去谈，当时我们站着，梁先生告诉我，为了战后的复兴，清华大学梅贻琦校长批准成立清华建筑系，当时，建筑教育太保守，他将去欧美考察，希望我能在新办的系里任助教，共同创业，等等。由于此前与梁先生有过一段愉快的共处，我毫不犹豫地答应了。这是一次重要的会见，我做出一个选择，从此定下了我的人生道路。

记者：清华大学工程系从当初成立至今，吴先生是一路见证下来的，现在回头看看，感悟应该不少。

吴良镛：我的青少年时期正值战火纷飞的年代，从家乡南京辗转至重庆，家仇国恨，加之居无定所的生活，这一切促使我学习建筑。我更倾向于研究"广义建筑学"，包括从城市规划到区域规划的研究。在实践上我从最基本的盖房子做起，后来认识到不能孤立地就建筑论建筑，需要研究城市，于是面向大规模的城市建设，从事城市设计，园林景观和城市规划的研究。这使我以20世纪80年代末提出"广义建筑学"，后来又提出"人居环境学"，这就包括了从建筑设计、城市规划到区域规划的研究。

知识就像海洋，要学的太多了。有的人基础好一点，或者是认识上、学习态度上好一点，也比较谦虚谨慎，就进步得快一些。搞城市规划，必然要研究区域，要具有整个区域发展战略的整体意识；还要立足于中国，立足于某个地区，某个城市，才有可能对这个地区这个城市产生感情，才会为之设计出优秀的建筑作品，拿出上乘的规划成果。

看问题的整体意识、大局意识，可能使一位建筑师更加系统、全面地考虑自己学科领域的各类难题。从祖国边陲的云南、广西等省（自治区），到东部沿海的江苏、浙江等省份，我都做过区域规划和研究。一个学者，最大的成就莫过于提出的论断和建议为政府和人民所采纳，再对实践产生指导性、前瞻性的促进作用。如广西的北部湾发展战略，在我20世纪末的一本论文集中就已有过集中的论述，其他各省也有一些，我并不是只关注北京、河北、天津，关注自己的家乡江苏，也是根据形势需要，对我国的各个地区都有过研究。

区域发展应有轻重缓急

记者：您一直关注我国的区域规划战略，现在我国在区域规划方面有许多大的动作，主体功能区即是其中之一，您怎么看待这个重大课题？

吴良镛：设立主体功能区的意识是好的，"十一五"规划提出了主体功能区的概念，将国土空间划分为优化开发、重点开发、限制开发和禁止开发四类主体功能区，是根据各个地区经济、社会、现有发展程度等条件做出的规划。原有基础好的，再进一步发展；原有基础不好的，就要考虑到当地承载力的问题，规划好发展的步伐。有些地方有所发展，有些地方适当放慢脚步，包括城乡统筹规划时，也要注意：没有乡村，就没有城市，这都是相对的。

我1950年回国时，初到深圳，那里还是一个小渔村。如今通过改革开放30年的发展，已经成为现代化的大都市了。所以基础条件好、地理位置好的城市要优先发展，这些从上海这个国际化大都市的发展轨迹中也可以体现出来。

记者：提到深圳，改革开放以来深圳等经济特区的确发挥了区域经济领头羊的作用，但沿海仍存在一些欠发达城市和地区，您是一路见证下来的，您认为它们目前是否有突围可能？

吴良镛：沿海各个区域发展不均衡，按照最一般的说法，主要还是受历史、政治、经济的原因，还有自然条件的制约。从历史上来看，它不是一成不变的。比如说，江南一带在南宋时期是非常发达的，从当时"偏安一隅"、海上丝绸之路就可以体现出来，但后来就不再那么发达了。在农业社会中，城市发展是有规律可循的，地理位置优越、平原地带、适合农作物生长的，发展相对就好一些。从历史角度看，很多城市（地区）的发展过程具有历史的规律性。拿南京这座著名古代都城来说，从古代到现在的发展就是断断续续的，有时候它并不太起眼。

新中国成立以后，尤其是在改革开放以来，我国一些沿海城市（地区）发展相当快。其中有政治因素，另外，地理位置、经济基础、文化传承也很重要。沿海有没有落后地区呢？当然有。比如江苏南部地区就比较发达，江苏北部就相对落后。但江北的文化并不差，为什么不能更好地发展呢？这也是我现在比较关注的一个事情，就是振兴江北。苏南地区目前的发展模式已经比较成熟了，也出现一些问题，比如环境污染很严重，所以江北地区反而会更具后发优势。

规划设计切忌跟风盲从，而应因地制宜

记者：我们刊物的读者群体主要是党政干部群体，您对他们针对自己所在区域做决策及中长期规划，有什么好的建议？

吴良镛：对地方决策者来讲，都要有较高的水平，包括政策水平、哲学水平、思想水平，对历史知识、世界各国发展知识都要有所了解，能够独立思考，这样各行各业的工作者才能跟他轻松地交流。只有深入系统地了解一个地区的历史，才能让自己、让本地区发展避免再走过去的一些弯路。对世界各国的发展知识有了解，可以帮助决策者们开阔视野，制定科学合理的长远规划和短期规划，促进本地区又好又快发展。就拿科学发展的问题来说，中央提出科学发展观是系统科学的理论体系，具体到一个省、一个城市又会有所不同，还是建议具体问题具体分析，用相应的各种知识解决，因地制宜。

独立思考就是不跟风，不盲从。不能看到其他地方上什么项目，做什么规划富起来了，就跟着做，一定要从本地区、本市，乃至本县的实际情况出发。"跟风"的思想不仅造成资源的浪费，更会阻碍一个地区的发展，阻碍当地人民走向富裕的进程。

比如建筑设计，我就认为如今的建筑学已经处于贫困之中，难以全然

应付所面临的日新月异的错综复杂的形势。我希望建筑学能从沉醉于"手法""式样""主义"中醒悟过来，不再用"舶来的二流货"充斥我们的城市。希望建筑师能在较为广阔的范围内寻求设计的答案。再也不能面对建筑风格、流派纷呈，莫衷一是。要首先了解建筑的本质。只有结合一个地区的历史、社会、人文背景，用自己的理解与语言、用现代的材料技术，才能设计出有地方特色的现代建筑。

常怀师恩

记者：我看到您对梁思成先生、对启蒙老师的多篇缅怀和纪念文章，吴先生执着自己的事业60余年，也跟恩师和前辈的熏陶有关。

吴良镛：当时在重庆中央大学读书时的老师都太优秀了，至今我还叫得出每个人的名字。比如我的缅怀启蒙老师谭垣教授，他将思想情感全部放到学生身上，无时不在思考学生的设计，全心全意为了教学。时隔多年，想到这些，更是由衷钦佩。我毕业后也从事教学，也为人师。在清华大学教书60多年了，谭先生给我打下的基础，使我一辈子受益。在全身心地投入教学上，他更是我的榜样。

记者：我看到近些年来有很多关于那个年代的故事，尤其是对梁思成和林徽因的报道及所谓的"解密"，符合当时的状况吗？

吴良镛：现在一些东西过于追求文学性或是从商业角度考虑问题，甚至有些不健康的内容。过度的演绎既是不尊重历史的表现，也有损于梁思成和林徽因先生的名誉，如果媒体可以拍摄一部真正反映他们当年生活和工作原貌的纪录片，即使再忙再辛苦，我也要抽出时间参与。

结语：正是这种独立的风骨和执着的精神，催生了一位建筑大师，他在给我们带来了许多优秀的实体建筑作品和地区规划的同时，更为我们留下了许多值得深省的精神财富。在《建筑·城市·人居环境》一书中，他写道：我们研究建筑，要从房间—房屋—邻里—市镇等各种物质构成的大小不一的空间中，看到人群，看到人的需要，觉察人们的思想、活动、喜怒哀乐的心理变化，看到即使是同一个人，各时间的需要不一，有时需要热闹、交往、流动，有时却又要安宁、私密、静态，因此，为他们服务的这一切物质设计都要做到"粲乎隐隐，各得其所"。由物见人，将自己的思想、情感融入自己的作品之中，不是每个人都做得到，人文主义理念的光辉始终萦绕着这位大师，也正是这份悲天悯人的情怀，使得他一直在为建筑事业，为人居环境建设，为自己好学上进的学生们，一如既往地辛勤耕耘着。

（原文刊载于 2008 年第 4 期《人民论刊》）

吴孟超

　　吴孟超，男，1922年8月生，福建闽清人，马来西亚归侨。肝胆外科学家，我国肝胆外科主要创始人之一。1949年毕业于上海同济大学医学院。中国科学院院士。2005年度国家最高科学技术奖获奖人。先后兼任中华医学会副会长、全军医学科学技术委员会常务委员、中德医学协会副理事长、中日消化道外科学顾问、第三届CSCO委员会荣誉委员等重要学术职务。现为第二军医大学东方肝胆外科医院院长、东方肝胆外科研究所所长，博士生导师。

谈敬业、创新与报国

《中国医院》杂志社约我为《从医感悟》栏目写一篇文章，谈谈我的从医体会，我想就我50多年的外科生涯从敬业、创新、报国角度谈谈我自己的一些体会。

我是马来西亚归侨，童年、少年和青年时代的命运，和旧中国贫穷落后的苦难历史息息相关，使我深刻体会到"国家不强盛，华侨受欺侮，个人无知识，家庭遭白眼"的道理。1943年我考入同济大学医学院，战争年代艰苦的求学生涯又使我深深地体会到，没有共产党就没有新中国。1949年大学毕业后我来到华东人民医学院（第二军医大学前身）开始了我的外科生涯。50多年来，回顾自己走过的路，颇有感慨。感受最深的是，作为一名外科医生，敬业精神至关重要，只有把自己的个人前途和国家的命运紧密联系在一起，全心全意为病人服务，才会有所作为，才能成为一名受病人欢迎的好医生。

所谓敬业精神，就是一种忠于职守、热爱本职工作、兢兢业业为人民服务的精神。作为医务工作者，以病人为中心，全心全意为病人服务，对工作精益求精，就是医务工作者必须发扬的一种敬业精神。

一、讲敬业，必须要有强烈的社会责任感

一个人不论职位有多高，技能有多强，他毕竟仍是社会的一员，一个集体也毕竟是社会的一小部分。医务工作者所从事的医疗事业，只是社会分工

的一部分。社会给予一切，我们每个医务工作者也必须服务于社会。因此作为具有较高文化科学知识的医务工作者，应该具有社会责任感。换句话说，要有一种"爱党，爱人民的崇高情怀，为民族争气，为社会争光，为人民服务的人生理想和价值观念"。在50年代末，尽管世界第一例肝脏外科手术发生在100多年前的德国，而在我国，肝脏外科至新中国成立前夕还是一片空白。1956年，外国的一位肝脏外科专家来沪访问断言，中国的肝脏外科要想达到他们的水平，起码要二三十年。当时我正师从著名外科专家裘法祖教授，听了非常气愤，从此也坚定了我献身中国肝胆外科事业的志向。

二、要刻苦钻研，勇于创新，多做贡献

江总书记曾说过，"创新是一个民族精神的灵魂"。对于我们每一位医务工作者，有崇高敬业精神的人，应当对技术精益求精，应当不怕一切艰难险阻，为社会，为人民做出更多的贡献。我的老师裘法祖教授告诉我，"从发展来看，外科医生有两种，一种是搞临床，不断磨炼和进取，就有望成为技术精湛的一把刀；另一种是结合临床搞科研，专攻一项，如出成果对医学做出一些贡献，那么就是医学家了。当然后者更难，许多医生花毕生精力也未必能在这一项上有所突破"。我选择了第二条路，他传授了"会做、会说、会写"六字诀。"会做，是指手术，业精于勤，要不断实践，才能保持高的成功率；会讲是指知识面宽，才思敏捷，旁征博引，在各种讲台上应付自如；会写，要善于总结经验，会写文章，著书立说，才能对人民的卫生事业做出更大贡献"。50多年来，我始终牢记这"六字诀"，同样我也把这传授给我的学生，严格要求，培养人才，只有这样，才会出成果，才会有创新。

（一）要有创新，必须以实践为基础，敏锐地探索问题

50年代，国内对肝脏解剖的知识仅限于对肝脏分为左右两叶以及内部分布着肝动脉、肝静脉、门静脉和胆道四种管道系统。1958年长海医院收

治了一名肝癌患者，并特请一名权威开刀，我做助手，手术进行了5小时，肝脏不断渗血，两天后，病人终因失血过多而去世，这给我极大的震动。要解决这个问题，在当时只有开创性地研究肝脏解剖，于是我们肝脏小组自己动手制作标本，树立了向肝胆外科进军的信心，经过反复论证研究，提出中国人肝脏解剖的"五叶四段"的新理论，为肝脏外科的开展奠定了重要的解剖学基础。我有时候想，当时如果我们不从解剖入手，怎会有以后肝脏外科技术难题的突破。人体的奥秘还很多，需要我们不断去探索。

（二）要善于比较，发现类似，灵活转移经验

经验是人的宝贵智能财富。当我们把解决某个问题取得的经验来解决类似的其他问题的时候，就要运用转移经验的能力。在60年代初，肝脏手术有人用肝门阻断低温麻醉切肝法，当时这种切肝法容易造成多种并发症，当时我想有没有其他办法替代，当我看到自来水龙头时突然眼睛一亮，肝脏手术在肝门处是否也可以间歇阻断类似闸门以控制血流，经多次试验，"常温下肝门阻断切肝法"终于成功，并一直沿用至今。因此，我的体会是，作为医生，在获得经验的同时，要善于比较，转移经验，攻克难关。

（三）善于学习，知微见著，高瞻远瞩

作为一名医务工作者，必须善于学习、借鉴国外的先进经验，为我所用，保持学科特色及领先地位。一个人的能力很有限，要推动我们肝胆外科以及我国其他学科事业不断向前发展，就必须高瞻远瞩，努力造就一个具有实力的学术群体。我从80年代末开始，就积极扩大对外合作，相继成立了中日合作内窥镜中心、中美合作肝脏移植中心、中德合作生物信号传递中心以及中美合作肿瘤免疫和基因治疗中心等，提出了培养科研人才的"哑铃模式"等，目的很明确，就是与国际接轨。尽管我们肝胆外科有自己的特色，但必须要站得高一点，看得远一点，要把我国的肝胆外科事业推向世界，保持其应有的地位。令人欣喜的是，一幢有600张床位的肝胆外科医院病房大楼已投入使用一年，这将为我们国家肝胆外科在新世纪的发展奠定较坚实的基础。

三、敬业与修身相结合，以病人为中心，有爱心，讲职业道德

爱心是一个医生的基本道德规范，职业道德是敬业精神的体现。敬业爱岗，对事业和专业精益求精，同时又要具备良好的职业道德，做到这两者的统一和结合不容易，我认为最根本的当然是在于人的世界观、人生观和价值观。作为一名医务人员，要把病人当作自己的亲人，痛他们所痛，苦他们所苦；必须捧出一颗真诚的心，伸出一双温暖的手。我经常告诫我的学生"看病收红包，会玷污医生神圣的称号"。50 多年来我始终牢记"全心全意为人民服务的宗旨"，1996 年中央军委授予我"模范医学专家"称号，这是党和人民军队给我的荣誉，以后我更要严格要求自己，严格要求我的学生，为病人服务，肝胆相照，为肝胆外科事业的发展奋斗终生。

四、展望

科学技术是第一生产力。当今世界，信息技术、纳米技术及生物工程技术将代表 21 世纪的潮流。江总书记指出："人类正在经历一场全球性的科学技术革命，我们面对着世界经济和科学技术前所未有的大发展，也面对着前所未有的激烈的国际竞争。"当前人类已跨入新世纪，尽管我国的卫生事业取得了较显著的成绩，但医学的诸多难题仍未解决。每当我目睹诸多深受肝癌折磨的患者，真令人痛心疾首。"老夫喜作黄昏颂，满目青山夕照明"。尽管我已步入老年，但我仍奋战在临床一线，报效祖国的拳拳之心，为医学事业奋斗的责任感丝毫未减当年。科学的发展，人才是关键，我将与广大的医务工作者一道，一如既往努力奋斗，敬业爱岗、勇于创新，培养出更多的名医，为我们国家，我们军队的医药卫生事业做出更大的贡献。

（此文发表在 2002 年第 8 期《中国医院》）

报效国家为祖国医学事业奋斗终生

今天，我主要围绕"报效国家"这个主题，与各位领导和同志们谈谈我从医，尤其是从事肝胆外科 50 年来的一些体会和感受，与大家共勉。

谈起"国家"这个词，还要从我很小的时候讲起，我感到我的大半生都是和我们国家的命运紧密地联系在一起的。在我很小的时候，父亲为生活所迫，背井离乡到马来西亚打工割橡胶。1927 年，母亲带着 5 岁的我漂洋过海去投奔父亲。1937 年日本发动全面侵华战争时，我正在华人办的光华中学读初中。当时从国内来了一个思想非常进步的老师，经常给我们讲国内的抗日形势和国家兴亡匹夫有责的道理。那时身在异国他乡，我们中国人经常遭受外国人的欺负，所以心里特别恨那些欺辱中国人的外国人，同时也特别希望我们自己的国家强大起来。如果国家强大了，外国人就不敢欺负我们，小日本也不敢这么放肆。虽然那时候年龄还小，但这些朦胧的想法却影响甚至决定了我一生的事业轨迹。

初中快毕业的时候，我和几个同学通过陈嘉庚先生组织的华侨抗战救国会，给在延安的八路军总部捐款，想为国内的抗日尽我们的一份心。想不到的是，竟然收到了毛泽东主席和朱德总司令的回信，鼓励我们回国抗日！这让我们激动不已，回国报效国家的想法也就在我的心里扎下了根。毕业时，我毅然放弃了父母为我作的去新加坡读书的安排，和 6 位同学相约回国抗日。尽管那个时候我还不满 18 岁，但报国的愿望已经很强烈了。

回国途中的一件事更加坚定了我报效国家的想法。当我们回国途中在越南西贡海关登岸时，当时验关的法国人要我们在护照上按手印，而同时过关的欧美旅客都是签字。我们就跟那个验关的说，我们也可以用英文签字，为什么不让签字而让按手印？但那个可恶的法国人对我吼道：你们是黄种人，东亚病夫，不能签字！我们当时气得要命，但是没办法，只有屈辱地按了手印。直到现在，那次经历都是我最刻骨铭心的耻辱！我当时就想，我们的国家一定要强大起来，我们再也不要受外国人的欺负和歧视！

回到云南之后，我们才发现，当时的形势根本不允许我们去延安。这时候，参战抗日的想法就不能实现了。我和几个同学合计着，还要继续求学读书，就这样，我们进入了因战乱迁到云南的同济大学附中继续学习。

高中毕业时，我曾想过报考同济大学工学院，希望能够工业救国，因为我知道一个国家的工业不发达就要受外国人的欺负。后来，我的同班同学、现在的老伴吴佩煜说她想报考医学院，希望我也能报考医学院，因为学医可以救治很多战场上的伤员，可以更直接地为国出力。我一想也对，于是就和她一起报考了同济大学医学院并被顺利录取。后来，在我的老师、我国外科之父裘法祖教授的指导下，走上了科学技术救国的道路，并把肝脏外科作为努力的方向。

一直以来，我国都是肝炎、肝癌的高发区，但直到1949年，中国还没有人能做肝脏外科手术。20世纪50年代，一位外国医学权威断言："中国的肝胆外科要达到国际水平，起码需要30年。"这句话让当时还是住院医生的我心里很不是滋味，暗下决心一定要做出样子让外国人看看！回到家里后，我怎么也睡不着，于是就在灯下写出"卧薪尝胆，走向世界"八个大字，作为座右铭放在桌上，激励自己为之努力。

经裘法祖教授指点，我当时所在的二医大长海医院于1958年成立了由我担任组长的"三人研究小组"，开始向肝胆外科进军，开始向肝胆外科这座崎岖而险峻的山峰攀登。那时候，国内外的肝脏手术都卡在了出血这个"瓶颈"上，而出血的根本原因在于对肝脏的解剖关系认识不清，我们决心首先攻克肝脏解剖理论这一难关。万事开头难。当时，我们的实验室就在养实验犬的"狗棚"里，只有几张旧桌椅，几把破刀剪，在那里我们一待就是四个多月，没有白天，没有黑夜，接连试用了20多种灌注材料，做了上百次试验，最后终于成功了，我国第一具肝脏血管铸型标本就这样正式宣告诞生。此后，我和同事们一鼓作气干到1959年底，制成了108个肝脏腐蚀标本和60个肝脏固定标本。这个时候，可以毫不夸张地说，整个世界没有任何人能比我们更熟悉中国人的肝脏了。经过反复研究、实验，1960年初，我们从中国人肝脏大小数据及其规律中，大胆提出了"五叶四段"这个崭新的肝脏解剖理论，为肝脏手术奠定了解剖学基础。直到今天，国内医学领域依然采用这一理论。

理论只有指导成功的实践，才能验证它的科学。1960年3月1日，在"五叶四段"理论的指导下，我主刀完成了第一台肝癌切除手术。这例手术的成功，打破了肝胆外科的禁区。但我知道，这仅仅是"零"的突破，要跻身世界先进行列，还得不断探索和进取。之后，我又先后发明了"常温下间歇肝门阻断切肝法"和"常温下无血切肝法"，开创了我国肝脏手术止血技术革新的先河，让中国肝脏外科的手术方法发生了革命性的变化。1963年，我再一次闯进肝脏手术禁区中的禁区，主刀完成了我国第一例中肝叶切除术。那时候，全世界敢做中肝叶手术的也绝无仅有，这就标志着我们一举迈入了世界肝脏外科的先进行列！而这时，距那位外国专家的预言还不到10年。

正当我们鼓足干劲将肝胆外科学科继续向前推进的时候，"文化大革命"开始了。我和同事们都不同程度地受到了冲击，我们"三人小组"中的胡宏楷教授因为受不了批斗的折磨而割腕自杀。这时候的我，在各种压力之下也一度感到犹豫、彷徨、无助和苦恼，但是，心底始终有一个声音在提醒我：发展肝胆外科事业是我们国家和人民的需要，我一定不能放弃，正确的东西终会经得起历史的检验！在这种情况下，我们想方设法创造条件，断断续续地进行着肝胆外科的试验、研究和手术。1975年，我又主刀完成了一例重达18千克的特大肝血管瘤手术，在极其困难的条件下又创造了一项世界纪录！

1978 年，科学的春天来了，天空阴霾散尽。我义无反顾地申请成立了我国第一个肝胆外科学科，并在国家恢复高考后第一批申请招收研究生，我想培养更多的优秀人才。从此，我国的肝胆外科开始了新一轮的快速发展。

1979 年，我们肝胆外科正式走上了世界舞台。那年 9 月，第 28 届国际外科学术会议在美国旧金山举行。参加这次会议的有美、苏、英、法等 60 多个国家的 2000 多名外科专家，代表着世界外科的最高水平。我和中国外科界三位泰斗级人物吴阶平、陈中伟、杨东岳接到了大会邀请。根据大会组委会的安排，我们如期到达旧金山。从大会宣读论文的目录来看，将在会上宣读肝外科论文的学者一共有三位，我排在最后，前两位都是西方发达国家的代表。当我走上讲台的时候，大会主席突然宣布：由于时间关系，将预定的 15 分钟发言时间改为 10 分钟。这让我有点措手不及，我是代表我们的国家来参加这个大会的，为了这个发言，我已经准备了半年。不能再受外国人的欺负！我和吴阶平交流了一下后，不卑不亢、有理有节地要求大会主席将发言时间改回预定的 15 分钟，大会主席还是将那 5 分钟"还给"了我。在我之前宣读肝外科论文的两名外国人，加在一起的肝癌切除术共 18 例，而我们就做了 181 例，我们的手术成功率、自创的肝脏解剖理论和发明的止血方法等，在会场上引起了强烈的关注。虽然 30 年过去了，我还清楚地记得，当我的报告结束时，大会代表热烈鼓掌。那一刻，为国争光的自豪感油然而生，我更为自己是一名中国人而感到无比骄傲！我心底的快乐简直无法用语言表达。也就是从那时起，确立了我国在世界肝脏外科界的领先地位。我们的肝胆外科得到了世界的公认！世界尊重知识和科学，更尊重创造知识和科学的人。

在那之后，我们又连续创造了世界肝脏外科史上的多个第一，使我们这个肝癌大国的肝癌研究与治疗牢牢占据在世界肝胆外科的最前列！

我进入肝外科领域已经 50 多年了，我们也做了 1 万多台大大小小的手术，可以说所有的肝脏手术都做了。但是，我自己也常想：一台手术只能挽救一个病人的生命，对于我们这个肝癌大国来说，这无异于杯水车薪，不能从根本上解决问题。所以，我特别重视肝外科的基础研究工作，希望有生之年能够在肝癌的预防和早期发现上再做出一点成绩。正是基于这个考虑，我才把自己获得国家最高科技奖的 500 万元奖金一分不留地拿出来，全部用到基础研究和人才培养上。有人问我，为什么自己不留一点？我说，我现在的工资加上国家和总后的补贴，还有医院的补助，足可以保证三餐温饱、衣食无忧，上下班有专车接送，我已经很知足了。再说，我也用不了那么多钱。可能这就是我的老师裘法祖教授常教诲我的：做人要知足，做事要知不足，做学问要不知足。

在获得 2005 年国家最高科技奖后，有的同志劝我，工作是干不完的，也该功成身退了。按理说，我可以休息休息，享享福了，但是我闲不下来。我总觉得，作为一个党和国家培养的普通医生，组织上给了我很多的荣誉，但我还没有研究透肝病的发病规律，还没有找到解决肝癌的最有效办法，我只有倾尽毕生之力去工作，才能不辜负党和人民的重托，才能对得起国家和军队的培养！获奖之后，我没敢有丝毫懈怠，马上又投入到新的目标规划之中。

我联合其他 6 位院士，向温家宝总理打了个"集成式进行肝病诊疗研究"的报告，温总理非常重视这个事情，当时就批示有关部委落实。在 2006 年的元宵节晚会上，我又向胡锦涛主席汇报了这件事，胡主席也表示要大力支持，让我有什么困难直接找他。目前，国家卫生部已经将肝癌集成式研究列入"十一五"国家传染病重大专项，组织全国科学家共同攻关，并投入 5 亿元人民币。我们医院在这个重大专项中申请了 3 个课题，总经费达 1.7 亿元，在全国上百家竞标单位里首屈一指。国家发改委也明确表示，要在上海建立一个由我牵头负责的集国际领先性、不可替代性和高度开放性于一体的一流科研平台——"国家肝癌诊疗科学中心"，去年该中心已在上海嘉定区安亭镇奠基落户。

老骥伏枥，志在千里。我今年虽然已经 87 岁，虚岁 88 了，但每天还是正常上下班，只要不出差，周六或周日总要到医院看看，现在平均每周还要做四五台手术。以后，我还要以更加充沛的精力投入工作，以更加昂扬的状态干好工作，努力为我们国家的肝胆外科事业多做一些贡献。我在这里向各位领导表个态：只要能拿得动手术刀，我就会站在手术台上。我一定要做到"老牛自知夕阳晚，不用扬鞭自奋蹄"，为人民健康多服务，为祖国多做些有益的事情。

（此文发表在 2009 年 4 月 23 日《科技日报》）

我国肝胆外科居于世界先进水平

这10年，在党中央、国务院的亲切关怀下，我国的医疗卫生事业得到前所未有的高度重视，医疗技术、医学科研等随着社会进步有了快速发展和大幅进步，老百姓看病难看病贵的现象得到较大程度缓解。在我看来，整个医疗卫生事业正在健康和谐发展。

我是肝胆外科医生，结合自己的实践，感到肝胆外科在以下四个方面的发展进步很可喜。从学科规模看，肝胆外科已经普及。我国第一个肝胆外科是1976年第二军医大学在上海长海医院成立的；最近10年来，随着大家对肝胆疾病的认识和重视，全国的肝胆外科人才培养工作得到长足发展，肝胆外科如雨后春笋般成立。据我所知，现在，基本所有的县以上医院都开设有肝胆外科，至少成立了肝胆外科医疗组，这是很不容易的。形成这样一种局面，不管对肝胆病人也好，对国家的疾病防治也好，都是非常有好处的。因为，病人看病可以就近选择医院，使得我国肝胆疾病的死亡率明显降低。

从学术水平看，我国肝胆外科现在居于世界先进水平。从1960年完成我国第一例成功的肝癌手术到今天，经过几代人半个多世纪的不断努力，我国肝胆疾病的总体手术成功率和术后复发率等评价指标世界领先，其中，肝癌术后5年生存率达到53.1%，这是一个了不起的进步，而在20世纪70年代，这个指标还不到20%，可以算一算，以我国每年新发肝癌病人40万例计算，5年生存率提高30.1%，每年就延长数以十万计的生命！当然，手术也改善了他们的生活质量。我们医生和研究人员在国际顶尖和一流学术杂志上发表的相关学术论文数量和质量、论文被引用的次数也大幅提高。

从治疗手段看，肝胆疾病综合治疗效果显著。我国的肝癌治疗，从最初没有办法到单纯的手术切除，再到现在的微创、介入、放射、免疫、病毒、靶向治疗等，从巨大肿瘤不能切除到现在的二期手术、复发再切除等，可以说有了飞跃式的进步。也正是治疗手段丰富了，这些手段互为补充，才保证了手术成功率、术后生存率这些指标的不断提升。这里面，既有临床医生们的辛苦工作，也有科研人员的不懈努力，基础研究和临床治疗互相支持，也就是基础研究指导临床治疗，临床治疗反过来可以推进基础研究。不过，由于治疗手段的丰富，也带来了一个规范治疗的问题，那就是针对同一个病人什么样的治疗方案是最佳。现在的问题是，面对同一个病人，外科医生主张开刀，介入医生主张介入，放疗医生主张放疗。这样可不行，对病人不利。医生不能只从自己的立场和能力出发，而是要以病人为中心，按照医疗原则和病人实际制订最合理的治疗方案。当然，作为国内唯一的肝胆外科专科医院，我们有责任和义务在推进规范化治疗上发挥引领和示范作用，让肝胆疾病治疗有规可循。

从方便群众看，各个医院都推出便民措施，服务病人落到实处。上海最近几年在医疗卫生和医疗服务方面做了大量卓有成效的工作，这一点老百姓觉得满意，医生护士也都支持。比如上海开展的病人满意度万人问卷调查、卫生部开展的"三好一满意"活动等，都监督和敦促各个医院不断改进服务作风、提高服务能力、提升服务水平。我们医院这几年在医疗服务、护理服务、后勤服务等各个方面都推出了方便病人的措施，病人对医院和医生护士服务的满意度也连年提高。据我了解，全国的医院也都在改进服务、提高能力上下功夫，做了很多工作，也有很大成效。

（此文发表在 2012 年 10 月 8 日《光明日报》）

用一生为理想去奋斗

我叫吴孟超，今年 91 岁，和在座的大多数同学一样也是个"90"后。我只是一个普通的外科医生，这一辈子就做了一件事，那就是建立肝脏外科与肝癌斗争。我的经历很简单，先是在马来西亚的光华学校念小学和初中，回国后考入同济大学附中和医学院，大学毕业后就一直工作在第二军医大学。回顾自己的经历，我最大的感受是，做人要诚实，做事情要踏实，做学问要扎实，而且一定要有自己的奋斗目标和人生理想。而我的目标和理想是：早一天摘掉戴在中国人头上的"肝癌大国"的帽子，让我们的人民健健康康地生活！

今天，我想在这里跟大家谈一下自己的一些体会和感受，不对的地方请大家多包涵。

一、要热爱祖国和人民

我出生在福建闽清的一个小山村，由于营养不良，3 岁时才会走路，5 岁时跟着母亲去马来西亚投奔在那里割橡胶打工的父亲。9 岁起，上午跟着父亲割橡胶，下午去学校读书。割胶既培养了我吃苦耐劳的性格，又练就了我灵活的双手。1937 年抗日战争爆发时，我正在读初中。那时经常遭受外国人的欺负，所以心里特别希望咱们的国家强大。初中快毕业的时候，我和全班同学将募捐来的钱，通过陈嘉庚先生组织的华侨抗战救国会寄给了八路军，后来竟然收到八路军总部寄给我们的感谢信，让我很受震动。后来，我向父母提出要回国参加抗日队伍。就这样，1940年春天，我和其他6个同学一起相约回国。回国途中遇到的另外一件事更加坚定了我对祖国的热爱。当我们在越南西贡登岸时，验关的法国人要我们在护照上按手印，而欧美旅客都是签字。我就跟那个验关的人说，我们也可以用英文签字，但那个可恶的法国人对我吼道："你们是黄种人，东亚病夫，不能签字！"直到现在，那次经历都是我最刻骨铭心的耻辱。我当时就想，我们的国家一定要强大起来，我们再也不要受外国人的歧视和欺负！

经过30天的辛苦旅途，到达了云南昆明。我们发现，形势根本不允许去延安。参战抗日的想法无法实现了。我和同学们合计着，继续念书吧。就这样，我考入了因战乱迁到昆明的同济大学附中。后来，考入同济大学医学院，走上了医学道路。

1956年，我听一个老一辈的医生讲，日本的一个医学访问团专家傲慢地说：中国的肝脏外科要想赶上国际水平，最少要30年的时间！听了这话，我心里非常不舒服，并下定决心要证明我们能站在世界肝脏外科的最前沿，要用实际行动为我们的国家争光，为我国的医学争光！

于是，1958年，我们成立了以我为组长的"肝脏外科三人研究小组"，制作出我国第一具肝脏血管铸型标本，创立了肝脏"五叶四段"的解剖学理论；1960年，我主刀完成第一台肝癌切除手术；1963年，我成功完成国内首例中肝叶切除术，使我国迈进国际肝脏外科的前列；1975年，切除重达36斤的巨大肝海绵状血管瘤，至今还保持着世界纪录；1984年，我为一名仅4个月的女婴切除肝母细胞瘤，创下了这类手术患者年龄最小的世界纪录；1979年，我参加了在美国举行的第28届世界外科大会，报告了181例肝癌手术切除的体会，引起强烈反响，确立了我们在世界肝脏外科的领先地位；21世纪以来，我们的肝癌介入治疗、生物治疗、免疫治疗、病毒治疗、基因治疗等方法相继投入临床应用，并接连取得重大突破，提高了肝癌的疗效。

我现在身体很好，每天正常上下班，一周一次门诊，五六台手术，医院管理上的很多事也要管，平常还飞来飞去出差开会。我觉得，作为一个党、国家和军队培养起来的科学家，我还没有研究透肝病的发病规律，还没有找到解决肝癌的最有效办法，只有倾尽毕生之力，才能不负党和人民的重托，才能对得起我深深爱着的国家和军队！

病人是我们的衣食父母。要把病人当亲人看，全心全意为病人服务，并用最有效的方法给他们最好的治疗。这是我从医60多年始终恪守的医道。

2004年，湖北女孩甜甜被诊断出中肝叶长了个足球般大小的肿瘤。其他医院的医生说，这个肿瘤无法切除，只能做肝移植，需要人民币30万元。甜甜母亲下岗多年，父亲是一名普通职工，30万元对他们来说是个天文数字，一家人只能以泪洗面。后来，在别人指点下，甜甜和父母带着一丝希望来到我院。在召集全院专家多次会诊后，我和同事们用了8个小时，成功为她切除了8斤重的肿瘤。

1975年，安徽农民陆本海找我治病，他的肚子看上去比怀胎十月的妇女还要大。经检查是一个罕见的特大肝海绵状血管瘤，直径达68厘米！当手术打开腹部时，肿瘤之大让所有在场的人都毛骨悚然。12个小时之后，当我把那个巨大瘤体完全切除时，已经没有力气把它抱出来了。经过称量，重量竟达36斤！

今年11月15日，我还做了一台手术：一个新疆的13岁女孩，肚子鼓得像充满气的皮球一样，在很多地方看过，大家都觉得风险很大，不敢给她手术。我给她做完B超后也知道手术风险很大。但是，如果不给她开刀，那么大的瘤子发展下去肯定会要她的命。手术那天，从早上八点半到下午两点多，用了将近6个小时，把瘤子切了下来，称了称正好10斤2两！说实话，手术下来后很累，但我心里还是非常高兴，因为我又救活了一个人的生命！

二、科学既要会创新又要讲诚信

1958年，我们"三人小组"开始向肝胆外科进军。我从基础做起，首先是了解肝脏结构，其次是解决手术时出血的问题。

肝脏是人体新陈代谢的重要器官，不同于其他脏器，其他脏器一般都只有两种管道，而它有四种管道，所以血管非常丰富，手术容易出血。如果能够把肝脏血管定型，在不同的四种管道里灌注进不同的颜色，血管走向就一目了然了。为了做成血管定型标本，我们在用作养狗的"狗棚实验室"一干就是四个多月，接连试用了20多种材料，做了几百次试验，无一成功。有一天，广播里传来了容国团在第25届乒乓球赛上夺得冠军的消息。我突然想到，乒乓球也是一种塑料，能不能用它作灌注材料呢？于是，我们就赶紧去买来乒乓球剪碎，放入硝酸里浸泡。这一次，居然获得了成功！此后，我和同事一鼓作气制成了108个肝脏腐蚀标本和60个肝脏固定标本，找到了进入肝脏外科大门的钥匙！

我发明的"常温下间歇性肝门阻断切肝法"，既控制了术中出血，又让病人少受罪，还使手术的成功率一下子提高到90%！这个方法到现在都在用。

1963年，我们准备进军中肝叶。中肝叶被称为肝脏外科"禁区中的禁区"，做中肝叶手术除了需要一定的勇气，更需要严谨求实的科学态度。手术之前，我在动物房对30多条实验犬进行实验观察，直到确认已经达到保险系数，才决定在患者身上手术。于是，我完成了我国第一台中肝叶切除手术，也正是这台手术，让我们迈进了世界肝脏外科的先进行列。创新需要有敢于怀疑、勇闯禁区的精神和胆识，更离不开科学的态度和严谨诚信的学风。因为创新不是想当然，那是脚踏实地的探索，那是日复一日的积累！

孔子曾说："人而无信，不知其可也。"孔子将诚信作为立身处世的必备品质，早已成为齐家之道、治国之本。诚信既是一种处世的态度，更是一种道德的标示，对于社会和每个人都至关重要。

近年来，随着我国改革开放的深入，经济得到快速发展，科技水平和创新能力大幅提升，科研成果层出不穷。但另一方面，社会上的各种不良风气也逐渐渗透到学术界，各种各样的学术腐败、剽窃造假事件接二连三地发生，不仅引起全社会的反感，也引发了国外权威杂志对我国学术界的质疑，其带来的危害是难以估量的。学术不端行为既影响创新能力的提升，还败坏了严谨求实的学风，浪费大量的科研经费和资源，结果是学术造假和追名逐利风气扩散、蔓延，导致社会道德沦丧，创新能力下降。这应引起全社会，尤其是年轻人的重视，一定要老老实实做人，严谨诚信做事。

我在这方面对学生要求特别严。在审阅论文时，我对他们的数据和病例都会进行核实，有时甚至连语言的表述方式和标点符号都不放过。还有关于论文署名问题，我没有参与的文章一概不署名，没有劳动就不能享受人家的劳动成果，那种不劳而获的事我不干。有时候他们会说挂上我的名字好发表，我说那更不行，发表论文不是看面子的事，要靠真才实学，你文章写得好写得实人家自然会为你发表，打着我的旗号那是害人害己。还有，我最讨厌那种写文章时东抄西抄的人，说好听点是抄，难听点就是偷！我们医院就曾经有个年轻医生，发表的论文是抄袭别人的，我们在发现后，坚决把他除了名。

我还想跟同学们谈一谈恒心的问题。刚才我说了，我这一辈子就干了一件事，那就是与肝癌作斗争。从1958年干到现在54年，但我还没有把肝脏完全弄清楚，还要继续干下去。其实，其中的失败、挫折和磨难，不是一句话两句话能说得完的。我也苦恼过、犹豫过、彷徨过，但我没有退缩，坚持了下来。很多老一辈科学家一生也都只干了一件事，而干好、干成一件事，要付出的努力和汗水也是不言而喻的。所以，也希望同学们做事做学问时要有一些恒心，要吃得了苦、受得了罪、耐得了寂寞，要干一行爱一行，钻一行精一行，这样才能有所收获、有所成就。

三、要下功夫培养年轻人

我进入肝胆外科已经50多年了，做了1万多台大大小小的手术，可以说所有的肝脏手术都做了。但是，我常想：一台手术只能挽救一个病人的生命，对于我们这个肝癌大国来说，不能从根本上解决问题。1996 年，我用自己的积蓄、稿费和奖金，加上社会各界的捐赠共 500 万元，设立了"吴孟超肝胆外科医学基金"。2006 年，我把获得国家最高科技奖的 500 万元和总后奖励的 100 万元全部用到人才培养和基础研究上。有人问我，为什么自己不留一点？我说，我现在的工资加上国家补贴、医院补助，足可以保证三餐温饱、衣食无忧了。可能这就是我的老师裘法祖教授常教诲我的：做人要知足，做事要知不足，做学问要不知足。

王红阳院士是我学生中的优秀代表。1987 年秋天，在中德医学会学术年会上，我发现她头脑冷静、勤奋好学，不久，我推荐她赴德国留学。其间，我们不仅保持着联系，每次到欧洲访问，我都会抽时间去看她，了解她的科研情况。我对她说："你要回来，医院给你一层楼面，为你建最好的实验室。"1997 年，王红阳学成归国，面对中科院上海分院等单位的竞相邀请，她毅然将中德合作生物信号转导研究中心落户我院。她在肝癌等疾病的信号转导研究上取得了很多突破，先后获得国家自然科学二等奖等重大奖项，发表有影响的论文 60 余篇，在国内外学术界引起强烈反响，2005 年当选为中国工程院院士，2010 年又当选为发展中国家科学院院士。

第二军医大学分子研究所所长郭亚军教授是我的第一个博士生，他在美国读书时取得了突出的成绩，我也多次去看望他。他回国后，我很希望他能帮助我研究肝癌的防治，但得知学校要成立分子研究所时，我果断地向学校推荐了他。现在郭教授也已经是知名的青年科学家。

我对学生要求很严，规定他们必须有过硬的基本功，做到"三会"，也就是：会做，判断准确，下刀果断，手术成功率高；会讲，博览群书，能够阐述理论；会写，善于总结经验，著书立说。查房时，我经常逐字逐句查看病历和"医嘱记录单"，对出现错误的既严肃批评，又指导帮助。我们当医生的，所做的一切都关系到病人的生命和健康，一点也马虎不得。这么多年来，我培养了上百名学生，不少人成名成家了，或者是一个单位的骨干力量，可以问心无愧地说，我把自己掌握的知识和技术毫无保留地传授给了他们!

这些年，祖国和人民给了我很多荣誉，但这些荣誉，不是我吴孟超一个人的，它属于教育培养我的各级党组织，属于教导我做人行医的老师们，属于与我并肩战斗的战友们。回想我走过的路，我非常庆幸自己当年的四个选择：选择回国，我的理想有了深厚的土壤；选择从医，我的追求有了奋斗的平台；选择跟党走，我的人生有了崇高的信仰；选择参军，我的成长有了一所伟大的学校。

岁月不饶人，但我还想在有生之年再做一些有意义的事情。只要肝癌这个人类健康的大敌存在一天，我就要和我的同行们与它斗争一天。我牵头的新医院和国家肝癌科学中心正在建设当中，明年就可投入使用，到时候我们的平台就更大了，能做的事情也就更多了。为人民群众的健康服务，是我入党和从医时做出的承诺，我将用一生履行这个承诺，用一生为理想去奋斗!

（此文发表在 2013 年第 1 期《学位与研究生教育》）

创新不是"想当然"

找到进入肝脏外科大门的钥匙

1956 年，我听一位老医生讲，日本的医学代表团到中国访问时，他们的专家傲慢地说："中国肝脏外科要想赶上国际水平，最少要 30 年时间。"这话促使我们下定决心，要用实际行动为我国医学争光。

1958 年，我们成立了"肝脏外科三人研究小组"，制作出我国第一具肝脏血管铸型标本，建立了肝脏"五叶四段"解剖学理论。做基础研究，首先要了解肝脏结构，其次是解决手术出血问题。这些问题在当时都是难以解决的大问题。

肝脏是人体新陈代谢的重要器官。肝脏不同于其他脏器。其他脏器只有一段，动脉进去，静脉出来，而肝脏有四个管道，血管非常丰富，手术中很容易出血。如果能够把肝脏的血管定型，在四个管道里灌注不同的颜色，血管走向就一目了然了。为了做成血管定型标本，我们在实验室一干就是四个多月，接连试用了 20 多种材料，做了几百次试验，都没有成功。

后来有一天，广播里传来容国团在第 25 届乒乓球锦标赛上夺得单打冠军的消息。我突然想到，乒乓球也是一种塑料，能不能用它做灌注材料呢？于是我赶紧买来乒乓球剪碎，放入硝酸里，然后把溶解的液体注射到肝脏的管道里面。这次成功了！之后，我和同事一鼓作气，制成了 108 个肝脏腐蚀标本和 60 个肝脏固定标本，找到了进入肝脏外科大门的钥匙。

后来，我们又发明了常温下间歇性肝门阻断切肝法。过去，切肝都是低温下，温度到 32 摄氏度再开刀。因为阻断肝门时间不能太长，时间长了要坏死。当时我们就想，能不能在常温下间歇阻断切肝，既控制了出血，又能让病人少受罪，还能减少并发症。这使得手术的成功率一下子提高到 90%，这个方法直到现在还在使用。

1963 年，我们准备进军中肝叶。中肝叶被称为肝脏外科"禁区中的禁区"。做中肝叶手术确实需要有一定的勇气，更需要严谨求实的科学态度。手术前，我们对动物进行实验观察，一直到确认已经达到了保险系数，才敢在病人身上动手术。正是这第一台中肝叶切除手术，让我们迈进了世界肝脏外科的先进行列。

发表论文不是看面子的事情，要靠真才实学

创新需要有敢于怀疑、勇闯禁区的精神和胆识，更离不开科学的态度和严谨诚信的学风。因为创新不是"想当然"，而是脚踏实地去探索，日复一日去积累。孔子说："人而无信，不知其可也。"孔子将诚信作为立身处世的必备品质，甚至把它看作是齐家之道、治国之本。诚信既是一种处世的态度，更是一种道德的标识，对我们每个人都是非常重要的。

近年来，随着我们国家改革开放的深入，我们的经济得到了快速发展，科技水平和创新能力也大幅度提高，科学成果层出不穷。但另一方面，社会上有一些不良风气也逐渐渗透到学术界。学术腐败、剽窃造假事件接二连三地发生，不仅引起全社会的反感，也导致国内外权威杂志对我国学术界的质疑。

这种现象带来的危害是难以估量的。学术不端行为既影响创新能力的提升，还败坏了严谨求实的学风，浪费了大量的科研经费和资源，结果是学术造假和追名逐利风气扩散、蔓延，导致了社会道德败坏，创新能力下降。因此，我们要引起全社会尤其是年轻人的重视，一定要老老实实地做人、严谨

诚信地做事。

在这方面，我对学生的要求是很严格的。在审阅论文时，我对他们的数据都会进行审核，有时甚至连语言表达方式和标点符号都不放过。还有关于论文署名的问题，没有参与的一概不给署名，因为没有劳动就不能享受别人的劳动成果。也有人说挂上我的名字好发表一点，我说那更不行。发表论文不是看面子的事情，要靠真才实学。文章写得好，自然能够发表，打着我的旗号，那是害人又害己。

我这辈子就干了一件事，那就是与肝癌做斗争。1958 年到现在已经 54 年了，我却还没有把肝脏完全弄清楚，还没有毕业，所以我还要继续干下去。其中的失败、挫折和磨难，不是一两句话能说完的。我也苦恼过、彷徨过，但我没有退缩，坚持干下来了。很多老一辈科学家也都是一生只干一件事。而干好干成一件事，要付出的努力和汗水是不言而喻的，所以我也希望大家做事做学问要有恒心，吃得了苦，受得了罪，耐得住寂寞，干一行爱一行，钻一行精一行，这样才能有所成就。

（此文发表在 2013 年 2 月 1 日《健康报》）

认真当好一个医生

当一个医生，或者说是当好一个医生，我觉得应该做到以下几条：

一要有良好的医德，这是当医生最基本的一条

首先，要有一张热情的脸。病人找我们看病，既是对我们的信任，也是对我们的帮助。一张热情的笑脸、一句温暖的问候，能瞬间接近与病人的距离，让他们在感情上更信任我们，在治疗上更依赖我们。其次，要有一颗善良的心。我觉得，善良是医生这个职业对从业者的本质要求。我们当医生的，要以善良之心、体谅之心、关爱之心去帮助每一个病人、呵护每一个病人。最后，要有一份真诚的情。医生对病人一定得有感情，得有真实的感情，我们在看病的时候，看的不光是病，而是一个整体的人。我们应主动跟病人交朋友，在感情上亲近他们。只要做到这样，医患关系一定会更加和谐，医疗效果也一定会事半功倍。

二要有较高的医术，这是当医生最重要的一条

第一，要有扎实的基本功。当医生的基本功一定要扎实，像我们搞外科的，对人体结构、人体解剖、血管走向等都得非常清楚，否则一知半解，没法开展工作。我觉得要靠多学、多看、多记，多学是向书本学，把书本上的知识学懂学会学通，向老师学，学老师的思路、手法、作风，向周围的同事学，学人之长、补己之短，只有这样，才能不断提高，不断进步。

第二，要会做、会说、会写。这是我老师裘法祖教授当年要求我们的。所谓会做，就是有较强的动手和实践能力，病人来了能准确诊断，需要手术能漂亮手术，最好能做别人做不好的手术或不能做的手术，那就是达到比较高的境界了。会说的意思是说要善于表达，比如在带教学生时能说清楚讲明白，给学生最好的指导。还有就是要走上讲台，能在国内国际学术大会上交流自己的见解和成果。会写的意思就是要有很强的文字写作能力，能够在国内国际期刊杂志上发表高质量的论文，能够著书立说，等等。

第三，要善用自己的手和脑。我们的前辈，他们诊断就凭自己的经验、知识、能力，完全是凭手、脑去诊断和治疗。现在甚至有些地方做手术都交给机器人，我对这种用机器取代人的做法不赞成：一是机器人手术加重病人的负担，我们国家目前还没有富到这种程度。二是这样下去久而久之，医生都不会手术了。

三要有济世的胸怀，这是当医生最难做的一条

古人说我们医生悬壶济世，也就是用医技普度众生，造福社会。我觉得要做到这点，每个医生都得强化三个责任。一要有对病人的责任。对每一个病人负起医生的责任，既医身也医心，就像主诊医生负责制一样，只不过这种责任感在平时要化于无形，像烙印一样打在每个人的心里，在面对病人时自然能够担得起责任。二要有防治疾病的责任。我们医生不光要会治病，最好还要想到如何防病。三要有对社会的责任感。为了缓解医患矛盾，我们可以从自身做起，有时哪怕受点委屈也可以忍，这不仅为自己创造良好的工作环境，同时也是为建设和谐社会做贡献。

我今年已经92岁了，希望在有限的时间内能多干点就多干点。我现在除了正常的医疗工作，还要搭平台、带队伍，让更多的年轻人接过我们的接力棒，就算有一天我干不动了，依然会有更多的人把肝胆外科事业继续搞下去。

（此文发表在 2015 年第 1 期《浙江医学》）

吴孟超：我的肝胆人生

吴孟超口述　吴菲整理

我国是肝病大国，自新中国成立初期，肝癌患者的人数就不断地上升。

我用了毕生的精力来研究治疗肝癌的技术，现在虽然在治疗手段、手术治愈率上有所提高，但肝癌的发病率和死亡率都没有下降。我国的人口基数太大了，对这一领域的研究也有待提高。

作为一名医疗工作者，为人民的健康服务是职责所在。人民的痛苦还没有解决，我也不能止步于此。

研究，为患者提供最高超的技术

2005 年，我联系了六位研究肝癌的院士，向国务院总理温家宝打报告，提出了两件事：第一，成立一个全国性的肝癌研究课题；第二，建立一家国家级的肝癌科学研究中心。

刚好也在那一年我获得了国家最高科技奖。授奖那天，我将这个提案送了上去，并得到了国家领导的高度重视。很快，国家就成立了一个重大项目，计划用三个五年，把我国的肝癌发病率和死亡率降下来，将肝癌的治愈率提高。第一个五年计划，国家拨款五亿元，组织课题研究，全国范围招标。现在正在实施第二个五年计划，全国相关的课题研究达到了十几个。在建立国家肝癌科学研究中心方面，国家发改委拨款两亿元，上海市拨款两亿元，国家与地方结合起来，现已动工。国家肝癌科学研究中心建成后，将向全世界公开。

国家之所以重视这一项目，是因为一个医学领域技术的提高，离不开科研的发展与探索。这不禁使我想起了肝胆外科的创建之路。

在新中国成立初期，我国的肝胆外科技术还很薄弱，国内也没有人专研这个领域。20世纪50年代，我升任主治医师，也有了自己的发展方向。在裘法祖老师的建议下，开始探索肝胆外科这一领域。

当时筹建肝胆外科是很艰苦的，由于我之前没系统地学习过这一专科，更没有学习过肝脏的解剖，因此最先要做的就是了解肝脏的构造。

起初，我找到了一本国外新出版的肝脏外科入门书籍，并将其翻译过来，在裘法祖老师的帮助下出版了。

第二步，理论赋予实践，从实物解剖做起，我在研究解剖之后将其应用于临床治疗。

肝胆外科，其实是一门转化医学，解剖是为了用于提高患者手术疗效，减少出血。我做动物试验，总结出常温下间歇肝门阻断切肝法，这个方法现在全国都在用。还有代谢研究提高了疗效，又开展了新型手术——中肝叶切除，后来又搞起了大血管瘤研究。转化医学就是要不断地从基础研究中掌握方法，用于临床验证，提高患者的疗效，然后从患者中发现问题，再进行研究，解决问题，最终用于患者。因此，最初我成立的研究组，之后到研究室，后来又发展实验室，之后扩大成研究所，最后到现在国家投资建立肝癌科学研究中心，专门研究肝癌课题。

肝癌课题的研究需要资源，没有患者怎么办？所以就要在研究中心旁边建设一家配套的大型医院。

医院，为患者提供最优质的服务

在医学领域内，科研的技术需要通过医疗体现。正如东方肝胆外科医院一样，有东方肝胆外科研究所与之平行，所以我的医院是一家院所合一的专科医院。

而医院的建立要从"文革"说起。"文革"后，我开始成立了全国第一个肝脏外科病房，也逐渐地从普通外科正式分离出来了，形成了带有正规编制的独立科室。级别与普外、骨科平行，并且受到国家和上级部门承认。

后来，由于患者人数的迅猛增加，科室的工作任务加大，我的肝胆外科迎来了新发展，成为了中国人民解放军第二军医大学附属长海医院里的院中院。并于1996年医院建新楼时，彻底地独立出来，成为现在的东方肝胆外科医院。我的医院目标明确，就是研究肝癌，医院发展的方向也是要解决肝癌问题。

我对我医院里的医生有个要求：一定要实事求是地为患者用最简单的方法、最便宜有效的手段医治好病，不让患者花冤枉钱。其他医院七八万元才能治疗的手术，我们这里三万元就可以解决。

但是同样基于这个原因，建院初，医院的创收很少，医生的收入也很少，很多医生都因此离开了。护理人员的流动性也非常大。但也有些人再苦都愿意留下来，那是因为对医院有感情。我们是军队医院，有正式编制的是军人待遇；另一种是聘用编制，不属于军人，他们的待遇相对较低。现在我逐步将聘用编制与正式军人编制的待遇看齐，实行同工同酬制度，同等待遇，这样就将人才留住了。

在医院里，军人编制的医生收入都是上级拨款，而且编制也有等级之分，我们医院的编制太少，等级又太低。正师级党委，700多张床位的医院，编制至少应该在700个左右，现在我们只有100多个正式的编制，医院80%的运营成本都是靠我们自己创收，我要维持医院的运营，还要兼顾低费用治疗，上级的拨款又很少，我该怎么办呢？

我的医院的发展不是靠药品和手术检查创收的，而是依靠慈善事业的资助。1996年，我的患者家属中，有一位来自台湾的商人尹衍梁先生，他的姨夫在我们这里住院，并得到了很有效的治疗。因此，他对我们医院的服务非常满意，就为我们医院投入第一笔资金，赞助我们建了第一栋楼。从此我们就创建了基金会。当时的尹衍梁先生，加上几位企业家，投资 500 万元，成为基金会的启动资金。

到我们医院治疗的患者很多都是华侨，他们都会为医院捐钱，过去不知道有基金会，他们就捐给医院，我再就将这部分资金放到基金会里面，实际上基金会就是医院的后盾。这样一来，我们医院便可以自给自足了。现在我们基金会的资金发展到了 2000 万元，这些基金主要用于医院的成本运营、出国留学人才的培养，还包括医生的著书立作、优秀员工的奖励等。

医院的建设离不开人才的培养，改革开放以后，我送了一批可造之才到国外培养，后来这批人 90% 都回来了，成为了现在我们医院的骨干力量。20 世纪 90 年代，有了基金会的资金后盾，我又陆陆续续地送出去了一些，今后我还要将人才送出去，这样医院的建设发展才有人才。医院要不断地往前发展，我就培养人才，并为他们搭建平台，今后的医疗事业就交给他们了。

（原文刊载于 2012 年 3 月 15 日《中国医院院长》）

孙家栋

孙家栋，男，1929 年生，辽宁复县人。1958 年毕业于苏联茹科夫斯基空军工程学院飞机设计专业。中国科学院学部委员、院士，国际宇航科学院院士，国际欧亚科学院院士。2009 年度国家最高科学技术奖获奖人。曾任七机部五院（现中国空间技术研究院）副院长、院长，七机部总工程师。长期从事运载火箭、人造卫星研制工作。现为中国航天科技集团公司高级技术顾问。

北斗卫星导航系统发展之路

世界卫星导航发展中的北斗

卫星导航系统能够提供全天时、全天候、高精度的定位、导航和授时服务，是重要的空间信息基础设施。世界各主要航天国家都十分重视卫星导航系统的建设、应用和发展。

（一）竞相发展的全球卫星导航系统

近 40 多年来，全球卫星导航系统竞相发展，呈现出 GPS 一路领先，GLONASS 曲折前进，北斗分步迈进、伽利略蹒跚前行的态势。导航卫星在轨数量逐步增加，服务性能稳步提升，应用领域日益扩展，成为人类社会不可或缺的空间信息基础设施。

系统状态：四大系统卫星在轨数量情况

GPS 系统建成后，卫星数量相对稳定；GLONASS 建成后由于各种原因，数量急剧下降，近年来，卫星数逐步增加；北斗系统 2000 年开始，发星、试验、组网；伽利略系统 2005 年开始，发星试验。根据计划，2020 年左右，四大全球系统的卫星数量都将达到 30 颗以上。

服务性能：导航信号发展情况、空间信号精度提升情况

为提升服务性能和导航战能力，2005 年后，GPS 增加了新的导航信号。为促进应用，GLONASS 新增了民用导航信号。为加强兼容互操作，北斗和伽利略系统对信号进行了适应性调整。在空间信号精度方面，GPS 自 2001 年、GLONASS 自 2007 年底得到大幅提升。

应用：卫星导航应用增长情况

近 30 年来，卫星导航从最初服务于军事需求，逐步扩展到各个专业应用领域和大众消费市场。近年来，卫星导航服务性能，特别是精度的提高，使导航应用得到了爆发式增长，导航终端销量激增，全球产值大幅提高。

（二）北斗对中国的贡献

建成试验系统，实现从无到有。2000 年，我国发射了两颗北斗导航试验卫星，建成了北斗卫星导航试验系统，解决了卫星导航系统的有无问题。

星箭组批生产，启动组网发射。2004 年，启动了北斗卫星导航系统建设，首次开始批量研制生产卫星和运载火箭，密集组网发射，探索航天工业新的发展模式。

关键技术攻关，致力持续发展。通过技术攻关和工程实践，攻克了星载原子钟、高精度星地时间比对、监测接收机和用户终端等多项关键技术，为北斗建设和可持续发展奠定了基础。

发挥系统特色，应用初见成效。由于具有导航通信相结合的服务特色，试验系统经过几年发展，逐步被国内用户认可，在渔业、交通、电力和国家安全等诸多领域得到了应用，特别是在汶川、玉树抗震救灾中发挥了重要作用。

培育人才队伍，奠定发展基础。经过十几年来的工程实践，大量的工程管理和技术人员得到了锻炼；同时，还培养了一批系统应用方面的人才，为系统的未来发展提供了保障。

（三）北斗对世界的贡献

新增导航频率资源，开辟新的发展空间。2000 年，与有关国家和组织密切合作，争取到了新的卫星导航频率资源。世界各主要卫星导航系统都使用或将使用该频段提供服务，为系统发展和应用开辟了新的空间。

促进全球竞争合作，推动系统共同发展。2007年，北斗卫星导航系统成为ICG（全球导航卫星系统国际委员会）确定的全球系统核心供应商之一。北斗系统的建设，促进了全球卫星导航领域的竞争合作，推动了全球卫星导航系统的发展。

世界卫星导航竞争中的北斗

世界卫星导航系统的竞争是不争的事实，竞争的焦点是竞相发展自主的更高性能、更加可靠、更高效益的卫星导航系统。我国决心建设北斗卫星导航系统，既有历史机遇，也有现实挑战。

挑战一：建设高性能的北斗卫星导航系统

系统间的竞争实质上是技术上的角力，而系统性能是竞争的核心。最近有文章提到，四大系统的竞争，将是一场世界大赛，领先者将占据主导，落后者将被边缘化。这并非危言耸听，而是卫星导航系统全球化竞争下的残酷现实。

建设高性能的北斗卫星导航系统，核心是拥有一套富有特色、拥有自主知识产权的新体制、新方案，包含多项关键技术。

挑战二：建设高可靠的北斗卫星导航系统

用户享受定位导航授时服务，就像我们使用水和电一样，不能中断。航空使用关乎生命安全，电力、通信、金融使用关乎经济社会安全，大众使用关乎公共安全。一个承诺提供可靠服务的卫星导航系统，要采取各种可靠性措施来保障。如果卫星可靠性不高，则系统频繁补星带来高额的运行维护费用，即使一个经济大国也难以承受。必须在研制建设阶段就将系统可靠性摆在重要位置，将建设和运行统筹，以求系统可靠高效。

建设高可靠的北斗卫星导航系统，核心是实现与世界其他全球卫星导航系统同等甚至更优的可用性、连续性和完好性的系统指标，这将是我国航天史上一项系统极为复杂、规模庞大的可靠性工程。例如：

系统可靠性设计——提高系统可靠性的关键在于设计。我们的航天工程，从试验卫星到应用卫星，从单星系统到多星组网系统，不仅是系统复杂度的提高，更主要的是可靠性要求的大幅提升。从经验教训中，我们越来越认识到，可靠性设计水平是系统可靠性的决定性因素。而提升可靠性设计水平，需要我们在观念上、体制上和方法上有质的突破。实现北斗系统的可靠性目标，需要在基础研究、方法培训和工程实践中加大投入力度，需要更多的专业人才付出巨大的努力。

星箭批产和高密度发射——建成全球卫星导航系统，我们要用 10 年左右的时间研制、生产、发射 50 多颗导航卫星，这是一项非常艰巨的任务。因此，我们必须解决星箭批量生产的问题，必须解决高密度发射的问题。

大型复杂星座控制与管理——北斗系统的空间段将由 30 多颗不同轨道类型的卫星组成，地面段由测控网、主控站、注入站和数量众多的监测站组成。我们对这样一个星地一体的卫星网络的管控，没有多少经验。我们需要在技术、管理上深入研究探索，尽早形成能力。

挑战三：发展高效益的北斗卫星导航系统

我国卫星导航市场的竞争力受限于我们的发展阶段，相比国外产业进入成熟期，我们还处在成长期。这一差别本身不是挑战，真正的挑战是弥补这一差距的机制。

发展高效益的北斗卫星导航系统，核心是在国外系统竞争的情况下，在较短时间内完成北斗在国家经济安全领域的推广应用和在大众市场的迅速扩展。主要挑战有：

核心自主知识产权的接收机芯片——自主知识产权的挑战是不言而喻的。目前，在卫星导航芯片这一核心技术领域，我们的专利还寥寥无几，而国外厂商仅基带芯片已拥有 2000 多项专利。我们完全有理由担忧，在不久的将来，会不会出现又一个"有机无芯"的产业。解决这一问题，十分紧迫，需要创造更好的机制，鼓励在基础研究、产品开发等方面自主创新，掌握核心技术，保护自主知识产权，提高核心竞争力。

有竞争力的应用解决方案和规模推广策略——目前，GPS已占据我国卫星导航应用绝大部分市场，在这种情况下，北斗系统产业化面临巨大挑战。我国拥有全球卫星导航应用的最大市场，紧紧抓住应用的基础市场，充分发挥北斗服务特色，创造性地提出应用解决方案和规模化推广策略，是北斗系统应用推广和产业化的关键。

面临的历史机遇：国家战略需求迫切。卫星导航系统是国家重要的空间信息基础设施。保障国家安全、转变经济发展方式、促进国家信息化建设、培育战略性新兴产业，是全球卫星导航系统最有力的需求牵引。

国家经济实力保障：卫星导航系统的建设和发展需要国家巨额投入。目前，随着经济实力不断增强，国家为建设自主系统提供了经费保障。

实施导航重大专项：国家已批准实施北斗卫星导航系统重大科技专项，在政策扶持、资金投入、组织管理等方面予以有力支撑，更加凸显了其国家行为。

把握机遇，迎接挑战，实现"质量、安全、应用、效益"的目标，需要创新组织管理模式，建立科学的竞争、激励、监督、评价机制，关注政策、标准、人才、合作、文化、知识产权等。

世界卫星导航愿景中的北斗

未来10年，全球将出现四大卫星导航系统共存互补的局面，天上将会有100多颗导航卫星。用户将享有更低成本、更高精度、更加可靠、更加多样的定位导航授时服务，卫星导航将以更大的规模，应用在更广泛的领域。作为其中的一员，独具中国特色的北斗系统将发挥重要作用。

（一）中国特色的北斗

争取在2020年前，建成独立自主、开放兼容、技术先进、稳定可靠的全球卫星导航系统，达到国际一流水准，并具有中国特色。

1. 发展策略：突出区域、面向全球

首先实现我国及周边地区覆盖，然后逐步扩展覆盖全球。面向全球提供服务，我国及周边地区可获得更高精度服务。

2. 系统服务：授权服务和免费开放

在全球范围内，提供授权服务和免费的开放服务。在我国及周边地区，还提供短报文和差分完好性服务。

3. 组织实施：充分发挥新形势下举国体制作用

发挥中国特色社会主义的制度优势，发挥市场在资源配置中的基础性作用。

（二）服务国家的北斗

未来，北斗将为我国提供统一的时空基准服务，在我国国家安全和国民经济社会各领域得到广泛应用，保障国家经济社会安全，转变国民经济发展方式，成为战略性新兴产业，促进信息化建设的跨越式发展。

1. 推动应用领域创新，提升应用规模

充分发挥卫星导航产业关联度高、渗透性强的特点，不断衍生出新应用、新产品、新市场，进一步拓展卫星导航服务领域和应用规模，实现卫星导航无处不在。

2. 推动应用方式创新，提升应用质量

"创新应用，方法先行。"发挥卫星导航应用只受想象力限制的特点，持续创新应用方法，深度挖掘应用潜力，大幅提升应用质量。

3. 推动应用价值创新，提升应用效用

充分发挥卫星导航与其他信息产业间互补、融合、增值的特点，创新应用价值，提升应用效果，成为我国经济社会增收增效的"新引擎"。

(三）面向世界的北斗

作为全球卫星导航系统核心供应商之一，北斗卫星导航系统将致力于推动全球卫星导航系统建设和产业发展。

通过国际交流合作，将致力于实现与世界其他卫星导航系统的兼容互操作，为用户提供更好的服务。

融入国际民航、海事等标准体系，使北斗拥有其他全球卫星导航系统全球应用的同等质量和同等地位。

（此文发表在 2010 年 5 月 28 日《中国航天报》）

地球有了"中国向导"

从 2011 年 12 月 27 日起，由 10 颗卫星组成的我国北斗卫星导航基本系统试运行，开始向我国及周边地区提供无偿导航定位服务。这意味着地球上空有了一个全天候的"中国向导"。

我国对卫星导航系统的研究起始于 20 世纪 70 年代，当时命名为"灯塔"，但受制于当时的国情，研究计划搁浅了。1983 年，我国科学家陈芳允再次提出卫星导航系统建设的设想。1994 年，我国全面启动卫星导航系统的研制。2000 年 10 月 31 日，我国北斗导航系统首发星被送入太空。

目前全球一共有四大卫星导航系统。除了"北斗"，其他三个分别是美国的 GPS、俄罗斯的格洛纳斯和欧洲的伽利略系统。美俄两家的系统都开始建设于 20 世纪 80 年代，其中美国的 GPS 系统最成功，应用也最广泛。格洛纳斯因后期投入不足，建设断断续续。欧洲的伽利略系统起步较晚，目前还在建设中。

我国"北斗"虽然起步比上面三家晚，但在技术上并不落后，甚至有更多自己的特色。

一、短信服务。这是其他导航系统不具备的。它意味着无论人们处在深山还是远洋，在普通手机没有信号的地方，只要你拿着"北斗"接收机，都可以随时随地把自己的精确位置、处境等情况发给需要了解信息的人，就像人们利用手机互发短信一样。"北斗"的这一特色在渔业、运输业都有重要的应用价值，使管理中心可随时掌握车船的情况。

二、民用精度高。目前，GPS 提供的民用精度在几十米左右，10 米以下的精度是供美国军方使用的。而我国"北斗"提供的民用精度目前是 25 米左右，预计到 2012 年底，服务精度将提高到 10 米左右。这一精度，足以使人们根据"北斗"提供的卫星图片，分清地面上的房屋和车辆。

三、稳定性好。美国的 GPS 系统虽然使用广泛，但抗干扰能力较差，主要是因为 GPS 使用的是高度 2 万公里的中轨卫星，其信号与地平线的夹角较小，很容易被高层建筑或大山遮挡，而"北斗"使用的是距地面 3.6 万公里的高轨卫星，角度高，这使"北斗"在复杂地面情况下也能稳定收发信号。

"北斗"可广泛用于我国经济社会生活的各个领域。2008 年汶川地震后，在通信设施损坏的情况下，救援部队配备的北斗手持机发挥了即时通信的巨大作用。目前，我国南海、东海等渔政部门也全部装备了北斗终端系统。借助它，渔政部门可随时掌握我国近海海域天气和安全情况。未来，如果中小学生佩戴上装有北斗信号接收功能的校徽，学校和家长便可随时了解学生目前所处的位置。"北斗"对我国国防安全也意义重大，比如能有效提高我国武器的打击精度。

作为大国的"标签"，"北斗"是我国科技实力和综合国力的重要体现，对提高我国国际地位具有重要意义。目前，我国民用卫星导航市场 95% 以上份额被 GPS 把持，理论上讲，美国可随时终止对我国的服务。因此，"北斗"的建设有利于摆脱 13 亿中国人民在此领域受制于人的情况。

2012 年，我国还将发射六颗"北斗"卫星，到 2020 年，我国"北斗"卫星将达到 35 颗左右，定位精度可达到 1 米。届时"北斗"将成为成熟的全球卫星导航系统，人们拿着"北斗"手机可走遍天下。

（此文发表在 2011 年第 4 期《时事》）

加快北斗卫星导航系统产业发展

北斗卫星导航系统是我国经济社会发展不可或缺的重大空间信息基础设施，它像石油能源一样，是重要的战略资源，不能靠买，必须要有自主主权。这对于国家安全、经济发展都具有非常重要的意义。

"北斗"来之不易

我国北斗导航系统这些年的发展来之不易。第一，离不开国家政策的大力支持，因为北斗系统的建成共需要30多颗卫星，而卫星的寿命是有限的，一般也就5—10年，好一点能达到15年。所以，卫星的发射和更新，需要国家长期的、大量的资金投入，才能保证工程的顺利运行。

第二，北斗导航的建设还需要航天技术水平的保证。人造卫星的功能概括起来主要有三种：信息获取、信息传递、信息定位。其中信息定位包括空间和时间的定位，北斗卫星所发挥的就是这个功能。它相比前两个功能，实现起来难度要大得多，必须是航天技术达到一定水平之后才能做到。

这是因为导航卫星是通过"组网"来运行的，卫星相互之间有着非常严格的关联，所以技术要求远高于其他卫星。其他卫星可以发射两颗互为备份，可靠性比较容易保证。而组网的北斗卫星恰恰相反，只要有一颗出问题，整体就会受到影响，所以对每颗卫星的质量、可靠性等要求都很高。鉴于这种关联性，系统对每颗卫星的发射窗口时间也有着非常严格的要求。发射窗口时间的保证，牵涉到成千上万人的配合。这些都需要我国航天技术的整体水平来保证。

第三，自我国实施载人航天工程之后，对整个航天系统产品质量的提高、协调合作等有着非常大的帮助，这对北斗的建设起到非常大的作用。载人航天工程因为关系着航天员的生命安全，所以对系统可靠性要求非常高，进而带动了整个航天系统的产品质量提升。从这里也可以看出，载人航天工程实施的意义是非常重大的。北斗出现以前，美国 GPS 在国内导航市场的份额占到 90% 以上，无论从国家安全还是经济效益考虑，都是重大隐患。

"北斗" 20 年 "三步走"

"三步走"主要考虑的是社会的需求和可行性。坦率地讲，虽然我国早就对卫星定位和导航技术有需求，但早期需求并没那么迫切，而且受限于技术、资金等因素，直到 20 世纪 80 年代后期，经济和航天技术都发展到一定程度，我们才开始有能力去发展导航系统。即便如此，在导航系统研发初期，国内资金、人才等基础也很薄弱，很难一步到位，就要分步骤分阶段进行。

第一步"试验"阶段，我们先行发射了三颗卫星（其中一颗是备用卫星），通过三颗卫星组网，验证整个系统工程设计的合理性。这既是为了摸索导航定位的基本技术和规律，更重要的是培养、磨合出了一支队伍，包括高质量的空间研发生产人员和地面数据分析人员，以及技术使用人员和终端设备研发人员，形成一条人才产业链，这些都是起步阶段培养起来的。

第二步是在 2011 年正式建成北斗卫星导航系统，并将服务覆盖到亚太的大部分地区。

第三步预计在 2020 年实现，建立起"北斗"的全球网络，将卫星导航服务覆盖到全球。

建立卫星导航系统，本身就是大投资高风险的事，所以我们从中长期发展着眼，采取了谨慎的态度。但20年的跨度又显得过长，为了满足这期间经济建设和国家安全的需要，"北斗"先实现对我国和周边地区的服务，再向全球铺开。

目前，北斗系统正在逐渐被国内用户认可，在农业、渔业、电力、气象监测、水文监测、国家安全等多个领域都有广泛的应用。比如在汶川、玉树抗震救灾中，"北斗"就发挥了重要作用，由于"北斗"具有短报文（即短信）功能，震区的救灾人员使用"北斗"，不但可以导航定位，还可将当地消息发出去。这是"北斗"独有的功能，汶川地震的第一条灾情报告就是"北斗"系统发回的。

"北斗"前景无限

"北斗"可以授时。比如，可以应用到电力系统，电力系统的区域用电有峰值，如果在电力传输上不能统一时间精度错开各个区域用电高峰，就会因时间冲突导致电力网络瘫痪。再如金融系统，系统时间哪怕差一个毫秒，整个结算系统就会出现千万美元级的利息差别。应用"北斗"的授时功能，就能避免"差之毫厘，谬以千里"。

"北斗"还能应用到气象监测、空气探测中，因为不同大气湿度下折射率不同，通过信号传输就可以探测出空气湿度，从而提高灾害性天气预报的准确性。

"北斗"未来结合通信、互联网等产业，可以实现从交通、航空、农业等单一领域的应用到现代位置服务的跨越。如果将定位系统与矿山开发等技术结合，未来无人采矿也会成为可能。事实上，产业融合发展的效益将比单一应用大得多，"北斗"有希望走在前面。

"北斗"挑战与机遇

首先是市场培育的问题。比如，对空间段的保证，不能说今天发六颗星，明天就坏三颗，那谁还买你这个终端机？一定要让用户觉得方便可靠。GPS 在市场上有如此大的份额，你不可能把它都挤出去。我的想法是，加强和美国 GPS 的联系，尽量做到交互操作，同时不影响我们系统的独立自主。也就是做到兼容，让我们的用户机既可以接收 GPS 的信号，又能接收"北斗"的信号，两个信号可以同时综合使用，提高精度。当然"北斗"也可以"关闭"GPS 独立工作。

其次是我们使用的所有终端设备国产化的问题。假如到了 2020 年，"北斗"的产值是四五千亿元，而其中有三千亿元是买外国的零部件回来组装的，中国的附加值就一千亿元。在这个问题上，国家要下决心。

但是"北斗"有其他卫星导航系统不具有的优势。就像前面提到的短报文功能，其他卫星导航系统只能告诉你什么时间、在什么地方，"北斗"除了让你自己知道何时何地之外，还可以将你的位置信息发送出去，使你想告知的其他人获知你的情况。在这项技术上目前美国、俄罗斯等也在向我们学习。

航天事业的发展除了要探索以外，最终的目的还是要为国民经济服务，为社会进步服务。我们国家自己的北斗系统发展起来以后，必然要考虑怎样深入到整个经济建设领域这个问题。这无疑给"北斗"提供了发展机遇；所以要把我们产品质量搞好，运控系统要把空间段管好，给用户服务好，这是非常重要的。

在用户认可的过程中，不要回避当前市场实际的情况，就是这么多年，地面大用户也好，小用户也好，这个市场基本是在使用 GPS 系统。怎么样过渡确实是在开发过程中要很好研究的问题。所以我们要多宣传北斗系统应用的优点，宣传应用北斗系统的重要意义。

　　作为一项国家重大工程，北斗卫星导航系统应用范围非常广阔，并有望成为推动我国信息产业发展的亮点和新的增长点之一。总的来讲，我们已经积累了大量的经验，也积累了很多物质方面的条件。我相信通过努力，我们会按计划，一步一步来发射，2012年可以很好地完成这项任务。所以我希望地面应用单位能更好地及时起步，加快速度，这样我们天上和地面配合起来，使得我们国家这个系统尽早尽快地能够发挥更大的经济和社会效益。

　　　　　　　　　　　　（此文发表在2012年第23期《中国科技投资》）

北斗导航应全方位展开地面应用

1970 年中国第一颗东方红卫星上天，直至今天，中国航天事业经历了 40 多年的发展，航天事业发展的成果主要表现在从空间向地面传递一系列信息，为地面的经济、社会服务。

回顾中国航天发展历程

1970 年第一颗东方红卫星上天以后，国家对航天事业就安排了一种非常符合中国实际发展情况的道路。国家提出了航天事业发展要为国家经济建设、国防安全服务。当时中央明确提出，中国航天事业发展的第一步就要即用与实用。

20 世纪 70、80 年代国家经济还比较困难，很难开展全面研究。所以我们首先搞返回式卫星，对回收的遥感数据在地面进行统计以支撑我国的经济建设。第二颗是通信卫星。当时我国通信存在一定困难。有了通信卫星以后，国家就很快地解决了通信信息问题。在此基础上，国家又重点安排航天事业扩展到空间探索研究领域。20 世纪 90 年代，我国开始从事载人航天的研究和探索。21 世纪初，国家又安排我们进行时空探测研究。但是它们在为国家经济建设服务上，我心里感觉还是有限的。

北斗导航工程的"两步战略"

国家非常重视航天事业为我国经济建设服务，国防安全服务当然是重点安排。直到 20 世纪 90 年代以后，我国经济和科技实力已为航天事业发展打下非常好的基础，国家才开始考虑利用卫星服务导航事业。

为保证导航卫星系统走得稳、走得更可靠，同时最重要的是对千百万用户服务，我们应当保证导航卫星系统的性能、指标以及服务的完好性。

20 世纪 90 年代至 21 世纪初，我国基本建成了用两颗到四颗卫星来保持导航的试验卫星系统，并取得了非常好的成果。试验卫星的成功，不仅在技术上打下了坚实的基础，也培养了一支热爱航天事业，在发射、测控、运控卫星等空间产品及地面应用等方面执行能力强的人才队伍。

在这种情况下，国家中长期发展规划制订 16 项重大专项，北斗导航就是其中一项。为了使步子更稳健，同时也根据国家建设与急需，我们不做国际上如 GPS 那样的全球化规划。发展北斗导航系统分两步走，第一步是把力量集中到区域性的导航，第二步再逐步覆盖全球。这样可以尽早为我国及周边地区提供服务。如果一步就全球化，按计划全面应用要推迟 5 年至 7 年时间，实际情况也不允许。

中央决策很英明，北斗导航系统工程分两步走。第一步是先用，当时计划使用 12 颗卫星，后来执行过程又增加两颗，就是大家经常讲的"5+5+4"——5 颗是在同步轨道上，5 颗在倾斜轨道上，还有 4 颗在中间轨道上，这些卫星能够保证我们国土和周边地区的覆盖。

2012 年 12 月 27 日，我国工程管理办公室召开新闻发布会，向全国乃至全世界公布了北斗导航一期工程圆满完成，正式向国内外提供服务。到现在为止，经过几个月运行的考验，北斗导航系统指标、性能完全符合当年设计要求，同时质量稳定，性能良好。北斗导航系统的成功，除了展现了我国科技和航天事业的发展水平外，它为国家安全、经济、社会进步提供了服务。

为了保证北斗导航系统在未来几年中安全、可靠，连续、稳定地运行，确保不间断地提供地面服务，国家在原有计划中又有非常仔细的安排，形成共建的基础设施，正如地面上供电、供水那样可靠保证的系统。

为了保证现有北斗导航系统的稳定可靠，国家又安排了几颗备份卫星，现在正在研究过程中。也就是说，天上的14颗卫星，一旦哪一颗卫星质量出现问题，我们能及时补充备份卫星保证其可靠运行。

北斗导航第二期工程已经开始，预计到2020年还要发射30多颗卫星，也就是之前使用卫星到8年寿命截止时，第二期工程要非常及时接上。那时，北斗导航系统就能够提供全球性服务。

全方位展开地面应用

从地面角度讲，北斗导航系统应当全面展开它的应用，才能使我们的空间基础设施表现出应有的效果。这几年，我国各方面确实对北斗导航系统做了大量的投入，也安排了各项示范工程。汽车电子相关的企业和单位对推动我国北斗系统应用确实做了很大的贡献。作为一名搞航天的，我深受教育。

我认为，中国汽车信息服务产业转型升级大会非常有意义，对于我国航天事业、经济发展、社会安全都起到非常大的作用。

我希望大家在开发地面应用的过程中，发现或者感觉现在的空间设备哪方面有不足的话，积极地提出好的建议，以便指导我们下一步改善工作，为社会各界提供更好的服务。

（此文发表在 2013 年第 6 期《汽车纵横》）

中国航天事业的成就与展望

自 20 世纪 50 年代创建以来，中国航天已经走过了 60 年的发展历程。回顾航天事业的发展，无论是研制导弹，还是发射卫星；无论是载人航天、北斗导航，还是探月工程，我们始终坚持走一条符合中国国情的发展道路，独立自主，自力更生；摒弃好高骛远，坚持实事求是；根据实际水平，一步一步地走。最终，走出了一条有中国特色的航天发展之路。

60 年来，在几代中央领导集体的英明决策和亲切关怀下，在各部门、各行业和全国人民的大力支持下，一代代航天人依靠发奋图强、自主创新，取得了以"人造地球卫星""载人航天""月球探测"三大里程碑为代表的一系列辉煌成就。今天，航天活动在中国经济建设和社会发展中发挥着越来越重要的作用，不仅使中国迈入世界航天大国行列，而且也令中国在世界高技术领域占有一席之地。

航天事业奠基：导弹发展"三步走"

1956 年 10 月 8 日，中国第一个火箭、导弹研究机构——国防部第五研究院正式宣布成立，这标志着中国航天事业的开端。

当时，聂荣臻元帅和钱学森同志从全国各地调集人才，其中的二三十位专家多是从欧美学成归国的留学生，包括任新民、梁守槃、庄逢甘、屠守锷等，之后又有陆元久、梁思礼等人加入。同时，还有哈军工、北大、清华、北航等各大院校的毕业生。

1958年，我从苏联茹科夫斯基空军工程学院飞机发动机专业毕业回国，空军在24名毕业生中挑选出16名送去研制导弹，我就在其中。我去时，导弹的"架子"刚搭建起来，"guided missile"被翻译为"导弹"，也是由钱学森确定的。

1958年，苏联提供给我们一枚小型导弹——"P-2"火箭，射程达到200多千米。我们以此为样本，开始仿制。1959年，中苏友好关系破裂，苏联撤回专家，一些关键设备只供货一半就停止供应，有些未到的资料也不给了。在这种困难情况下，我们的科技人员继续加班加点，一步步完成了图纸描红、原理研究、仿制消化、吸收反设计、改进创新等一系列工作。半年后，即1960年11月5日，中国第一枚仿制的近程地地导弹——"东风一号"成功发射上天。

仿制成功后，我国开始自行设计导弹。直到1964年6月29日，"东风二号"导弹飞行试验获得成功，射程增加到800多千米，这对于中国导弹事业的发展具有里程碑式的意义：我国科技人员不仅掌握了导弹研制的关键技术，系统地摸索总结出了导弹研制的科学规律，提出了强化总体设计的概念，并且认识到，必须在可行性论证和地面试验的基础上，以可靠性为出发点进行方案论证。

然而，随着1966年"文革"的开始，航天工作受到影响，但是在导弹研制这项工作上，团队成员仍然坚持做好本职工作。导弹是一项整体工作，在长时间的团体合作中，大家养成了相互配合的习惯，这就出现了一个有趣的现象，在政治上，大家可能观点各异，但是在导弹研制工作上却步调一致。

"东风三号"发射取得成功，标志着我国完全有能力自主研制导弹，射程进一步增加到2400多千米。之后，我国开始陆续研制"东风四号""东风五号"等导弹。

我国的导弹发展之路经历了从仿制到改进的过程，如改进射程，调整发动机的升力等。同时，在改进过程中锻炼队伍，增强信心，掌握技术。研制队伍由一群知名老专家和青年学生组成，并且具备了大型工程所需要的两个非常重要的条件。第一，熟练掌握技术，如控制系统如何控制等；第二，导弹从设计、研发到生产，形成人才梯队。对此，聂荣臻元帅就说过："出成果、出人才，不要单独给我敲敲打打，我看的重点是队伍建设。"

在导弹事业的发展过程中，中国注重独立自主、自力更生。起初，苏联对我们有所帮助，但中央强调最终还得自己做。那时，苏联对我们承诺："导弹我们都有了，你们放心，你们用的时候，给你们就行了。"然而，在这个问题上，中央领导人始终强调独立自主发展导弹事业。

从学习、模仿，到改进，再到独立自主研制，我国的导弹事业经历了"三步走"的发展道路，也为以后中国航天事业的发展奠定了坚实的基础。以此为基础，中国科学家从 60 年代中期开始探索航天运载火箭的发展，终于用"长征一号"运载火箭成功地将"东方红一号"卫星发射到近地轨道，成为世界上第五个采用自制火箭成功发射本国卫星的国家。几十年来，运载火箭技术取得的巨大成就，推动了中国卫星技术、载人航天技术和月球探测技术的发展。

"东方红一号"：迈出进入太空第一步

1957 年，苏联发射世界上第一颗人造地球卫星后，国际震惊，这是人类第一次把地球上的星体发射到太空并运行，中国对此也非常关注。当年，以钱学森、赵九章为首的科学家就提出开始研制卫星的建议。但中央考虑到发射卫星一定要有发射能力，否则卫星无法上天。根据当时的经济状况，中国还不具备研制卫星的条件，因而决定先做基础性研制工作。

1965 年，科学院再次建议开展卫星研制工作，终于获得批复：以科学院为主，开始中国卫星研制。于是，科学院开展了一项名为"651"的工程。

然而，一年多后，"文革"开始，科研工作受到国内形势的影响。从整个国际形势来看，苏联和美国已经先后发射了第一颗卫星，日本、法国也在研制，中国必须抓紧时间研制和发射第一颗卫星。随后，国家成立了航天五院和总体部，以中科院原来的研制人员为主，并从导弹研制队伍中抽调一部分人，把全国的力量集中起来研制卫星。

从"651"项目开始，团队已经设计出了方案，但是有人主张卫星上天后要做很多探测工作，如空间的电子情况、大气情况，这样需要很多探测仪器，由于卫星上天的难度很大，如果再附加探测项目，将会难上加难。

在当时，研制第一颗卫星上天是一个从无到有的过程，首要目的是具备研制卫星和基础建设的能力，掌握发展航天的基本技术，把研制队伍建设起来，从而为航天事业的发展起步打下了基础。

在明确目标后，团队简化了原有方案，明确了主要任务——"上天"，把原来卫星要进行空间物理探测的任务拿掉，集中力量实现让卫星"上得去，抓得住，听得到，看得见"。

终于，1970年4月24日，中国用"长征一号"火箭把"东方红一号"卫星送上了太空。卫星安全可靠、准确入轨，一曲《东方红》乐曲，震惊了全世界。"东方红一号"卫星重量为173千克，比此前四个国家发射的卫星重量加在一起还重，说明我们的运载能力很强。在运行期间，卫星上各种仪器性能稳定，且实际工作时间远超设计要求，完全实现了预定目标。

"东方红一号"卫星的成功是中国航天的第一个里程碑，它使我国较全面地完成了卫星研制工程的建设，包括卫星系统、运载火箭系统、地面测控系统、发射场、应用系统的建立，从而揭开了我国航天活动的序幕，宣告了中国已经进入航天时代。

从20世纪60年代一直到80年代，中国航天事业处于发展起步和初期阶段，"两弹一星"对国家经济和国防建设具有重要意义；而卫星的研制工作则主要完成了"上天"的第一步，之后研制的系列返回式卫星，为实现"回来"的目标打下了坚实基础。

从20世纪80年代后期开始，卫星研发开始为经济建设、国防建设服务。到90年代，气象卫星、遥感卫星成功研制，还有应用卫星、海洋卫星等，都对经济建设起到积极作用。卫星产业不仅成为新的经济增长点，而且也为此后开展载人航天、深空探测等工作打下了坚实的基础。

"北斗"：中国的卫星导航系统

在信息社会，卫星的特点是获取信息进行传递，但不是笼统的传递，而是提供具体和详细的信息，将地面的互联网和空间的信息结合起来。信息获取或传递都要依靠载体，所以卫星系统变得越来越重要。

早在 20 世纪 70 年代，美国开始着力研究全球定位系统（GPS），然而，依照当时我国的实力，无法进行此类卫星的研发，因为它需要几十颗卫星来实现导航的精确度。进入新世纪后，随着中国经济能力、研发队伍和技术水平的不断提高，"北斗"卫星导航系统的研发开始进入实施阶段。

2000 年，首先建成"北斗"导航试验系统，使我国成为继美、俄之后的世界上第三个拥有自主卫星导航系统的国家。结合中国当时的国情，"北斗一号"首先成功研制，并且从起初的两颗星，增加到四颗，其目的是验证我们是否掌握了这方面的技术，并检测地面能否定位、跟踪；能否管理好整个系统。

进入新世纪以后，中国依照自己的发展路线，把"北斗"导航系统的建立列为大力发展的航天项目。因为全球导航需要 30 多个卫星组网，其建立需要花费大量时间、财力和物力。

中国的"北斗"计划遵循了"两步走"的发展路线，第一步是目前正在天上用的"北斗二号"一期工程，2012 年 12 月已完全组网完成，包括在轨工作的共 14 颗卫星，并加强了地面增强系统，增加了各项应用。目前，这个区域性卫星在我国周边地区用得很好。并且，原来的 GPS 用户也想加入"北斗"。现在，中国正在做"北斗"二期工程，在 2015 年 5 颗试验卫星已发射成功之后，"北斗"二期工程计划在 2020 年完成。

"北斗"导航系统从使用价值来讲，如果与其他卫星配合一起工作，其效果会更好地体现。目前，"北斗"对国家安全已经发挥了积极作用。例如，在军事领域，导弹在飞行过程中可以用"北斗"控制精确导航，落点的精度比以前提高很多。又如，我国的全部出海船只用"北斗"导航。此外，"北斗"导航对经济建设和日常生活也起到越来越大的作用，如交通管理、校车导航、老人定位等。

参照 2020 年的国际水平，我们目前正在努力改进"北斗"，现阶段已取得信号能覆盖国土周围的成果。等到 2020 年，36 颗星全部发射成功后，信号将覆盖全球。

"北斗"导航系统是中国航天事业的一项重大工程。"北斗"的发展历程同样也验证了我国航天事业是根据实际需要一步一步发展起来的。

从载人航天到"嫦娥"奔月：中国航天迎来发展"黄金期"

随着中国整体国力的稳步增强，中国的航天计划也明确地把载人航天、探月工程、第二代全球卫星导航定位工程、高分辨率对地观测工程、新一代运载火箭等科技重大专项列入国家中长期科学技术发展规划，并作出了实施一系列国防重点装备工程的重大决策，为航天事业的蓬勃发展指明了前进的方向，中国的航天事业迎来了大发展的黄金时期。

2003 年 10 月 5 日，我国自行研制的长征二号 F 火箭搭乘了中国首位航天员杨利伟的"神舟五号"飞船送上太空，使中国成为世界上第三个能够独立自主地将航天员送入太空的国家。

"神舟五号"载人飞行的成功具有里程碑式的意义，它标志着中国在载人航天技术上取得了伟大的成就，突破了一大批具有自主知识产权的核心关键技术，取得了许多重大成果，同时带动了我国基础学科研究的深入，推动了信息技术和工业技术的发展，加速了科技成果向产业化的转变，促进了我国高技术产业群的形成，特别是锻炼和培养了一支高素质科技人才队伍，形成了一套符合我国载人航天工程要求的科学管理理论和方法，并积累了对大型工程建设进行现代化管理的宝贵经验。

我国实施载人航天工程以来，广大航天工作者在"两弹一星"精神的激励和鼓舞下，表现出强烈的爱国热情，培养和发扬了"特别能吃苦、特别能战斗、特别能攻关、特别能奉献"的载人航天精神，成为中国航天文化的宝贵财富。

"神舟六号""神舟七号"载人飞行相继取得圆满成功后，提高了中国在国际上的地位和话语权。其后，"神舟八号"顺利实现了与"天宫一号"目标飞行器的无人交会对接；而作为"921"载人航天计划的重要成果，"天宫一号"与"神舟九号""神舟十号"实现了载人交会对接，为中国航天史掀开了重要一页。随着"天宫二号"空间实验室的升空，并先后与"神舟十一号"载人飞船和"天舟一号"货运飞船进行交会对接，将实现载人航天工程第二步目标，为最终实现中国载人航天工程"三步走"的战略，2022 年建成空间站奠定坚实的基础。

当载人航天工程成功实施后，以欧阳自远院士为代表的中国科学家纷纷研究月球探测问题。中国科学家很早就关心月球探测，一直都呼吁中国应该开展深空探测活动，因为关系到宇宙起源和演变及人类的未来。

2004 年，美国制定了雄心勃勃的太空新计划，要将航天员重新送上月球，在那里建立永久基地，利用月球基地将航天员送往遥远的火星。这吹响了人类重返月球的号角，再次激发了月球探测的热潮，欧洲、俄罗斯、日本、印度等也都制定了载人月球探测计划。

科学技术发展到今天，世界公认我们有能力开展深空探测活动，我们除了拥有月球资源平等开发的权利，还应该在月球探索与和平开发利用上作出应有的贡献。

2004 年，中国正式开展月球探测工程，即"嫦娥工程"。2007 年 10 月 24 日，"长征三号甲"火箭把"嫦娥一号"月球探测卫星送上太空，脱离地球轨道飞向月球，绕月飞行一年后撞击月球，圆满完成了任务。

"嫦娥一号"发射成功体现了中国强大的综合国力以及相关的尖端科技，

表明了中国在有效地掌握与和平利用太空巨大资源的决心，对于提升科研创新能力、凝聚民心、增强国家竞争力具有重要影响。

"嫦娥一号"奔月的成功，还意味着中国在外太空开发和探测上占有一席之地。随着探月工程计划的顺利实施，必将带动信息、材料、能源、微机电等其他新技术的提高，促进中国航天技术实现跨越式发展和中国基础科学的全面发展。

2010年10月1日，"嫦娥二号"顺利发射，它已经圆满并超额完成既定任务。2013年12月2日，"嫦娥三号"成功发射，成功实现月球软着陆和月面巡视勘察、月表形貌与地质构造调查等科学探测。下一步，"嫦娥五号"的主要科学目标将包括对着陆区的现场调查和分析，以及月球样品返回地球以后的分析与研究。

将来，中国会结合自己的实际情况制定与之相适应的未来月球探测计划和包括火星探测在内的其他星球探测计划，继续谱写中国航天的辉煌。

发展航天事业，建设航天强国：不懈追求的航天梦

中国航天正按照规划的宏图，迈着坚实的脚步，不断地向前发展。

在稳步实施重大专项工程方面，载人航天工程已成功发射"天宫二号"空间实验室，考核空间站需要的再生保障技术和空间补加技术，并将先后发射载人飞船和货运飞船。此后还将建成长期有人在轨管理的空间站，并开展大规模的空间科学研究和应用。

探月工程在开展着陆点区形貌探测和地质背景勘察的基础上，将对载人登月的全过程进行模拟，以提高未来载人登月的安全性和可靠性。与此同时，中国将加速推进深空探测和空间科学发展，适时推出火星环绕巡视探测、小行星伴飞附着、深空太阳天文台、太阳极区探测、火星取样返回等工程方案，为加速推进深空探测和空间科学发展提供技术支持。

北斗卫星导航系统工程在区域卫星导航系统的基础上，到2020年左右

全面建成高精度无源全球卫星导航系统，可向全球提供高精度、高可靠的定位、导航与授时服务。

同时，我们将持续完善应用卫星体系，研制发射"风云四号"光学探测气象卫星、海洋雷达观测卫星、陆地资源测等卫星，继续完善通信、气象、海洋、资源等卫星系列，建设满足经济社会发展需求的空间基础设施。

在卫星应用方面，中国将发展"东方红五号"大型通信卫星平台、先进卫星移动通信系统、激光通信、激光大气探测雷达、高分辨率红外成像等系统和载荷技术。开展脉冲星自主导航、量子信息以及新型空间推进等技术探索和空间应用研究。为满足日益增长的经济社会发展需求不断丰富技术储备。同时推进航天高新技术向节能环保、新一代信息、生物、高端装备制造、新能源、新材料等战略性新兴产业转化。

航天事业是我国的战略性高科技产业和国家的战略安全基石，发展航天事业，是党和国家为推动我国科技事业发展，增强我国经济实力、科技实力、国防实力和民族凝聚力而做出的一项强国兴邦的战略决策。

习近平同志指出，探索浩瀚宇宙，发展航天事业，建设航天强国，是我们不懈追求的航天梦。经过几代航天人的接续奋斗，我国航天事业创造了以"两弹一星"、载人航天、月球探测为代表的辉煌成就，走出了一条自力更生、自主创新的发展道路，积淀了深厚博大的航天精神。

作为中国航天事业60年发展的亲历者和见证人，我相信，下一个甲子，只要坚持科学发展、务实发展、协调发展，中国航天的触角就能够伸向更加遥远的太空。

（此文发表在2016年第10期《军工文化》）

对话孙家栋：未来北斗的应用前景将更加广阔

徐　菁

在中国航天事业创建 60 周年之际，《中国航天》杂志对孙家栋院士进行了专访。采访中，孙院士讲述了研制"东方红一号"卫星的那段峥嵘岁月，并对我国卫星技术发展、探月工程的实施以及北斗导航系统建设表达了自己的看法。

记者：您担任过我国第一颗人造卫星"东方红一号"技术负责人，是"两弹一星"功勋科学家。请您谈谈"东方红一号"卫星的成功给中国航天事业的发展带来了哪些宝贵经验？

孙家栋：中国航天于 1956 年开始起步，首先开始研制导弹。1957 年苏联第一颗人造卫星上天，轰动了全世界，我国领导人和相关科学家对这件事情非常重视。从 1957 年以后，在以钱学森、赵九章为首的一些科学家的倡议下，中科院提出我国应该抓住时机研制人造卫星，并做了前期研究工作。不过当时国家的重点还是放在研制导弹和火箭方面，中央在反复调查研究之后认为，必须在火箭技术成熟之后，才有可能研制和发射卫星。到了 1965 年，我国的导弹和火箭技术取得了很大进步，卫星的研制工作再次提上日程，中科院成立了"651"组，制定了第一颗人造卫星设计方案。但是，到了 1967 年，因为国内政治形势的原因，导致研究工作停滞。然而从整个国际形势来看，苏联和美国已经先后发射了第一颗卫星，日本、法国也正在研制，中国必须抓紧时间研制和发射第一颗卫星。聂荣臻元帅根据中央精神，成立了第五研究院和总体部，以中科院原来的研制人员为主，并从导弹研制队伍中抽调一部分人，从而把全国的力量集中起来研制卫星。我们在中科院此前制定的第一颗人造卫星方案的基础上反复研究，逐步明确了第一颗卫星的科学目标，并达成了共识：如果按照中科院的方案进行研制，两三年内实现卫星的发射是不可能做到的。因此，在原有方案的基础上进行了大大简化，主要保留能够完成主要任务的设备，也就是让卫星"上得去，抓得住，听得到，看得见"。经过两年多的不懈努力，终于在1970年党中央要求的时间内，成功将第一颗卫星送上了太空。

为了我国第一颗卫星能够尽快研制成功，党中央以及各级领导在精神上和物质上给予了非常大的支持，各个单位参与热情很高，研制人员发挥了聪明才智，充分体现了"自力更生"和"集中力量办大事"的方针。第一颗卫星的成功是我国航天事业发展的第一步，是党中央非常英明的决策。在当时复杂的国际形势下，第一颗卫星的上天不仅反映了我国的综合国力，而且使我国的科学技术水平迈上了新台阶。

记者：您先后担任过40多颗卫星的技术负责人或总设计师。经过60年的发展，中国的卫星研制技术经历了哪几个发展阶段？

孙家栋：在第一颗卫星之后，结合经济和国防建设的需要，我国相继研制了各类应用型卫星，使卫星技术不断向前发展。我国卫星技术的发展大致经历了三个阶段：第一阶段是起步阶段，从第一颗卫星成功到20世纪80年代中期，在以钱学森为首的科学家带领下研制第一颗卫星之后，我国接下来研制了返回式卫星和地球同步轨道通信卫星。这些卫星与应用结合得非常紧密，切实满足了我国经济和国防建设需要，同时解决了典型的卫星技术中的问题，从而为卫星技术的发展打下了坚实的基础。第二阶段从20世纪80年代中期到90年代末，我国卫星技术真正进入到应用阶段，发展了资源卫星、气象卫星、通信卫星等各种各样的应用型卫星，卫星研制水平和质量有了大幅度提高，各方面基础建设也不断完善，更重要的是培养了一大批科研队伍。到了90年代末，我国经济发展形势比较好，在卫星技术水平显著提高的基础上，启动了载人航天工程。载人航天工程取得的巨大成功证明了第二阶段卫星技术达到了较高的程度。第三阶段从 20 世纪 90 年代末到现在，是我国航天应用全面展开阶段，遥感、通信、导航卫星的研制得到了长足发展，卫星的信息传递、信息获取和信息定位功能得到较好的发挥，同时载人航天工程进一步实施，并在此基础上开展了探月工程。

记者：您是我国月球探测的主要倡导者之一，并担任了探月工程的首任工程总设计师。您为何支持国家实施探月工程？

孙家栋：从科学技术的应用来说，探月工程本应起步更早。人类的起源、宇宙的形成等知识，仅仅依靠在地球上观察是无法获得的，必须通过深空探测活动才有可能得到。中国作为一个航天大国，科学技术发展到今天，在我们有能力开展深空探测活动的时候，必然要为人类知识的积累做出贡献。

中国第一颗人造卫星的科学目标就是探测空间环境。由于当时中国需要发展经济，不失时机地转而研制应用型卫星，这符合当时中国的国情。而当我国有了一定的经济实力后，就必然要开始空间探测活动。因此，当中国实施载人航天工程后，以欧阳自远院士为代表的中国科学家们纷纷研究月球探测问题。中国科学家很早就关心月球探测，一直都呼吁中国应该开展深空探测活动。深空探测活动意义重大，关系到宇宙起源和演变，以及人类的未来发展。从另一方面来说，自新中国成立以来，在理论研究领域中国科学家一直都在向国外学习，只能利用国外的数据做研究，在该领域中国没有国际地位和话语权。只有通过不断开展空间探测活动，才能改变这一现状。

记者：我国北斗卫星导航系统项目实施后，您担任了系统总设计师，现在仍是北斗系统的高级顾问。您对北斗系统的未来发展寄予了哪些希望？

孙家栋：自古以来，空间定位和时间定位是人类社会发展中一件非常重要的事。我国很早就提出研制导航卫星——"灯塔一号"，但是，由于当时国家经费不足，使得研制工作停止。随着 20 世纪 70 年代美国开始研制和部署 GPS 导航卫星，我国重新研究导航卫星方案的工作提上了日程。导航卫星是国防、经济建设急需的卫星，我国必须拥有自己的导航卫星。然而，鉴于 20 世纪八九十年代我国经济能力和技术发展水平，是不可能在短时间内实现 30 多颗卫星发射组网的。于是，陈芳允院士提出了"双星定位"的方案，迈出了中国卫星导航系统的第一步。"双星"的成功首先起到了导航系统验证的作用，其次培养了一支队伍。"双星"系统之后，我国开始分两步走实施北斗系统建设，第一步建成了区域导航系统，目前开始建设全球导航系统。

精确的时间和空间定位对于一个国家的国防建设、经济建设、社会发展以及科学技术进步都起着非常重要的作用，世界各国都很重视卫星导航系统建设。因此，我们必须自力更生把北斗系统建设好，并逐步提高服务能力，这是我国的一项重大决策。同时，北斗导航系统建设又不仅仅是我国国内的事情。通过北斗系统，使我国航天事业真正走向了国际舞台，在应用领域发挥了非常大的作用。我国成为全球导航卫星系统四大供应商之一。四大导航系统既需要联合，又有竞争。当导航信息数据量大、可靠性高的时候，导航精度才会高，反应时间才会快，而这只有四大导航系统广泛兼容和互操作才有可能做到。一旦全球 100 多颗导航卫星联合起来提供导航服务，将会使导航应用达到一个前所未有的水平。

由于各个导航系统代表着各自国家的利益，因此北斗系统必须拥有自己的话语权，才能在国际舞台上发挥更大的作用。而要想实现这一目标，关键还是要把北斗系统建设好，不断提高系统的可用性，具备国际竞争力。

记者：您一直关注北斗系统的应用，多次亲临相关企业调研。您觉得，目前我国北斗系统应用现状和特点如何？

孙家栋：现在国家投入了大量资金和人力物力来建设北斗系统，那么应该让北斗系统充分应用起来。由于北斗导航系统用途非常广泛，没有非常明确的独立用户，因此在系统建设时需要考虑能够满足更多、更广泛的用户需求，尤其是国家要害部门。我们必须做到的是，在美国 GPS 可用时，实现北斗与 GPS 系统兼容，保证高精度需求；一旦 GPS 不可用时，我们自己的北斗也能独立使用，从而保证国家经济的发展和社会的安全。

这些年，北斗系统的应用经历了几个阶段：第一阶段，在北斗应用的最初五六年间，我国的核心应用器件，特别是导航芯片，在性能和价格上没有能力与国外竞争。国外芯片价格只需几美元，而国产芯片需要几十甚至几百元。不过，现在这个问题已基本解决，而且实现双模，能兼容北斗和GPS。国外的芯片厂家也必须做成双模的，才能进入中国市场。第二阶段，国内企业开始研发各种类型的终端设备和产品，比如可穿戴的设备，并直接进入销售市场。第三个阶段，建设各种北斗信息服务平台，为社会经济发展服务，比如智能化交通，必须有完善的信息服务平台来支撑，监控和指挥各类配套的终端设备，从而带动了导航系统应用向纵深发展，使北斗在各个领域的应用发展得更快。

我相信，随着我国北斗全球导航系统的建成，系统精度将有进一步提高，导航技术将更加先进，未来北斗的应用前景将更加广阔。

（原文刊载于2016年第2期《中国航天》）

金怡濂

　　金怡濂，男，1929 年 9 月生于天津，江苏常州人。高性能计算机领域著名专家，我国巨型计算机事业的开拓者之一。1951年毕业于清华大学电机系。1994 年当选为中国工程院首批院士。1994—2000 年为中国工程院主席团成员和中国工程院信息与电子工程学部主任。2002 年度国家最高科学技术奖唯一获奖人。现任国家并行计算机工程技术研究中心主任、研究员，中国计算机学会名誉理事。

国运昌则科技兴

科技战线上的成就无一不是党和国家长期关怀和支持的结果，我最近受到了国家表彰，但成绩是属于党和国家，属于人民的。我要向党中央、国务院，向所有关心、帮助和支持我国科技事业发展的领导和同志们表示最诚挚的感谢。

我也深知，国家科技奖励的巨大荣誉，不仅属于我个人，更属于全国科技战线的同志们。为此，我向正在锐意进取、艰苦攀登的全国科技工作者致以敬意。

同时，我还要向多年来并肩战斗、为祖国计算机事业发展不懈奋斗的同志们表示谢意。50年代，我参加了我国计算机的研制工作。50年来，我有幸成为我国计算机，特别是大型、巨型计算机研制的参与者，见证了我国计算机事业在新中国成立后的迅速起步、在"十年动乱"中遭受重大挫折、在改革开放中又焕发生机的全过程。

特别是十三届四中全会以来的13年我国社会政通人和，综合国力大幅跃升，"科教兴国"战略深入人心，国家为科技工作者提供了良好的科研条件和环境。正是在这样的科研环境中，我国的计算机事业登上高起点，进入快车道。在党中央、国务院的亲切关怀下，科研人员刻苦攻关，在设计思想、技术创新和工艺实现等方面取得重大突破，使我国超级计算机的研制开发和推广应用实现了跨越式发展。伴随着我国计算机事业的进步，我们的学识、才干也在不断增长，科研成果层出不穷。在半个世纪的实践中，我深切体会到，国运昌则科技兴，科技兴则国力强。科技工作者只有把自己的事业和祖国的繁荣、民族的昌盛紧密联系起来，才能大有作为。

在新世纪之初，党的十六大提出了全面建设小康社会的宏伟目标，吹响了实现中华民族伟大复兴的嘹亮号角，为当代科技工作者提供了一个充分发挥聪明才智和创造能力的广阔舞台，提供了报效祖国的历史机遇。我们要倍加珍惜这一机遇，紧紧抓住这一机遇，为创造人民的幸福生活和祖国的美好未来而奋斗。

（此文发表在 2003 年 3 月 21 日《光明日报》）

巨型机与新中国共腾飞

20世纪50年代中期，在毛泽东主席、周恩来总理等老一辈革命家的关心下，在我国科学技术发展12年远景规划的指导下，我国计算机研制事业迅速起步。1958年8月1日，103计算机研制成功，中国科学院张劲夫副院长风趣地给这台计算机取了个小名，叫"有了"，表示中国有了计算机。1959年国庆节，104计算机宣布完成，速度达到每秒一万次，是我国第一台大型计算机，为新中国成立十周年献上了一份厚礼。《人民日报》在头版头条报道了这一喜讯。郭沫若院长在欣喜之余题词："计算技术开新元，一〇四型冒尖端。百尺竿头进一步，实事求是埋头干。"

此后，尽管国家遭遇三年经济困难，各单位研制计算机的热情不减。我国计算机已从"仿制"走向"自主研制"，技术上已从"电子管时代"跨越至"晶体管时代"。大型机的速度达到每秒十余万次。若干型号的计算机已批量生产，这一段时间不长，但进展很快，形势很好。

提高计算机速度是计算机发展中永恒的主题。60年代，在世界计算机领域催生了一个具有划时代意义的宠儿——以提高运算速度为主要目标的超级计算机，通常称为巨型计算机。60年代，巨型机的速度最高只有每秒100万次左右。随后，国际上对巨型机的体系结构进行了深入研究，出现向量计算机和并行处理计算机两种模式。此时，以大规模集成电路和超大规模集成电路为基础的第四代计算机已登上历史舞台。1976年，克雷向量计算机问世，速度已达到每秒2亿次。巨型计算机从此迅速发展，到80年代末，运算速度已达到每秒200多亿次。

但是，"十年动乱"使我国计算机研制工作遭受重大挫折。我国70年代末最快的大型计算机速度仅为每秒三五百万次，与世界水平相差甚远。

1978年3月18日，是一个划时代的日子。这一天，全国科学大会在北京人民大会堂隆重召开。我作为科研战线的一名代表，光荣地出席了这次大会。邓小平同志在大会开幕式上发表了重要讲话。这次大会，成为我国科学技术发展史上的一个里程碑。

这次大会给我留下了终生难忘的印象。邓小平同志一开始就讲："全国科学大会胜利召开，我们大家感到非常高兴，全国人民感到非常高兴。今天能够举行这样一个在我国科学史上空前的盛会，就清楚地说明：王洪文、张春桥、江青、姚文元'四人帮'肆意摧残科学事业、迫害知识分子的那种情景，一去不复返了。"当时坐在台下的许多老科学家都热泪盈眶。

全国科学大会至今已过去31个春秋，小平同志讲话的声音至今在耳边回响，小平同志讲话时的音容至今仍历历在目。邓小平同志讲话有浓重的四川口音，我在大西南生活了20年，不但听得懂，而且有一种特别的亲切感。他的每一句话，大家也都听得非常认真。会上，邓小平同志提出"四个现代化，关键是科学技术现代化"的科学论断，并重点阐明了两个困扰人们思想多年的理论问题。一个是，科学技术是生产力，大会以后，又进一步发展为科学技术是第一生产力；另一个是，为社会主义服务的脑力劳动者是劳动人民的一部分。这对当时被称为"臭老九"的知识分子来说，百感交集，心情豁然开朗，感到莫大的鼓舞，听后真是如饮甘饴，如沐春风。

这次大会所传达的讯息，使广大科技工作者欢欣鼓舞，大家不仅身体上获得了解放，重新回到了自己热爱的工作岗位，而且邓小平同志的讲话，使大家思想上也脱离了"左"的羁绊，获得了解放，得以放开手脚，全身心地投入科学事业。

改革开放，国家百废待兴，我们不能没有自己的高性能计算机。不得已，我国从国外进口了一台大型计算机。在花费巨资购买机器的同时，还被迫花钱"聘请"两个"洋监工"。卖方明确规定：中方不得将机器派作他用；

不得接触机仓内的核心部件；开机、关机，必须由外方技术人员负责操作。这件事深深刺痛了中国科技工作者的心，我们深感不能为国分忧而自责，也感到现代化是买不来的！

1978年，邓小平明确指出："中国要搞四个现代化，不能没有巨型机！""中国要搞巨型机！"这对我们广大计算机工作者是个极大的鼓励和鞭策。中国巨型机事业从此焕发了生机。长沙工学院（现国防科学技术大学）在慈云桂教授领导下，研制成功我国第一台亿次巨型机，速度达到每秒一亿次，该机1983年完成。国家并行计算机工程技术研究中心在张效祥研究员领导下，采用"群机"并行方案，研制成功我国第一台标量亿次巨型机，速度达到每秒一亿次。

正当此时，国际上32位微机芯片已经问世，我们抓住这一难得机遇，立即开展大规模并行处理计算机的研制，速度达到每秒10亿次，1991年完成，它标志着我国巨型机的研制技术进入与国际同步向大规模并行处理方向发展的时代。

20世纪90年代，我国综合国力大幅跃升，"科教兴国"战略深入人心，科研条件明显改善，"神威"巨型机研制被批准立项。值得称道的是，"神威"巨型机在10亿次的基础上，跨过了百亿次的台阶，直接研制成3000亿次以上的计算机，实现了我国巨型计算机的跨越式发展。本世纪初，"神威Ⅱ"巨型计算机完成，运算速度每秒10余万亿次，达到国际领先水平。此后，在科技部的安排下，经过多年努力，我们在国产CPU芯片研制及其在巨型机上的应用取得了重大成果，已具备采用国产CPU芯片研制百万亿次量级巨型机的能力。在此基础上，我们完全有能力采用国产CPU芯片在短期内完成国家千万亿次巨型机的研制任务。在此期间，"银河""曙光""深腾"等高性能计算机也都取得了令人瞩目的成果，如最近曙光5000巨型机已在天津下线，采用AMD芯片，速度达到每秒230万亿次。

我们这个集体曾摘得三次国家科学技术进步特等奖和一次国家科学技术进步一等奖的桂冠。

回顾新中国成立 60 年的历史，国运昌则科技兴，科技兴则国力强。没有改革开放，没有科教兴国，就没有中国巨型机事业的起飞和发展。我为祖国的成就而骄傲，我也为新中国的科技成就而自豪。

（此文发表在 2009 年 10 月 1 日《光明日报》）

对年轻人才要善于引导委以重任

　　我长期从事计算机研制。计算机是年轻的学科，发展极快，新技术层出不穷，特别需要精力充沛、思想敏锐的年轻创新人才，所以说"计算机是年轻人的事业"。我们坚持把重大项目研制作为培养年轻创新人才的重要舞台，大胆起用"有能力、有思路、有魄力"的年轻人，让他们在科研实践中"加钢淬火"，在艰苦磨砺中"强硬翅膀"。我担任计算机总设计师时，选用的主管设计师平均年龄 28 岁，让他们充分发挥聪明才智，使研发工作顺利完成，达到国际领先水平，实现了我国巨型计算机的跨越式发展，获国家科技进步特等奖。

　　年轻人是大有作为的，对年轻人要善于引导，委以重任，放手让他们在实践中锻炼成长，克服对他们的求全责备、论资排辈等陋俗。

　　年轻创新人才的引进、培养与开发，是一个既紧迫又重大的任务。这几年，国家出台了不少政策措施，加大对年轻创新人才的培养，为科研战线增添了"新鲜血液"。但总的来说，部分重点科研院所高层次年轻人才比例仍然偏少。鉴于这种形势，在年轻创新人才培养方面，我提出以下几点意见。

　　要树立科学的人才效益观。人才是动态的，不是静止的，人才的成长有内在的规律，应注重多维培养。要关注作用显著的专家骨干和有发展潜力的优秀苗子，制定相关政策，实施全程跟踪的个性化培养。要注重在实践中培养，鼓励在岗位中成才。注意实施跨学科、跨专业交叉培训，定期组织学术交流，逐步扩大国家重点工程等科研单位出国进修访学的规模和层次，开阔视野、激活思维。注意完善技术干部考核机制。对知识逐步老化、无法适应形势发展的人员，要及时调整；对新成长起来的年轻创新人才，要及时给予认可，充实到各个岗位，以保持人才队伍的生机和活力。注意建立灵活的人才流动机制。广开人才交流渠道，研究制定推进人才灵活流动的政策。

要营造创新"软环境"。创造主要是思维的过程。一个有责任感的人才一般都是废寝忘食、冥思苦想，最后才能触类旁通，产生灵感。应为他们营造宽松的"软环境"。要构建宽容失败的环境。创新难免遇到挫折和失败。要真正理解那些在创新道路上遭遇挫折甚至失败的同志，即使一时没有取得大的成果，组织上也要多关心他们、支持他们、鼓励他们，客观公正地评价他们付出的努力，认可他们的劳动价值。要营造脱颖而出的环境。重视不同的学术意见，容纳不同的学术思想，鼓励百家争鸣，为创新观念、创新思想、创新方法营造一个自由发展的良好空间。在科研工作中，不搞论资排辈，为创新人才脱颖而出创造条件。要营造成就他人的环境。对年轻人不要求全责备，应主动帮助他们，成就他们。要营造激励创新的环境。对科研一线勇于创新、成绩卓著的团队和个人，要加大褒奖宣传力度，使他们在精神上受到鼓励，物质上得到实惠，真正感受到创新的成就。

要完善创新成果考评机制。创新活动有成功也有失败，创新的过程也难以用"时间""工作量"来量化，因而在有成果以前，如何考核评价是较为复杂的，应该给予关注。对科研成果的鉴定，应进一步完善科技成果"鉴定会"制度，保证鉴定意见客观、科学、公正。对科研成果的奖励，国家已有完善的制度，并有多种奖励渠道，成果显著。

（此文发表在 2013 年第 1 期《中国人才》）

追逐"中国梦"的"神威·太湖之光"

2011年10月27日，随着国家超级计算济南中心正式揭牌启用，一台以"神威·蓝光"命名的国产高性能计算机成为各大媒体报道的热点。之所以成为热点，因为这台机器"是国内首台全部采用国产CPU和系统软件构建的千万亿次计算机系统，标志着我国成为继美国、日本之后能够采用自主CPU构建千万亿次计算机的国家"。它的研制成功，实现了国家大型关键信息基础设施核心技术"自主可控"的目标，是国家"自主创新"科技发展战略的一项重要成果。

"神威·蓝光"续写了"神威Ⅱ"的身后故事。

当年，中央领导在视察"神威Ⅱ"时明确指示，要在今后的"神威"机中采用国产CPU芯片。随后研制具有自主知识产权的高速CPU的相关工作很快启动。

但对这件事，当时也不是一片叫好。在国家并行计算机工程技术研究中心的内部和外部，都有疑问的声音。从国外购买性能先进的CPU省力、省时还省钱，我们有什么必要大费周章自己研制？诸如此类。

金怡濂十分坚定地支持自主研制CPU。他的理由一如既往：花钱可以买来先进的芯片，但买不到先进的核心技术。如果一味走捷径从国外购买CPU，那么中国的高性能计算机就始终没有"中国芯"，始终要在核心技术上受制于人。

令金怡濂十分欣慰的是，年轻的科技工作人员不负众望，用智慧和心血挺举起了"中国芯"。2003年，在科技部支持和组织下，大家奋力拼搏，仅用十年时间，使国产芯片研制实现了重大跨越，大大缩小了与国外的差距。同时，完全采用国产处理器芯片，研制了多台高性能计算机。胡锦涛同志称赞："实现了历史性突破。"

"神威·蓝光"是国家"863 计划"项目，采用了国产 16 核 CPU 芯片。这是一款在"核高基"国家重大专项支持下完成的具有世界先进水平的多核处理器。

金怡濂作为技术顾问，参与到"神威·蓝光"及"申威 1600"CPU 芯片的研制过程中。"神威·蓝光"的总设计师回忆说：

对于我们的团队，金院士既是技术上的指导者、支撑者，又是精神上的支持者，同时起着督促的作用。他敏锐地看到了"神威·蓝光"需要突破的重点，比如重视研制与应用相结合，最大限度地让用户有满意的体验；比如要把绿色性能功耗比提升到世界领先水平，等等。有的技术指标在研制之初看似做不到，但金院士以他的远见提了出来，结果事实证明我们做到了。这也说明他对我们的技术水平和实现指标的难度都有准确的把握，把目标提得恰到好处。在他的指导下工作，看到在浮躁之气渐涨的社会环境下，他始终坚守着老一辈科学家的执着，对我们是一种切实的鼓舞。

美国《纽约时报》相关报道中的这句话："中国以国产微处理器为基础制造出本国第一台超级计算机。这项进步令美国的高性能计算专家吃惊。"显然更能说明"神威·蓝光"以及国产"申威 1600"CPU 在业界引起的震动。有意思的是，这篇报道对"神威·蓝光"的"复杂的液冷系统"特别感兴趣，它引用了 Convey 超级计算机公司首席科学家史蒂文·沃勒克的评价："用好这种冷却技术非常、非常困难。因此我认为，这是一项认真的设计。这项冷却技术有可能扩展至百万万亿级的超级计算机。"其实，这套"复杂的液冷系统"，是金怡濂带着科研团队在"神威Ⅱ"上就设计完成并成功实现的技术，而今只是在"神威·蓝光"上完美呈现。

"神威·蓝光"的研制成功，向世人表明，中国在超级计算机领域实现"自主创新"已不仅仅是一个美好愿景，而是可见的事实并有着可以憧憬的光明未来。围绕这一台超级计算机开展的科研工作，也为开创更加美好的未来做好了充分的技术、人才上的准备。梦想在前，时不我待，"神威"团队继续快马加鞭。

北京时间 2016 年 6 月 20 日，在德国法兰克福世界超算大会上，TOP500 组织发布了第 47 届世界超级计算机 500 强。由中国国家并行计算机工程技术研究中心研制的、全部采用国产众核处理器构建的"神威·太湖之光"超级计算机系统登顶榜首。其峰值性能每秒 12.54 亿亿次，持续性能每秒 9.3 亿亿次，成为世界上首台运算速度超过十亿亿次的超级计算机。这个包含着关键词"中国芯"的重磅消息，一石激起千重浪，震动了全球超算界，也带给国人无比的惊喜。

大家都还记得，就在这不久前的 2015 年 2 月，美国商务部把与超级计算机相关的几家中国机构列入了限制出口黑名单。其目的，无外是想遏制中国在这一领域强劲的发展势头。在力量不对等的条件下，我们所有的愤懑、抗辩都是无力的，能做的唯有自己撸起袖子加油干。正是在这一年，国家并行计算机工程技术研究中心研制的"神威·太湖之光"低调地进入最后的组装、调试，年底便按计划圆满完成，投入满负荷运行。时隔半年，"神威·太湖之光"带着一份完美的成绩单，借世界超算大会的舞台横空出世。这无疑是用最恰当的方式，明明白白地给了企图遏制者一个响亮的回答，更是昭示了中国科技工作者的自信、勇气、智慧和能力。"TOP500"网站的评论说了一句大实话："神威·太湖之光"的性能结束了"中国只能依靠西方技术才能在超算领域拔得头筹"的时代。想必更多的国人也经历了这些国际上政治、经济、科技等领域的云谲波诡后，越来越清醒地意识到，抛却核心技术，何谈大国重器？

研制团队第一时间向金怡濂院士报告了夺冠的好消息。始终关心、支持着研制团队并随时关注研制进程的金院士，此刻和大家一样兴奋，他连声表示祝贺，又情不自禁地重复了他多次说过的话："我们中国人是非常聪明智慧的，但凡我们下决心要做的事，就一定能做成！"兴奋之余，他也为"神威"团队年轻人的成长，为他们成为国家超算事业的中流砥柱而感到无比欣慰——江山代有才人出。这本就是老科学家对青年一代的期望啊。

超级计算机"神威·太湖之光"是"十二五"期间科技部"863计划"的重大项目，项目突出强调了核心技术的自主创新。它果然不负众望，拿出了亮眼的成绩单，在机器性能、国产众核芯片、性能功耗比、应用成果等方面均取得了历史性突破。一是计算能力的突破。它是全球第一台运行速度超过每秒10亿亿次的超级计算机，峰值性能高达每秒12.54亿亿次，持续性能达到每秒9.3亿亿次，是世界上持续计算能力最强的超级计算机，并且在TOP500榜单上大幅领先。二是"中国芯"的突破。此前登顶TOP500榜单的国产超级计算机采用的都是国外的处理器芯片，而"神威·太湖之光"则全部采用了自主"中国芯"——上海高性能集成电路设计中心研制的"申威26010"众核处理器。这款处理器集成了260个运算核心，达到了每秒三万多亿次计算能力，性能指标达到当时国际领先水平，单芯片计算能力相当于三台2000年全球排名第一的超级计算机。整机40960个"中国芯"同时工作，让"神威·太湖之光"登上了世界计算巅峰。三是绿色节能的突破。超级计算机功耗巨大，因此业界把性能功耗比作为衡量其先进性的一项重要指标。"神威·太湖之光"从低功耗、高集成度的处理器设计，到高速高密度的工程实现技术；从世界领先的高效水冷技术，到软硬件协同、智能化的功耗控制方法，实现了层次化、全方位的绿色节能，性能功耗比达到每瓦66.51亿次运算，成为世界上计算能力最强但却最绿色环保的超级计算机。四是应用成果的突破。"神威·太湖之光"系统投入使用以来，完成上百家用户单位，数百项大型复杂应用课题的计算，涉及天气气候、航空航天、地震模拟、海洋环境、生物医药、船舶工程等19个应用领域，实现了数百万核超大规模并行，完成整机应用17个，取得了多项国际成果。基于该系统的五项应用分别入围2016年、2017年度国际高性能计算应用领域最高奖"戈登·贝尔"奖，最终"千万核可扩展全球大气动力学全隐式模拟"和"非线性大地震模拟"这两项应用，分别摘得这两个年度的"戈登·贝尔"奖，实现我国在这一奖项上零的突破，确立了中国在超算领域的国际地位。

2017年11月，新一期的全球超级计算机500强发布，"神威·太湖之光"连续第四次获得冠军，成就了中国超级计算机十次蝉联世界冠军的辉煌。

"神威·太湖之光"取得的历史性突破，体现了我国在超级计算机研制领域，摆脱了单纯追求以"快"取胜的局面，达到了追求综合性能全面领先的新高度。

从"神威·蓝光"到"神威·太湖之光"，不同的时代背景，不同的技术起点，不同的奋斗历程，追逐的却是同一个"中国梦"。习近平总书记等党和国家领导同志给予了充分肯定，赞扬成果在我国高性能计算机历史上具有重要"里程碑"意义，赞扬大家探索了一条自主创新发展高性能计算机的道路。金怡濂院士60多年来为我国计算机事业的创建、开拓、发展以及人才培养做出了卓越贡献，也得到了习近平总书记的赞扬和肯定。

时代在前进，梦想无极限。始终秉承"中国梦"精神的"神威"团队从未懈怠，一直在自主创新的道路上辛勤开拓。建成超算强国，任重而道远，他们唯愿不忘初心、牢记使命，成为实现这个梦想的见证者、开创者、建设者。

（雷红英执笔，2018年3月）

金怡濂：不辞夕阳铸"神威"

姚昆仑

人类文明之初，就与数有不解之缘。从古代先民的"结绳记事"、古希腊毕达哥拉斯的"万物皆数"，到今天的数字化生存，"数"像一根奇妙的纽带，与人类的文明进步紧紧系在一起。20世纪40年代，数字电子计算机这个新生科技婴儿呱呱落地了。几十年后，这个长大成熟的孩子繁衍出庞大兴盛的家族，它的后代几乎无处不在，活跃于各行各业，用它敏感精细的脉络，把地球拉缩成一个小小的村落。中国计算机研究虽起步较晚，但伴随新中国的崛起，改革开放、科教兴国政策的实施，我国科学家以惊人的智慧、超群的胆识、坚忍的意志，使我国计算机从无到有，逐渐缩短了与发达国家的差距，实现了我国计算机技术的跨越发展。金怡濂院士就是这些杰出科学家中的代表。

求学之路

1929年9月，金怡濂出生在一个知识分子家庭。1935年，他进入天津耀华学校开始接受启蒙教育。耀华学校的师资、环境都很好，是当时天津的一流学校。启蒙老师姓耿，他善于培养、调动孩子们的兴趣，讲课时循循善诱，借助童话和故事情节来达到对知识的理解。使金怡濂最难忘的是校长赵君达。赵校长是一位知名教育家，爱国敬业，一身正气，建树颇丰。1938年6月，赵校长遭到了日本特务的暗杀，他的牺牲，使金怡濂和同学们悲愤万分，在他们幼小的心灵中激起了为中华民族崛起强大而努力学习的热情。

进入中学，学习难度大了，金怡濂更加刻苦。学校既重视概率论、排列组合、几何、物理等数理方面的教学，也非常重视语文方面的培养。国文课中不仅讲授《论语》《孟子》《诗经》《左传》等经典，同时也介绍《滕王阁序》《岳阳楼记》等古典名篇。在耀华学校的 12 年间，培养了金怡濂的爱国热忱及对理科的兴趣和偏爱，为他今后事业的起飞做了良好的铺垫。

1947 年，金怡濂中学毕业报考大学，同时被清华大学、北洋大学等四所大学录取。他首选了清华大学电机系。走进清华大学这所著名学府，水木清华、荷塘月色、西山紫气、三秋红叶，古色古香的清华学堂匾额，美轮美奂的欧洲古典式的大礼堂和中国传统的建筑教学楼，和谐优美，相映生辉。在这所新奇深邃的知识殿堂里，金怡濂感受到了生命的充实和快慰，他如饥似渴地吸吮着知识的甘汁。

清华大学非常重视基础课的教学，那时许多知名教授都教一门基础课和一门专业课。大一物理共开四班，分别由霍秉权、王竹溪、孟昭英、余瑞璜教授讲授；大二的工程力学共开两班，分别由张维和钱伟长教授讲授。教授们特别强调"基本概念"的理解。如闵乃大教授讲课时，对理论公式推导总是写满了黑板，推演完毕后，他便反复问学生是否抓住了"概念"，闵教授认为不论问题多么复杂，推导的公式有多长，关键是抓住基本概念和理论实质，其他问题就会迎刃而解。教授们讲课深入浅出，生动形象，金怡濂感到很"过瘾"，听后受益很大。虽然当时用的教材并不太深，但师生互动，学生学得比较"透"，加之学校严把考试关，不及格的要重修。因此，学生的知识基础、思维能力、创新能力得到了很好的培养。

在清华大学的四年间，中国大地发生了翻天覆地的变化。1947 年的北平尚未解放，但向往民主自由的清华人，在这里讨论马列主义，收听陕北的新闻广播……点燃了希望的火炬，照亮了迈向光明的征程。1948 年底清华园迎来了解放的炮声。1949 年 10 月 1 日，金怡濂和同学们高兴地参加了"开国大典"，目睹了新中国诞生的欢腾场面。1951 年金怡濂毕业，此时国家百废待兴，他与同学们坚决服从国家分配，带着满腔的智慧和热情，走上了建设新中国的工作岗位。这些才华横溢的年轻人牢记"自强不息，厚德载物"的校训，在其后的科研生涯中大展宏图，屡建奇功。在清华大学建校 90 周年之际，金怡濂与同学们聚首母校时，他们为班上有四人成为院士、朱镕基当选为共和国总理而自豪。

人生"机"缘

1946 年，世界上第一台全电子数字计算机在美国宾夕法尼亚大学问世，这标志着人类走出了迈向信息时代的第一步。

从清华大学电机系毕业后，金怡濂有幸分配参加研制我国第一台继电器专用计算机。1956 年，周恩来总理领导制订的 12 年国家科学技术远景规划纲要中提出"四项紧急措施"，其中一项就是要快速发展计算机技术。为此，我国政府决定选派 20 人赴苏联学习计算机技术，金怡濂幸运地成为其中一员，这便开始了他与计算机事业的"缘定一生"。当年底，金怡濂抵达莫斯科，被分配到苏联科学院精密机械与计算技术研究所进修学习。当时苏联的计算机技术比较先进，运算速度达 2 万次 / 秒，金怡濂在留学期间学习非常刻苦勤奋，据他回忆说："我们当时住在莫斯科南边的苏联科学院研究生宿舍，而研究所在北边。每天早晨，我们很早就起床，先倒两次公交车，再坐地铁，而后又转乘公交，路上一般要花上一个半小时。我们在那里主要是做一些有关新型加法器方面的实验，回宿舍的时候就借些资料学习，尽管很累，但仍常常学到深夜。"由于忙，在莫斯科待了一年半的金怡濂，居然从没听过《莫斯科郊外的晚上》《红莓花儿开》等风靡全苏联且唱红到中国的名曲。

1957 年，毛泽东主席来到莫斯科，特别在莫斯科大学礼堂接见了中国留学生，并发表了重要演讲。留学生们异常兴奋。金怡濂有幸聆听了毛泽东主席的教诲，那句"你们青年人朝气蓬勃，正在兴旺时期……希望寄托在你们身上"的勉励话语，令他终生难忘。金怡濂牢记祖国的重托，较好地掌握了当时具有国际先进水平的计算机技术，顺利学成回国。

回国后，金怡濂参加了我国第一台大型电子计算机——104 机的研制。不久，这台计算机研制成功，向国庆 10 周年献上一份厚礼，为当时国家许多重大课题的研究立下了汗马功劳。1960 年，时任中国科学院院长的郭沫若还高兴地为之题诗，以表庆贺。从参加第一台计算机研制开始，金怡濂在这个陌生的领域中学习，在实践中提高，他主持了多种类型电子计算机系统的研制，屡建功勋，展示了他在计算机方面的才华。

1963 年 4 月，金怡濂所在的研究所转移到西南山区，这一去就是 20年。艰苦的生活环境和研究条件，特别是当时的"不懂 ABC，照样能造计算机"等错误言论的冲击，没有影响金怡濂他们为国家研制新型计算机的信念和决心。山区生活艰苦是小事，关键是科研条件太艰苦。当时国家电子工业基础薄弱，大型机研制举步维艰：一些元器件由玩具厂生产；数以万计的组件，要靠钳子、螺丝刀、电烙铁，一个一个组装起来。由于地处偏僻，参考资料也极其匮乏。为查询资料，金怡濂要跑上海、北京等地。为此，得先在崎岖的山路坐大卡车颠簸半天，然后挤上列车，在硬座车厢里度过两三个昼夜的旅途。查完资料，匆匆背上一大包同事们让他捎带的肥皂、牙膏、糖果回到大山里，继续他的研制工作。由于国外对技术的封锁，大型计算机全靠我国自主设计生产，金怡濂主要负责硬件部分的设计把关，每一张图纸都自行设计绘制，一台机器下来，图纸不下数万张，摞起来像个小山。当时孩子还很小，妻子也是搞计算机的，两人常常连星期天也不能顾及孩子，他说不清楚自己的孩子是如何长大的。条件的艰苦更激发了金怡濂创新的活力，他提出并指导研制成功了穿通进位链高速加法器，把多项并行技术应用于计算机中，实现了由单机向并行机器转化，研制的计算机居全国先进水平。到了 20 世纪 70 年代初，金怡濂在国内首次提出了双处理机体制，实现了并行处理和结构多重化等理念，在他与同事的共同主持下，完成了大型晶体管通用计算机、大型集成电路计算机的研制，把我国计算机的运算速度提升到

350 万次／秒，实现我国计算机研制技术的一次次重大突破。

1976 年，美国科学家西蒙·克雷创巨型向量计算机，在当时以运算速度最高、系统规模最大、具有很强的处理能力享誉世界。从此世界巨型计算机的发展进入了新时期。

巨型计算机也叫高性能计算机，是与超级计算机相呼应的概念。由于超级计算机运算速度快，处理数据的能力强，加快了科研开发速度，在科研和国民经济领域有广泛的应用。拥有高性能计算机技术及其产品，不仅是衡量一个国家计算机研制水平的重要标志，也是一个国家综合国力的重要标志之一。

世界计算机技术特别是超级计算机技术在迅猛向前发展，中国将如何应对紧跟潮流，甚至引领天下呢？

"神威"风采

"四人帮"垮台后，我国科学技术进入一个全新发展时期，也给计算机事业带来了发展机遇。1978 年，金怡濂获得全国科学大会奖，他深受鼓舞。1979 年，邓小平指出："中国要搞四个现代化，不能没有巨型机！"然而，由于"文化大革命"的影响，我国计算机研制已远远落后于发达国家。而高性能计算机技术基本上一直为美国等发达国家所控制，对外实行禁运，提高我国的自主创新能力势在必行。20 世纪 80 年代中期，在双机并行技术基础和群机并行思路基础上，金怡濂提出了群机共享主存的具体结构方案，解决了群机系统中许多关键技术问题。他参与共同主持研制的计算机实现了标量运算速度 1 亿次／秒的目标，取得我国计算机研制新的突破。

到了 20 世纪 90 年代，随着微处理机芯片的迅速发展，巨型计算机研制屡展新招，纪录不断刷新。在世界强手如林、技术创新加速的挑战面前，金怡濂与其他专家勇立潮头，开始向世界先进水平冲击。他在新型巨型计算机的研制中，提出采用标准微处理器构成大规模并行计算机系统的设想，提出多种技术相结合的混合网络结构的具体方案，解决了 240 多个处理器互连问题，取得了运行速度突破了 10 亿次／秒的新纪录，实现中国巨型计算机向大规模并行处理方向的发展，推动中国巨型计算机研制进入与国际同步发展的时代。

形势喜人，那么下一个目标呢？在国家并行计算机工程技术研究中心召开的超级计算机研制方案论证会上，主持会议的领导同志提出：是否可以跨越每秒百亿次的高度，直接研制每秒千亿次巨型机。跨出这一步技术上难、风险太大，在沉默后便是激烈的争论，大家意见不一。多数专家认为，根据现有的技术条件和经验，百亿次机是比较可行的选择。唯有金怡濂支持这个大胆的设想，他语出惊人地说："根据现有的研制水平，造千亿次巨型机是完全有能力的。我们必须跨越，否则就会被世界越甩越远。"随后，金怡濂提出了以平面格栅网为基础的"分布共享存储器大规模并行结构"的总体思路，并进一步说明了自己的总体构想和技术依据。金怡濂对于巨型机研制技术的透彻了解和大胆创新精神，让专家们惊讶和叹服。最终，金怡濂提出的研制千亿次机的建议被采纳。金怡濂当时提出这样的想法，不仅基于理论上的可能性，还基于为国家分忧的强烈的责任感。因为一件事令他刻骨铭心：当时中国急需一台巨型机。因西方国家对我国实行禁运，经过了种种谈判，才花了紧俏的外汇买到一台计算机。但卖方提出一个附加条件，买这台计算机之外，要请外方两个专家来帮助我们去维护计算机。实际上是以维护为借口，来监督我们使用这个计算机不能应用于某些领域。而且他们的专用小屋，中国人是不准进的，这件事大大伤害了金怡濂等计算机科技人员的自尊心。一种为国争光为民族争气的浩然正气，使他下定决心，走自主开发之路，奋起直追，赶超国际先进水平。

随后，令金怡濂吃惊的是，他这位退居二线的顾问型专家，却被任命为"神威"机研制的总设计师。24 个课题组，近百名科研人员在他统领下，开始了中国计算机研制的重大飞跃！

擎起研制千亿次巨型机的帅旗，金怡濂感到压力巨大。他对技术人员说："我们必须保证'神威'出机时进入世界先进行列。"为此他们先后三次调整方案，提高"神威"的关键技术指标。他提出的总体方案是：以平面格栅网为基础的可扩展共享存储器大规模并行结构，为系统关键技术指标进入国际领先行列奠定基础；率先将消息传递、分布共享、结点共享等工作模式集于一体，以适合不同用户、不同课题的需要；以及网上多种集合操作、分布与重分布技术、无匹配高速信号传送、分布式盘阵、高密度组装等构想。就在"神威"预定出机鉴定的前一年，他仍决定调整指标。他宣布把"神威"机的运算速度提高到 3000 亿次 / 秒以上。

在把准大方向、抓好大事情的同时，作为总设计师的金怡濂把目光也关注到了研制的末梢，常常亲自上阵把关。"神威"启动初期，因为没有检查焊点可靠性的设备，金怡濂就和有关人员一道，一手拿放大镜，一手握电筒，用肉眼一个个检查成千上万个焊点。一次，他在机房的一个角落里捡到一枚小小的螺丝钉，他召开会议说："虽然厂里通过了 ISO9000 国际质量管理体系认证，但这并不能说明一切。我的要求是，共同努力，文明生产。"他还要求大家："我们应该做到哪怕一个焊点、一枚螺丝钉也要体现世界水平。"在崇高的使命和责任面前，他常常为弄清楚一个问题，吃住都在办公室。在攻关最艰难的日子里，他每天都要听取课题组几十个人的工作汇报，与他们一起分析解决技术上的棘手问题。每天深夜回到家中，他得先在沙发上躺半个小时，才有力气和老伴说话。

艰难困苦，玉汝于成。1996 年，这是金怡濂难以忘怀的日子，国家并行计算机工程技术研究中心牵头研制的巨型机通过了国家鉴定，其峰值运行速度为 3120 亿次 / 秒，处于当时国际领先水平。鉴定委员会的专家评定：该机研制起点高，运算速度快，存储容量大；系统设计思想先进，创新性很强。总体技术和性能指标达到国际领先水平。鉴定时有一花絮：有一专家见"神威"外观精巧，银白华丽，光可鉴人，而且所有的连线都隐于其内，不禁赞道："神威"真是太漂亮了，堪称巨型机中的"俏佳人"啊！这台外形精美的巨型机，令不少参加鉴定的计算机专家感慨万千！随后，在宋健国务委员的推动下，我国成立了北京高性能计算机应用中心、上海超级计算机中心，均安装了"神威"计算机，运算速度提升到 3840 亿次 / 秒。

时任国家主席的江泽民高兴地为这台计算机题名"神威"。"神威"问世，立即在我国的天气预报中发挥了威力。1999 年我国 50 周年大庆之日，"神威"的妙算预测和实际天气变化吻合：清晨大雨戛然而止，在庄严的阅兵大典开始之际，亮丽的秋阳荡开云层投向天安门广场……

"神威"的投入应用很快产生了巨大的社会效益。最初的两年间，就帮助科学家完成了 100 多个重大课题的研究，应用范围涉及气象气候、石油勘探、生命科学等领域，以其卓越的高性能，极大地提高了我国的科学研究能力。

利用"神威"计算机，中国气象局研制了集合数值天气预报系统，可进行七天甚至更长时间的天气预报，在八小时内可完成 32 个样本，其精确预报范围缩小到了方圆五千米。

利用"神威"计算机，加快了石油勘探的速度，提高了精度。过去，利用"地震找油"方法产生的数据分析、处理量很大，即使在亿次机上也要 10 年才能得出结果。而现在，在辽河油田石油勘探中，科技人员开发出了地震成像并行处理系统，实现了大规模地震数据三维成像处理，10 小时便完成工作，大大提高了钻探成功率，降低了勘探风险；利用"神威"计算机，中科院生物物理所成功进行了"人类基因电脑克隆系统"的研究。在"神威"的帮助下，我国科学家完成了心脏基因克隆运算，使我国的基因科学研究达到了国际先进水平。

利用"神威"计算机，大大缩短了新药研制、开发的周期。过去，一般的新药研制起码要三五年，甚至十年时间。中国科学院上海药物所的科研人员在对青蒿素的研制中，筛选了 20 万个分子只花了三个月，大大加快了筛选速度。

利用"神威"计算机，科学家还可进行重大课题的设计、模拟实验、验证理论的正确与否等，大大加快了科研速度，节省了科研经费，应用前景十分广阔。

再攀高峰

在"神威"（后称"神威Ⅰ"）成功跨入世界先进行列之后，金怡濂和他的团队没有丝毫懈怠，他们又启动了新一代高性能计算机系统"神威Ⅱ"的研制，金怡濂受命继续担任"神威Ⅱ"的总设计师。

当时世界高性能计算机已经达到万亿次／秒。中国巨型机战线的科学家和广大科研工作者，面临着巨大挑战。金怡濂就这样带领他的团队，向世界最先进水平发起了又一轮冲击。有记者曾问金怡濂："您主持研制的'神威'巨型机，其运算速度已达到 3840 亿次／秒浮点结果，进入了世界先进行列，'神威Ⅱ'您准备冲击什么样的目标呢？"金怡濂巧妙地回答："没有最好，只有更好。"

与"神威Ⅰ"相比，"神威Ⅱ"的起点更高，困难更大。随着机器指标数十倍地扩大，在系统的可扩展性、可靠性、正确性、好用性、通用性等方面，都提出了严峻的挑战。

在综合国际上高性能计算机先进设计的基础上，金怡濂提出了以超三维格栅网为基础的可扩展共享存储体系结构与消息传送机制相结合的总体创新构想，对"神威Ⅰ"消息传送、分布共享、节点共享等工作模式做了进一步的完善，做到了消息传送、全局共享、规模可变的节点共享等模式一体化。在这一总体方案付诸实施时，其中的三项关键技术：超三维格栅网络、硬件实现缓存一致性的大规模可扩展共享存储体系结构，以及在此基础上的高效 OpenMP 编译器实现的大规模共享编程模式、具有双端口异构访问功能的大规模分布共享磁盘阵列群海量文件存储系统，在世界上已完成的大规模并行计算机中，还未见报道。

金怡濂一心要把"神威Ⅱ"做成世界上最出色的高性能计算机，决心要打破国内高性能计算机性能模拟领域的空白纪录，为系统的先进性打好基础。为此，他和团队在"神威Ⅰ"计算机系统上建立起模拟环境，在 20 天时间里完成了对构想中的"神威Ⅱ"的性能模拟，为最终确定总体方案提供了重要依据，同时也在国内开创了用上一代巨型机模拟新一代巨型机的先河。

在"神威Ⅱ"总体研究阶段，金怡濂预见到超大规模系统的高效性、可靠性，将对系统高密度组装和高功耗散热提出严峻的挑战，前瞻性地提出了水冷等设计思想。水冷技术此前在国内计算机行业中，还没有成功运用的先例，金怡濂和他的团队准备做"第一个吃螃蟹的人"。

这个思路听起来非常简单明了，做起来却困难重重。比如，如何保证数千根冷却水管在使用期间安全可靠、畅通无阻；如何保证数千块冷却板中冷却水压力均衡、温度一致；如何保证所有的接口都严丝合缝、滴水不漏；如何保证冷却水管不产生氧化腐蚀现象等。为了解决这些难题，课题组仅仅在实验室里就埋头干了近两年，到上机实验时，他们还请来了化学防腐专家指导攻关，最后终于圆满解决了一系列技术难题。

印制板是"神威Ⅱ"完成所有逻辑和工程设计，最终由"梦想"变为"现实"的一个关键环节，其中大底板尤其重要。大底板在机器中所处位置特殊，板面大、层数多，中间还要做上15000个埋入式电阻。仅几毫米厚、却多达几十层的板子，要布上数百万条线、十几万个孔，小的孔小如针尖，细的线只及半根发丝。这样的多层印制板，制作工艺已接近生产的"物理极限"。生产过程中有100多道工序，任何一点差池，都会导致整板的报废。金怡濂要求，所有的插件板，包括大底板在内，都必须做到"零缺陷"，不允许有一个点、一条线的缺陷。此外，还有一个附加的要求，要求板面必须漂亮整洁："和国外的印制板产品放在一起，要看不出任何差别。"

为了解决大底板的问题，他派出一位副总工程师带人一头扎进生产一线，指导帮助课题组开展工作。与大底板生产有关的技术保障单位都派出骨干参与攻关。金怡濂自己则每天都要询问工作进展，或直接到生产线上查看情况。那年春节过后的第五天，一块新压接的大底板装上了测试台。经过20多个小时的运行，测试人员惊喜地发现：大底板运行正常！这第一块经测试合格的"零缺陷"大底板，由于它极高的技术含量和所凝结的心血与汗水而显得格外珍贵，被形象地称为"金板"。

为给机器的可靠性加上"双保险"，金怡濂秉承他一贯的"正向设计"的思想，提出在大规模系统中，采用对用户透明的保留恢复技术和全局校验、诊断、恢复技术，即通过软硬件结合技术，提高机器的可靠性，使我国高性能计算机在这项技术上也与国际接轨。

满怀期待，经年努力，金怡濂和他的团队完美收官。2001年末，"神威Ⅱ"计算机系统沐浴着新世纪的晨光从容问世。"神威Ⅱ"是继"神威Ⅰ"之后，我国又一台主要技术指标达到国际领先水平的高性能计算机，运行速度达到13.1万亿次/秒，经过Linpack测试，系统效率达75%以上，超过当时世界上排名第一的高性能计算机58.8%的效率指标。机器体积大为缩小，功耗也较低，是较全面的国际领先水平。

做大事者

2003年，金怡濂获得了2002年度国家最高科学技术奖。时任国务院总理朱镕基称赞他是"做大事的人"。在我国超级计算机的发展史上，他无疑写下了精彩的一笔。

他是一位优秀的领跑者。超级计算机研制竞争激烈，领先记录稍纵即逝。金怡濂把他的研究群体称为"追赶太阳的人"，他们视时间和速度为生命，双休日和公假几乎全是在实验和试验中度过的。然而，大家无怨无悔。在研制过程中，金怡濂谦虚谨慎、学术民主、鼓励创新、博采众长。在他的领导下，研制队伍充满热情和活力，团结协作，开拓向上。正因为如此，他们攻克了无数技术难关，扫清了重重障碍，不断刷新纪录。不仅推动了该中心超级计算机研制的升级，同时也带动了我国超级计算机技术的跨越发展。

他是一位知人善用的伯乐。计算机是年轻人的事业，他把眼光看得很远，把培养年轻人看成计算机研制的重中之重，实现了"研制一代机器，造就一批人才"的设想。在研制"神威"计算机时，他不拘一格，选贤任能，让优秀青年人脱颖而出。他委任的课题主管和副主管设计师平均年龄为28岁，在当时非常罕见。为带出这支年轻队伍，他精心培养，授以重任；在授业解惑的同时，教之以德。他勉励后学要"团结、拼搏、奉献"，团结就是在充分发挥个人才智的基础上，协同攻关；拼搏就是勤奋刻苦，锲而不舍；奉献就是不为私利，把个人的理想和祖国命运紧紧系在一起。在研制"神威Ⅰ"之初，他曾语重心长地鼓励年轻人："世界上有幸摸过千亿次计算机的，估计也不过千把人。能够在这里从事这样一项光荣的事业，你们应当感到幸运。"身边的年轻人也深深感到，能与金怡濂一起从事高性能计算机研制，是一生中的幸事。这些优秀的青年才俊，很快成长为我国高性能计算机技术领域的栋梁之材。他们当中有的成为院士，有的获得"求是"奖、中国青年科学家奖，多人次获得国家科技进步奖特等奖；还有数十名科技干部走上科研领导岗位，成为中国巨型机事业的技术骨干和扛鼎人。

令金怡濂十分欣慰的是，这些青年科技工作人员不负众望，用智慧和心血托举起了中国芯。2003年，在科技部支持和组织下，他们奋力拼搏，仅用10年时间，就使国产芯片研制完成了重大跨越，大大缩小了与国外差距。同时，完全采用国产处理器芯片，研制了多台高性能计算机。胡锦涛同志赞扬，"实现了历史性突破"。2011年，采用国产16核芯片的"神威·蓝光"高性能计算机在国家超级计算济南中心投入使用。这台由国家并行计算机工程技术研究中心研制的机器"是国内首台全部采用国产CPU和系统软件构建的千万亿次计算机系统，标志着我国成为继美国、日本之后能够采用自主CPU构建千万亿次计算机的国家"。它的研制成功，实现了国家大型关键信息基础设施核心技术"自主可控"的目标，是国家"自主创新"科技发展战略的一项重要成果。

美国《纽约时报》报道"神威·蓝光"说："中国以国产微处理器为基础制造出本国第一台超级计算机。这项进步令美国的高性能计算专家吃惊。"这篇报道对"神威·蓝光"的"复杂的液冷系统"特别感兴趣，它引用了

Convey 超级计算机公司首席科学家史蒂文·沃勒克的评价："用好这种冷却技术非常、非常困难。因此我认为，这是一项认真的设计。这项冷却技术有可能扩展至百万万亿级的超级计算机。"其实，这套"复杂的液冷系统"，是金怡濂带着科研团队在"神威Ⅱ"上就设计完成并成功实现的技术，而今只是在"神威·蓝光"上再次完美呈现。

有人说，金怡濂在培养人才上的贡献，不亚于研制出一台"神威"巨型机。近几年来，科研人员不懈拼搏，顽强攻关，又取得了新的突破，得到了习近平总书记、李克强总理的高度评价。

从总设计师卸任后，金怡濂始终没有停下思考的脚步，仍然关心着我国巨型计算机的研制工作，为一线科研人员提供咨询，帮助他们出谋划策，攻克一个又一个技术难题。因为金怡濂在我国巨型计算机研制中的杰出贡献，2010 年，中国科学院国家天文台发现并获得国际永久编号的第 100434 号小行星被命名为"金怡濂星"。2012 年，中国计算机学会（CCF）向金怡濂颁发了终身成就奖，并推举他为我国超级计算创新联盟名誉理事长。他说，超级计算是综合国力的体现，也是创新型国家科技进步的重要标志；让我国超级计算机研制不断走到世界的前列，能够满足国家和社会的需要，是我的最大梦想。

谈到事业的成功，金怡濂这样说道，首先离不开机遇，新中国成立，改革开放、科教兴国，为科研人员展现聪明才智创造了条件。其次是坚实的基础知识，这是事业成功的根基。再次就是必须付出辛劳和汗水。最后也需要灵感，需要有对专业的独到设想。不然，哪能在实现跨越式发展中实现自我价值？

半个多世纪的风风雨雨，无数个难忘的日日夜夜，金怡濂一步一个脚印，一次一个台阶，把智慧和心血融入巨型计算机的研制中，撑起了中华民族科技进步的脊梁。他也从巨型计算机的研制过程中，找到了生命的意义，实现了人生的理想和价值，获得了祖国和人民的尊重。

（原文刊载于 2017 年第 9 期《中国科技奖励》）

屠呦呦

屠呦呦，女，1930 年 12 月生，浙江宁波人。多年从事中药和中西药结合研究，突出贡献是创制新型抗疟药青蒿素和双氢青蒿素。第一位获得诺贝尔生理医学奖的华人科学家，2016 年度国家最高科学技术奖获得者。中国中医科学院终身研究员、首席研究员。现任中国中医科学院青蒿素研究中心主任。

我有一个希望

2015 年的诺贝尔奖是属于中国的荣誉，同时也标志着中医药研究得到了国际科学界的关注和认同，这是一个较高的认可。今年"十一"，美国的大学要给我一个奖，我是因为身体健康状况不太好没有去。一下子公布了诺奖这个消息，对我来说也是比较突然的。

这个工作，回忆当年，中医研究院的团队为发现青蒿素所做的艰苦奋斗，是令人感动的，因为那时候是"文化大革命"时期。全部的研发团队大协作，努力促进了青蒿素的研究、生产和临床试验，解决了当时国内外大量的工作没有得到结果的耐药性疟疾的治疗问题。抗疟研究为人类健康贡献了来自中国中医药和现代科学相结合的青蒿素，这是传统中医药送给世界人民的一份礼物。

从中国传统医学入手

由于疟疾产生了耐药性，尤其是在越南战争的时候，这个病的死亡率远远胜过战死的数目，所以当时美国也好，越南也好，对这个问题都感到非常着急。

美国当然出大力来做工作，越南和我们是兄弟，所以他们的总理就提出来，希望我们中国帮助他们。当时是军科院牵的头，后来有七个省市联合起来，做了大量的工作，实际上中医药也做了工作，但是并没有得到满意的结果。

我是 1969 年接受的任务，那时候，"523 办公室"的领导跟我们领导说，这是一项重要的、时间很紧迫的军工项目，让我负责组长的任务。当然，那时候在"文革"时期，有这个政治的科研业务也是很幸运的。但难度是，已经做了大量的工作，到底从何着手？这是一个很大的难题。

我考进北大的时候是 1951 年，后来又变成北医的药学系，毕业以后，1955 年中医研究院刚好兴建，我就到这个单位，后来又学了两年半的中医。

这样一来，通过国家的培养，中西医学科能够有机会结合，我觉得自己有一定的基础来接受这项任务。但是，我当时需要考虑怎么做：我决定还是从中国的传统医学来找，还有人民来信、民间的方药，我大概找了 200 多个药，所以最后有 2000 多味中药。

因为那时军科院为主的研究团队也搞了很多，后来得到了 640 味药为主的一个油印册子。我当时给"523 办公室"汇报了，也请他们作为参考，因为当时他们已经觉得无药可做了。我们做也是难度很高，做出来不太理想。后来一直反复研究，才最终通过。

从古医书中受到启发

东晋时期，也就是距今 1000 多年前，有个《肘后备急方》记载的道理很简单，就是青蒿一把，加水研磨一下，压出来的水喝下去。后来回想我们当时一般中药都是用水煎一煎，我就考虑到为什么这么来处理这个药。我们就考虑，可能有温度破坏的问题，还有一个问题是提出来的到底是什么成分，也就是说，还有一个药用部位的问题，以及一个品种的问题。

菊科是个很大的科，蒿属是个很大的属。大概公元 340 年，那时我们的老前辈是不可能用植物来确定品种的，所以我们做了很多工作，也确定了一个证明，那就叫 Artemisia annua L.，就这一种，到目前为止也只有这一种含有青蒿素。

早期的青蒿、5 月的青蒿根本没有青蒿素，因为从植物来说，它体内没有合成青蒿素，就是大量的青蒿酸，都有品种的问题，有药用部位的问题，还有采收季节的问题，更多的是提取方法的问题。

从这四个方面反复实践以后，我们最后才找到一个有效的部位，这个部位能够抗疟，有100%的抑制率。其实青蒿大部分都是秆，这个秆根本不含青蒿素，只有很少的一点，叶子才含有青蒿素。

所以后来，我们用乙醚来提青蒿素，因为乙醚的沸点比较低。但这也不是那么简单的，用乙醚提出来的杂质还是比较多的。有酸性和中性两个部分，酸性部分是没效的而且有毒性，所以去掉酸性部分，留下来的中性部分，这才达到100%的疗效。

而且，一般是夏秋这个时候，在青蒿体内就产生了青蒿素、青蒿酸等。经过反复试验，才把古人的话变成了我们的试验方案。

亲自进行临床试服

因为很多年没做出来工作，大家就对鼠疟、猴疟能不能准确反映临床的疗效有了怀疑。这个做出来以后，我们也都向"523办公室"汇报，那时候所有的工作都停了，但这个项目要召开一些内部的会议，其他一些同志也都参加，也不保密。

讲了以后，"523办公室"就下令，"你们做的药比较好，今年必须到海南临床去看一看到底效果如何"。

大家加班加点，还有上临床也要进行比较多的合作。对于病人的安全，那时候也有些不同的看法，因为毒性研究也没做到很细。

假如说这一年不去临床，我们的工作就不好进行了，又耽误一年。这是军工项目，所以我给领导写报告，说我们愿意亲自试服，还有两个同志，有三个人到医院里来做临床方案，做一个探路工作。

最后也证明，这个药没有什么毒性，而且我们三个人都没有什么大问题。

第二，可能有增加药量的可能性，加大剂量，再做人的临床试服。所以，这一年我们就拿下了 30 例，疗效还是挺好的。这是第一次的专业问题，所以拉斯克奖提到，"中医研究为什么三个第一？"这就是说，谁先拿到 100% 的抑制率，谁先上临床等，都是很关键的。从这些角度来看，他们确实后来做了很多调查研究。这个事我为什么这样来讲呢，因为平常没有机会来接触，可以让我发言，我衷心感谢大家为诺贝尔奖开了这么一个会，我也愿意把这个过程稍微说明一下，让大家知道是怎么一回事。

回来以后，我们每年都要汇报，上临床以后都要开会，我就报告 30 例的结果，效果很震撼，很多单位都想做这件事。那很好，大家都来做。比如说资源的问题，青蒿素，云南、山东有些资源。资源有了，条件也可以简化一点，一系列问题都得到逐步解决。

所以这也是一个共同努力的结果。我们回来以后，有了 30 例的基础，心里比较踏实了。一方面要进行化学的工作，研究这到底是什么化合物。因为原来抗疟药不是没有，中药传统是用常山比较多，这个药不是没有效，但是它毒性比较大，吃下去要呕吐，没有办法派上用场。奎宁、氯喹等这一类都产生耐药性。所以我们就已经做了一些初步的化学结构分析，对分子量、熔点、四大光谱等都做了一些分析。另一方面，就来分离提取有效成分，这个过程也是很艰苦的。后来，大家也都找到了一些固体。从海南岛回来以后，大家更努力地来做。

后来就分离出青蒿素了，青蒿素其实对抗疟疗效是 100% 的。青蒿素这里面也曾经出了一点问题，为什么呢？拿去以后，疗效不是很理想，这就是有问题的，所以就把带去海南岛的片子寄回来，看一下是什么问题。

因为纯度是没有问题的，100% 的，问题在这里：片子用乳钵压都压不碎，因为这时候我们剂型室根本没有参与"523"的工作，他们就把这个拿给人家去做，可能这个时候就出了问题了。这个时候你要是再耽误就不行了，又是明年的临床时期了，所以我们后来马上就说，青蒿素结晶装到胶囊里面去。我们的副所长马上赶到海南，做了几例，确实疗效是 100%。那么这个化学也已经定性了，说明这就是青蒿素的结构。到了后面，整个"523"大集体，大家也做了很多，一直把这个药最后做了上千例，我们自己单位就做了 500 例。按现在新药评审要求，不需要做那么多。

诺奖是国际社会的全面认可

"文化大革命"结束以后，1978 年召开科学大会，我去领奖状，是因为我们的科技组——中医研究院里我的组得了这个奖，我作为组长就要上去。这个奖状现在还在那里。

1982 年，领了一个发明奖，我们是第一单位，因为那时候写了 6 个单位，但是中医研究中药所放在第一，我就去把这个发明证书领了回来。

一直到 1981 年，WHO 也了解了这些情况，要求卫生部在中国召开首次青蒿素国际会，他们来了七位专家，来自英国、美国、法国，我们就全部做了报告。他们确实还是很赞赏，说中国人能够把传统医药与现代科学结合起来，找出这么一个特色的抗疟新药，而且结构完全是新的，所以他们对我们表示祝贺，而且说青蒿素不是一般的，是增加了一个抗疟新药，它的化学结构还有作用方式都和以往的抗疟药不一样。这些专家就说这个药今后的发展前景比较好，而且可以由此推出来新的抗疟药。

1981 年离现在已经很长时间了，一直到现在，这次是获得了诺贝尔奖，这是今年的事。这个领域大家可能也都不太知道，我后来写了一本书，大家有兴趣可以看。

所以我就说，诺贝尔奖是国际社会进一步的全面认可，是这样一个问题，当然这个奖也是我们国家的一个荣誉，是"523"当年大家共同工作的同志们的荣誉。这一次我想，这说明了毛主席说的，中医药是个伟大宝库，说明确实有很多精华值得我们用现代科学进行研究。

社会在发展，时代在进步，现在有很多新的手段，假如能够将两者结合起来，还会找出一些新的药物。创新的问题，肯定是这么一个情况。

呼唤新的激励机制

我觉得，这次诺贝尔奖也给我们一个新的激励，我们这五千年的历史，是我们自己的优势，古为今用。这个单位很多领导我都很感谢。所以我也在这里呼吁，大家多方面提供支持，对医药有兴趣的，还可以在这方面做些努力。因为现在确实病比较多，健康问题也是比较多的。

当然，也不是说只有搞中药才能为人类健康服务，因为疟疾是很严重的问题，假如说要是问题泛滥，确实是不得了的。那么现在来讲，因为有些东西很容易产生耐药性，所以WHO提出来，他们要联合用药，尽量不要产生耐药性。

我现在年纪已经大了，但是也会为这些事情担心，确实联合用药还是存在问题。联合用药并不是说随便加在一起就可以的，已经产生耐药性的药弄在一起更会有问题产生。

青蒿素是一个全新结构的药物，而且它的优势是活性比较强、毒性比较低，这个问题我觉得我们这些年并没有很好地组织进一步的深入研究。一直到现在，抗疟的机理也并没有弄清楚，清华大学的周兵同志，也很努力地在做。我获拉斯克奖回来以后，他也开了会，组织很多单位联系在一起，希望能够获得经费支持来继续工作，但是这件事并没有得到很好的发展。

一个新药只有将机理搞清楚了，才能充分发挥它的作用，我也还在做一些工作。因为自身免疫病也是一个没有解决的问题，协和医院追我追得很紧，我希望能够尽快做出来。

一个代表性的是红斑狼疮。其实我也申请了专利，也做了一些工作，就快要上临床了。协和这几年还是做了很多工作，但是最后没有继续，因为经费成问题。

我的专利也没剩几年了。难得有这样一个机会来呼吁。清华的周兵，也不是做医药的，但是他很努力。

这次得奖，我的最大心愿就是希望形成一个新的激励机制，我们国家要深化体制改革等。正好诺贝尔奖来了，在中国还是第一次，实现零的突破。发挥出年轻同志的能力、实力，形成新的激励机制，这是我的心愿。

（此文系作者在中国科协举行的"科技界祝贺屠呦呦荣获诺贝尔医学奖座谈会"上的演讲，略有删节）

希望中医药更好地护佑人类健康

有些意外，却又不是很意外。这不是我一个人的荣誉，而是中国全体科学家的荣誉。

"呦呦鹿鸣，食野之蒿。"这句来自《诗经》的名句正是我名字的由来。宋代朱熹曾注称，蒿即青蒿。这种坚韧扎根于山野间的平凡野草，似与我有着平生不解的缘分。为了发现青蒿素，我几乎和疟原虫"斗"了一辈子。

疟疾是世界性传染病，每年都有数亿感染者，并导致数百万人死亡。20世纪60年代以来，美、英、法、德等国均花费大量人力和物力，寻找有效的新结构类型化合物抗击疟疾，但始终没有获得满意的结果，而原有常用治疗疟疾的药物——通氯喹或奎宁已经失效。

1967年5月23日，出于军事需要，我国启动了举国体制的抗疟新药研发——523工程，全国60多个单位的500名科研人员，组成了抗疟新药研发大军，协同攻关，其目标就是找到新型有效的抗疟疾新药。也是各种机缘巧合，39岁的我临危受命，成为研究课题组组长。

我带领科研团队从历代医学典籍、本草和偏方入手，进行实验研究。380多次实验、190多个样品、2000多张卡片……最终，我和课题组以鼠疟原虫为模型，发现了中药材青蒿提取物对疟原虫具有很好的抑制作用。

经过那么多次失败，我也曾怀疑自己的路子是不是走对了，但我不想放弃。遍查典籍，多方分析，直到有一天，东晋葛洪《肘后备急方》中的几句话引起了我的注意：青蒿一握，以水二升渍，绞取汁，尽服之。绞汁而非煎服，温度成了关键。由此出发，研究团队试着采用低温提取，首次以乙醚为溶剂，制备出具有明显抗疟效果的青蒿提取物。后经研究证实，用乙醚提取这一步，是保证青蒿素有效制剂的关键所在。我提出的这个想法，对于发现青蒿的抗疟作用，以及进一步研究青蒿都至关重要，保证了整个研究的不断推进。

在此基础上，团队又分离纯化出青蒿素，并与全国多个研究团队一起展开深入研究，这一项提纯，竟做了190次。1971年10月，191号青蒿提取物样品抗疟实验证明，该样品对疟原虫的抑制率达到了100%。经过不懈努力，青蒿素、双氢青蒿素、蒿甲醚、复方蒿甲醚……多个青蒿素类抗疟药先后诞生。至此，我国利用青蒿素抗击疟疾达到了新的高度。

1978年，中医研究院中药所"523"研究组受到全国科学大会的表彰。1979年，"抗疟新药青蒿素"荣获国家发明奖二等奖。

随着青蒿素药物走出国门，在全世界被广泛应用，疟疾患者的死亡率如今已显著降低，人类对于抗击疟疾有了"利器"。全球特别是发展中国家数百万人的生命因此得到挽救，其中大部分是生活在全球最贫困地区的儿童。2004年5月，世卫组织正式将青蒿素复方药物列为治疗疟疾的首选药物。英国权威医学刊物《柳叶刀》的统计显示，青蒿素复方药物对恶性疟疾的治愈率达到97%。据此，世卫组织当年就要求在疟疾高发的非洲地区采购和分发100万剂青蒿素复方药物，同时不再采购无效药。

青蒿素的发现是集体发掘中药的成功范例，由此获奖是中国科学事业、中医中药走向世界的一个荣誉。这是中国的骄傲，也是中国科学家的骄傲。

青蒿素是传统中医药送给世界人民的礼物，这也成为我科学生涯中最大的满足。中医药是个伟大的宝库，但也不是捡来就可以用的，还是需要创新，需要继承与发扬。科学研究需要实事求是，不能追名逐利，国家需要什么，我们就要努力去做，好好搞医学研究，让中医药产生更多有价值的成果，更好地发挥其护佑人类健康的作用，这便是我最大的心愿了。

（此文发表在2005年第22期《新湘评论》）

青蒿素：中医药给世界的一份礼物

尊敬的主席先生，尊敬的获奖者，女士们、先生们：

今天我极为荣幸能在卡罗林斯卡学院讲演，我报告的题目是：青蒿素——中医药给世界的一份礼物。

在报告之前，我首先要感谢诺贝尔奖评委会，诺贝尔奖基金会授予我2015年生理学或医学奖。这不仅是授予我个人的荣誉，也是对全体中国科学家团队的嘉奖和鼓励。在短短的几天里，我深深地感受到了瑞典人民的热情，在此我一并表示感谢。

谢谢 William C.Campbell（威廉姆·坎贝尔）和 Satoshi ōmura（大村智）二位刚刚所做的精彩报告。我现在要说的是40年前，在艰苦的环境下，中国科学家努力奋斗从中医药中寻找抗疟新药的故事。

关于青蒿素的发现过程，大家可能已经在很多报道中看到过。在此，我只做一个概要的介绍。这是中医研究院抗疟药研究团队当年的简要工作总结，其中蓝底标示的是本院团队完成的工作，白底标示的是全国其他协作团队完成的工作。蓝底向白底过渡标示既有本院也有协作单位参加的工作。

中药研究所团队于1969年开始抗疟中药研究。经过大量的反复筛选工作后，1971年起工作重点集中于中药青蒿。又经过很多次失败后，1971年9月，重新设计了提取方法，改用低温提取，用乙醚回流或冷浸，而后用碱溶液除掉酸性部位的方法制备样品。1971年10月4日，青蒿乙醚中性提取物，即标号191#的样品，以1.0克/公斤体重的剂量，连续三天，口服给药，鼠疟药效评价显示抑制率达到100%。同年12月到次年1月的猴疟实验，也得到了抑制率 100% 的结果。青蒿乙醚中性提取物抗疟药效的突破，是发现青蒿素的关键。1972 年 8 至 10 月，我们开展了青蒿乙醚中性提取物的临床研究，30 例恶性疟和间日疟病人全部显效。同年 11 月，从该部位中成功分离得到抗疟有效单体化合物的结晶，后命名为"青蒿素"。

1972 年 12 月开始对青蒿素的化学结构进行探索，通过元素分析、光谱测定、质谱及旋光分析等技术手段，确定化合物分子式为 $C_{15}H_2O_5$，分子量 282。明确了青蒿素为不含氮的倍半萜类化合物。

1973 年 4 月 27 日，经中国医学科学院药物研究所分析化学室进一步复核了分子式等有关数据。1974 年起，与中国科学院上海有机化学研究所和生物物理所相继开展了青蒿素结构协作研究的工作。最终经 X 光衍射确定了青蒿素的结构，确认青蒿素是含有过氧基的新型倍半萜内酯。立体结构于 1977 年在中国的科学通报发表，并被化学文摘收录。

1973 年起，为研究青蒿素结构中的功能基团而制备衍生物。经硼氢化钠还原反应，证实青蒿素结构中羰基的存在，发明了双氢青蒿素。经构效关系研究：明确青蒿素结构中的过氧基团是抗疟活性基团，部分双氢青蒿素羟基衍生物的鼠疟效价也有所提高。

这里展示了青蒿素及其衍生物双氢青蒿素、蒿甲醚、青蒿琥酯、蒿乙醚的分子结构。直到现在，除此类型之外，其他结构类型的青蒿素衍生物还没有用于临床的报道。

1986 年，青蒿素获得了卫生部新药证书。于 1992 年再获得双氢青蒿素新药证书。该药临床药效高于青蒿素 10 倍，进一步体现了青蒿素类药物"高效、速效、低毒"的特点。

1981 年，世界卫生组织、世界银行、联合国计划开发署在北京联合召开疟疾化疗科学工作组第四次会议，有关青蒿素及其临床应用的一系列报告在会上引发热烈反响。我的报告是"青蒿素的化学研究"。20 世纪 80 年代，数千例中国的疟疾患者得到青蒿素及其衍生物的有效治疗。

听完这段介绍，大家可能会觉得这不过是一段普通的药物发现过程。但是，当年从在中国已有两千多年沿用历史的中药青蒿中发掘出青蒿素的历程却相当艰辛。

目标明确、坚持信念是成功的前提。1969 年，中医科学院中药研究所参加全国"523"抗击疟疾研究项目。经院领导研究决定，我被指令负责并组建"523"项目课题组，承担抗疟中药的研发。这一项目在当时属于保密的重点军工项目。对于一个年轻科研人员，有机会接受如此重任，我体会到了国家对我的信任，深感责任重大，任务艰巨。我决心不辱使命，努力拼搏，尽全力完成任务！

学科交叉为研究发现成功提供了准备。从 1959 年到 1962 年，我参加西医学习中医班，系统学习了中医药知识。化学家路易·帕斯特说过"机会垂青有准备的人"。古语说：凡是过去，皆为序曲。然而，序曲就是一种准备。当抗疟项目给我机遇的时候，西学中的序曲为我从事青蒿素研究提供了良好的准备。

信息收集、准确解析是研究发现成功的基础。接受任务后，我收集整理历代中医药典籍，走访名老中医并收集他们用于防治疟疾的方剂和中药、同时调阅大量民间方药。在汇集了包括植物、动物、矿物等 2000 余内服、外用方药的基础上，编写了以 640 种中药为主的《疟疾单验方集》。正是这些信息的收集和解析铸就了青蒿素发现的基础，也是中药新药研究有别于一般植物药研发的地方。

关键的文献启示。当年我面临研究困境时，又重新温习中医古籍，进一步思考东晋葛洪《肘后备急方》有关"青蒿一握，以水二升渍，绞取汁，尽服之"的截疟记载。这使我联想到提取过程可能需要避免高温，由此改用低沸点溶剂的提取方法。

关于青蒿入药，最早见于马王堆三号汉墓的帛书《五十二病方》，其后的《神农本草经》《补遗雷公炮制便览》《本草纲目》等典籍都有青蒿治病的记载。然而，古籍虽多，却都没有明确青蒿的植物分类品种。当年青蒿资源品种混乱，药典收载了 2 个品种，还有 4 个其他的混淆品种也在使用。后续深入研究发现：仅 Artemisia annua L. 一种含有青蒿素，抗疟有效。这样客观上就增加了发现青蒿素的难度。再加上青蒿素在原植物中含量并不高，还有药用部位、产地、采收季节、纯化工艺的影响，青蒿乙醚中性提取物的成功确实来之不易。中国传统中医药是一个丰富的宝藏，值得我们多加思考，发掘提高。

在困境面前需要坚持不懈。70 年代中国的科研条件比较差，为供应足够的青蒿有效部位用于临床，我们曾用水缸作为提取容器。由于缺乏通风设备，又接触大量有机溶剂，导致一些科研人员的身体健康受到了影响。为了尽快上临床，在动物安全性评价的基础上，我和科研团队成员自身服用有效部位提取物，以确保临床病人的安全。当青蒿素片剂临床试用效果不理想时，经过努力坚持，深入探究原因，最终查明是崩解度的问题。改用青蒿素单体胶囊，从而及时证实了青蒿素的抗疟疗效。

团队精神，无私合作加速科学发现转化成有效药物。1972 年 3 月 8 日，全国"523"办公室在南京召开抗疟药物专业会议，我代表中药所在会上报告了青蒿 No.191 提取物对鼠疟、猴疟的结果，受到会议极大关注。同年 11 月 17 日，在北京召开的全国会议上，我报告了 30 例临床全部显效的结果。从此，拉开了青蒿抗疟研究全国大协作的序幕。

今天，我再次衷心感谢当年从事"523"抗疟研究的中医科学院团队全体成员，铭记他们在青蒿素研究、发现与应用中的积极投入与突出贡献。感谢全国"523"项目单位的通力协作，包括山东省中药研究所、云南省药物研究所、中国科学院生物物理所、中国科学院上海有机所、广州中医药大学以及军事医学科学院等，我衷心祝贺协作单位同行们所取得的多方面成果，以及对疟疾患者的热诚服务。对于全国"523"办公室在组织抗疟项目中的不懈努力，在此表示诚挚的敬意。没有大家无私合作的团队精神，我们不可能在短期内将青蒿素贡献给世界。

疟疾对于世界公共卫生依然是个严重挑战。WHO 总干事陈冯富珍在谈到控制疟疾时有过这样的评价，在减少疟疾病例与死亡方面，全球范围内正在取得的成绩给我们留下了深刻印象。虽然如此，据统计，全球 97 个国家与地区的 33 亿人口仍在遭遇疟疾的威胁，其中 12 亿人生活在高危区域，这些区域的患病率有可能高于 1/1000。统计数据表明，2013 年全球疟疾患者约为 19800 万，疟疾导致的死亡人数约为 58 万，其中 78% 是五岁以下的儿童。90% 的疟疾死亡病例发生在重灾区非洲。70% 的非洲疟疾患者应用青蒿素复方药物治疗（Artemisinin-based Combination Therapies，ACTs）。但是，得不到 ACTs 治疗的疟疾患儿仍达 5600 万到 6900 万之多。

疟原虫对于青蒿素和其他抗疟药的抗药性。在大湄公河地区，包括柬埔寨、老挝、缅甸、泰国和越南，恶性疟原虫已经出现对于青蒿素的抗药性。在柬埔寨—泰国边境的许多地区，恶性疟原虫已经对绝大多数抗疟药产生抗药性。请看今年报告的对于青蒿素抗药性的分布图，红色与黑色提示当地的恶性疟原虫出现抗药性。可见，不仅在大湄公河流域有抗药性，在非洲少数地区也出现了抗药性。这些情况都是严重的警示。

世界卫生组织 2011 年遏制青蒿素抗药性的全球计划。这项计划出台的目的是保护 ACTs 对于恶性疟疾的有效性。鉴于青蒿素的抗药性已在大湄公河流域得到证实，扩散的潜在威胁也正在考察之中。参与该计划的 100 多位专家认为，在青蒿素抗药性传播到高感染地区之前，遏制或消除抗药性的机会其实十分有限。遏制青蒿素抗药性的任务迫在眉睫。为保护 ACTs 对于恶性疟疾的有效性，我诚挚希望全球抗疟工作者认真执行 WHO 遏制青蒿素抗药性的全球计划。

在结束之前，我想再谈一点中医药。"中国医药学是一个伟大宝库，应当努力发掘，加以提高。"青蒿素正是从这一宝库中发掘出来的。通过抗疟药青蒿素的研究经历，深感中西医药各有所长，二者有机结合，优势互补，当具有更大的开发潜力和良好的发展前景。大自然给我们提供了大量的植物资源，医药学研究者可以从中开发新药。中医药从神农尝百草开始，在几千年的发展中积累了大量临床经验，对于自然资源的药用价值已经有所整理归纳。通过继承发扬，发掘提高，一定会有所发现，有所创新，从而造福人类。

最后，我想与各位分享一首我国唐代有名的诗篇，王之涣所写的《登鹳雀楼》："白日依山尽，黄河入海流。欲穷千里目，更上一层楼。"请各位有机会时更上一层楼，去领略中国文化的魅力，发现蕴含于传统中医药中的宝藏！

衷心感谢在青蒿素发现、研究和应用中做出贡献的所有国内外同事们、同行们和朋友们！

深深感谢家人一直以来的理解和支持！

衷心感谢各位前来参会！

谢谢大家！

（此文系作者 2015 年 12 月 7 日在瑞典卡罗林斯卡学院发表的演讲）

对话屠呦呦：获诺奖有些意外但也不是很意外

马　丽

　　中国药学家屠呦呦昨日获得 2015 年度诺贝尔生理学或医学奖。今天下午 4 时，屠呦呦做客人民日报客户端，与网友在线交流。

　　部分对话如下：

　　人民日报客户端：屠老师，您是什么时候知道自己得奖的？

　　屠呦呦：获得诺贝尔奖我也是昨天才知道，而且是看电视才知道。

　　人民日报客户端：这次您能够得奖，感觉意外吗？

　　屠呦呦：没有特别的感觉，有一些意外，但也不是很意外。因为这不是我一个人的荣誉，是中国全体科学家的荣誉，大家一起研究了几十年，能够获奖不意外。

　　人民日报客户端：屠老师，当您听到获得诺奖的消息时，最想说的一句话是什么？

　　屠呦呦：作为一个科研工作者，获得诺贝尔奖项是一项很大的荣誉。青蒿素研究成功，是当年研究团队集体攻关的成绩。

　　网友提问：屠老师，您是怎么发现青蒿素的？在这过程中，您印象最深的是什么？

　　屠呦呦：当时这一项目是在国家支持下进行的，我参加这一项目时是 1969 年，当时担任科研小组的组长。做这项研究当时确实很难，后来我们系统查阅古代文献，才选择青蒿这个近两千年历史的药物进行攻关。不过，一开始我们做出来效果也不是太好，后来我们对青蒿品种、药用功能、采摘季节以及提取方法进行调整。在我们用乙醚提取中性部位后，终于达到百分之百的抑制率，在对老鼠、猴子的实验上都取得不错效果。

网友提问：获奖以后您会继续坚持研究吗？您有哪些未来的打算呢？

屠呦呦：这些年，我还有很多工作在做。青蒿素使用以后，寄生虫和病毒会产生一定耐药性，世卫组织希望这个药品能保持疗效，不很快产生耐药性，这个问题值得重视。针对现在一些使用青蒿素的不合理做法，我在努力。总之，青蒿素这个药物来之不易，而且其疗效也不止于抗疟，大家要团结起来多做工作。我在这个药物上做了一辈子，非常希望它能物尽其用。

人民日报客户端：我们之前听到过一个故事，说您为了验证药物安全，还亲自试服？

屠呦呦：这没什么的，我的两位同事跟我一起试服了。只有证实药物安全，才能放心投入临床给病人服用。

网友提问：老师，这株小草改变世界，在发现到提炼应用的过程中你们遇到过什么困难，能和大家分享一下吗？

屠呦呦：从1969年1月开始，我们的研发工作历经380多次实验、190多个样品、2000多张卡片。不过，实验结果显示，青蒿提取物对鼠疟原虫的抑制率只有12%—40%。据我们分析，原因可能是提取物中的有效成分浓度过低。后来，我们就围绕这个问题攻关，终于从葛洪的《肘后备急方》记录中得到启发，"青蒿一握，以水二升渍，绞取汁，尽服之"。原来是要青蒿鲜汁！顺着这个思路，改为用乙醚在较低温度下提取，成功得到有效部位。

网友提问：您怎么看待中医在世界的作用？

屠呦呦：这次获奖可以说明，我国古代的中医药确实是个宝库，中医药资源非常丰富。不过，这也不是说很多药物拿来就能用。比如，青蒿这类药物其实早就被发现了，但是由于条件限制，且毒副作用太大，不能广泛使用。

网友提问：屠老师好，我是一名医学生，昨天看到您获奖的消息，心情异常激动！请问在您坚持不下去的时候，您是怎么克服的呢？

屠呦呦：我不是学医学的，我只能对年轻的医学工作者说，我希望在中医药工作未来有新的激励机制。中医药确实是伟大宝库，应该让它发挥出更多有价值的成果，让它为人类健康造福。一个科研的成功不会很轻易，要做出艰苦的努力。我也没想到 40 多年后，青蒿素研究能被国际认可。总结这40 年工作，我觉得科学要实事求是，不是为了争名夺利。

网友提问：屠老师，很仰慕您及您的同事们，当时发现青蒿素后，是一个怎样的心情呢？

屠呦呦：其实我们那时做科研非常艰苦。当时我们都要三班倒，礼拜天还要加班。因为青蒿需要采用很多办法来制取，而且北京产的青蒿质量特别不好，工作量非常大。所以后来药品上临床试验，疗效不错，大家非常高兴。

网友提问：团队合作是成功的关键因素，那么由你一人领取诺奖是否意味着对他人的否定，他人甘愿做幕后英雄？你怎么看待团队与个人？

屠呦呦：青蒿素获奖是中国科学家群体的荣誉，它不仅标志着中医研究科学得到国际科学界的高度关注，也是一种认可。这是中国的骄傲，也是中国科学界的骄傲。

人民日报客户端：屠老师，在青蒿素提取成功后，您又继续进行了哪些研究工作？能跟大家介绍下吗？

屠呦呦：研究无止境。1982 年，针对青蒿素成本高、对疟疾难以根治等缺点，我和同事又发明出双氧青蒿素这一抗疟疗效为前者 10 倍的"升级版"。

网友提问：屠奶奶，真的是您本人在回答问题吗？那么您说一下科研路上令你最难忘的一段经历吧？

屠呦呦：印象深刻的事情挺多的。那时很多药厂都停产了，提纯熬制设备很缺乏，我们就只好土法上马。当时我们把大量青蒿叶收集起来，用乙醚泡，再回收乙醚，这个过程确实非常艰难。

人民日报客户端：我们看到您多次说获奖是团队的成绩，能够告诉我们您在科研攻关中起到了什么作用？

屠呦呦：简单说，因为我是组长，关键时刻要带头。作为组长，如果不把药找出来，我就要发动团队去做工作，想尽一切办法，一起把药研制出来。到了临床阶段，我也第一个下去。

网友提问：您啥时候会去领奖啊？

屠呦呦：现在还没考虑这个问题。这是几十年工作的结果，我一下也没反应过来。

（原文刊载于 2015 年 10 月 6 日人民网）

戚发轫

戚发轫，1933年4月生，辽宁复县人。空间技术专家，"神舟"号飞船首任总设计师。1957年毕业于北京航空学院飞机系。中国工程院院士，国际宇航科学院院士。曾任中国空间技术研究院副院长、院长，国际空间研究委员会中国委员会副主席。现任中国航天科技集团公司科学技术委员会顾问、中国空间技术研究院技术顾问、北京航空航天大学宇航学院名誉院长。

从人造地球卫星到载人飞船——质的跨越

从 1970 年 4 月 24 日，中国第一颗人造卫星"东方红一号"发射升空至今，我国用自己的运载火箭发射了 50 多颗自行研制、管理和应用的不同类型、不同轨道的人造地球卫星。在卫星的研制和应用领域中创造了辉煌的成就，积累了丰富的经验，建设了具有相当规模的技术设施。更为重要的是，造就了一大批航天技术骨干力量，为载人飞船的研制奠定了基础。

1992 年 1 月，中央专委根据"863"计划的研究成果和我国航天技术发展的实际情况，提出中国载人航天工程立项的意见。同年 9 月 21 日，中央政治局全体会议批准了中央专委关于中国载人航天工程的立项报告。从此中国第一种载人航天器的研制——载人飞船工程全面启动。经过七年的论证、攻关、研制、试验，中国第一艘试验飞船"神舟一号"于 1999 年 11 月 20 日发射升空，运行一天后准确着陆于预定区域。接着，在经过三次无人飞行试验的考验后，中国第一艘载人飞船"神舟五号"成功发射、飞行，返回舱于 2003 年 10 月 16 日安全着陆，中国首位航天员健康地走出返回舱，这标志着首次载人飞行试验获得圆满成功，显示了中国已经掌握了载人航天技术。

卫星与载人飞船的主要区别在于飞船具备生命环境保证能力、人工控制能力、要求更高的可靠性和安全性。

一、生存和生活环境

飞船要在整个任务期间为航天员创造一个能正常生活和有效工作的环境。船上的大气环境、力学环境、辐射环境要满足人的生存要求（医学要求），舱内设施要满足人的生活要求，这是卫星所不具备的。

大气环境包括大气总压、气体成分和温湿度。在轨道真空、恶劣温度的环境下，需要建造一个密封座舱来保证提供一个密封安全的环境。为保证防火安全，舱内大气为氧氮混合气体，采用供气排气方式控制总压和氧分压。人体呼出的二氧化碳和其他微量有害气体成分由净化装置吸收，并利用风机和风扇保证在微重力环境下舱内气体均匀。座舱内温湿度控制由主动液体冷却回路和冷凝干燥器来控制。气体成分控制也是卫星不具备的功能，需要全新的专门系统来完成。

现以温度（热）控制系统为例，比较卫星和载人飞船的差异：

卫星热控制系统的主要任务是保证航天器的仪器设备在空间环境下处于一个合适的温度范围内，以保证其正常工作。除特殊设备外，一般设备可以承受的环境温度范围比较宽（几十度到上百度），设备释放的热量相对确定。而人对环境温度的要求比较高（温差不到 $10℃$），人体释放的热量随运动情况和人体差异的变化比较大。同时人体还释放湿气，给舱内工作的设备带来隐患。因此也导致了卫星与载人飞船热控制系统的不同，使其具有自身的一些特点。

由于要求不同，对于一般卫星，主要采用被动热控手段和电加热及其他主动的热控手段。但在这种方式下，温度控制精度和环境条件不能满足医学要求。对于载人飞船由于温度和湿度控制的要求，密封舱不能设置散热面，而且要尽量减少与外部空间环境的热交换，因此载人飞船在卫星被动热控和电加热的基础上，增加了流体回路主动热控制手段。飞船流体回路热控制系统通过密封舱的热交换器从空气和设备收集热量，通过流体回路输送，最后利用辐射器排散。通过控制回路的流量和分配，精确控制舱内温度。同时还可以通过降温后冷凝，收集空气中的水分达到控制湿度的目的。

为解决空间飞行条件下，特别是在轨道飞行的微重力条件下航天员的进食、饮水和个人卫生所遇到的特殊困难，在座舱内配备了各种生活支持设施和物资，保证航天员的正常生活。载人飞船携带了足量的航天食品和饮用水，配备了食品加热装置保证进餐质量。此外还配备了医学监测设备，随时监视航天员的健康，准备了必要的药品等医保用品，可以进行必要的救助。在地面重力环境下，水的分离和储存极为简单，而在轨道微重力环境下都成了问题，只能利用表面张力来解决。

为保证航天员在空间生存和生活，载人飞船具备特有的环境控制和生命保障能力。

二、人工控制能力

因为人具有判断力、创造力以及处置故障和维修的能力，所以在载人航天活动中有着许多不可替代的作用。发挥航天员的主观能动性，由航天员完成某些特定条件下自动系统难以胜任的工作，是保障航天员自身安全不可忽视的途径。因此在载人飞船中配备有支持人工操作、控制的设施，以保证一些重要的指令、动作和功能由航天员操作和控制，作为自动系统的备份，或单由航天员来完成。

载人飞船具备手动运动控制功能——实施人工控制飞行器姿态，操纵飞行器平移机动。航天员可以借助于仪表、舷窗、光学瞄准镜获得航天器姿态、轨道等信息，通过独立的手控线路，在特定的情况下用手柄操作和控制航天器完成预定的机动任务。

航天员进入航天器座舱后，在整个任务期间，除与地面指挥中心通话联系之外，主要信息的获得都来自仪表系统。仪表系统介于航天员与载人飞船控制系统之间，是为保障飞行过程安全可靠和支持航天员主动完成在轨飞行任务而设置的系统。人机接口的界面，可以将过程状态信息以易于理解的方式传递给航天员，并将航天员的命令准确地传递给控制系统，即信息显示和手控指令的接收。

载人飞船可以利用人特有的分析、判断和操作能力，在自动系统失效的情况下，由航天员完成维修，或接替自动系统进行控制，大大提高系统的可靠性。

三、可靠性和安全性

载人飞船是用来往返运送航天员的，因此必须保证航天员在各个任务阶段、各种情况下的安全。提高可靠性目的是减少故障，提高安全性目的是减少危及航天员生命和健康的危险。可靠性是安全性的基础，但可靠性不等于安全性，也不能代替安全性，就是说可靠不一定安全。若设计上考虑不周，即使软硬件产品可靠，也会发生造成航天员伤亡的事故。如载人飞船采用的火工装置，虽然起爆和动作都是可靠的，但释放的有害气体成分超过航天医学标准，也会对航天员造成伤害，那么这套系统就是不安全的。

为保证航天员的安全，载人飞船对可靠性提出了更高的要求，要求做到"一度故障正常运行，二度故障安全返回"。对于可能危及安全的故障或危险需要有更多的功能备份，或容错、故障诊断和系统重构。例如，保证航天员着陆时的冲击载荷超过医学标准，除采用缓冲发动机减少冲击载荷，还把坐垫、座椅、缓冲器和密封大底组成一个缓冲系统作为缓冲发动机的备份。控制系统的计算机、陀螺和红外敏感器等都具备表决、诊断和降级重构能力。

除容错备份措施外，为保证在有故障或发生事故的情况下航天员的生命安全，载人飞船具备应急救生能力。待发段和上升段在运载火箭逃逸系统的支持下，可以在危险发生之前极短的时间内，使航天员脱离发生故障的火箭，落到安全的区域。在轨运行段除具备100多种故障对策外，当发生危及航天员安全的故障时可以进入应急状态，并在最短的时间内实施自主应急返回，使航天员安全地返回预定着陆区。

四、新技术开发与应用

为适应载人对性能指标的要求，飞船采用了很多新技术，并经过飞行试验的验证。载人飞船的控制系统为了满足对落点精度和再入过载的要求，国内第一次采用了制导、导航与控制一体的系统（GNC 系统）。为了减少初始姿态测量误差和陀螺漂移时对导航精度的影响，GNC 系统采用卡尔曼滤波器，在返回前完成对陀螺的标定，给出准确的姿态。同时采用了太阳与地球双矢量定姿方法，这样既简化滤波器设计又提高了导航的精度。为了提高落点精度和减少再入过载，在高精度导航的保障下，GNC 首次采用了升力控制技术，即通过控制载人飞船返回舱的倾侧角，改变作用在返回舱上的升力方向，达到减少航天员承受的过载，改变飞行轨道并最终使返回舱在预定位置开伞的目的；准确的离轨控制是返回舱准确着陆的重要前提。为保证制动速度增量的大小和方向，GNC 系统采用了速度增量关机方案，这个方法也用于载人飞船的变轨和轨道维持。GNC 系统为了满足载人的特殊要求，我国空间飞行器首次采用上述三种新技术。

我国载人飞船研制是一个新的领域，"神舟五号"的飞行成功标志着在这个新领域取得了全面配套的工程技术成果。

载人航天领域的每一项成就都凝聚着集体的智慧和劳动，在此向参加"神舟"号载人飞船研制的同行们表示感谢和祝贺。

（此文发表在 2004 年第 4 期《航天器工程》）

中国航天发展历程与启示

一、前言

最近有机会参加了第二届全球华人空间天气论坛，论坛规模很大，有400多人参加。现在国际上已将空间环境领域分得很细，其中空间天气就是细分出来的一个研究分支。大家都知道，每当我们进行航天器发射时，都很重视气象预报工作。我国发射场的天气预报由发射场气象站负责，全球的天气预报由总参气象局负责，而空间天气没有一个固定的单位报告。感触最深的是"神舟"飞船发射时，出于安全考虑的需要，亟须了解空间碎片的数据，但当时还没有责任单位。

我国已经发射了100多颗卫星和飞船，取得了伟大的成就。航天事业的发展也有力地支持和促进了基础研究的发展，包括环境和材料；通过卫星飞船搭载了用于环境研究的仪器设备和材料样品，开展了空间飞行实验，这是相互促进、相互支持的。我作为航天器总体的设计者，深知基础研究工作对于中国航天的成功发展的重要性。我代表航天器的设计者，向从事环境和材料研究的工作者们表示感谢，没有你们的努力，中国航天就不可能取得这样的成就。总的来讲，随着我国航天事业的发展，对空间环境以及空间材料的研究越来越迫切。

下面，我想结合自己亲身的经历和大家一道分享中国航天的发展情况。

二、中国航天发展与基础研究紧密相关

我开始工作时是从事通信卫星设计研制，曾经主持过"东方红一号"卫星和其他许多通信卫星型号的研制工作。20世纪90年代至今，从事"神舟"飞船的相关工作。回想到20世纪80年代，由于通信卫星使用了大量的CMOS器件，卫星要长期运行在空间内辐射带，CMOS器件锁定效应是一个很大的问题，电子器件的抗辐射加固是摆在我们面前如何去提高产品质量的重大课题，给我们的工作带来挑战。经过科学家、工程技术人员进行器件级、部件级以及整星级的大量地面模拟试验，这个问题才得以解决。随着计算机在卫星上的大量采用，又遇到计算机芯片的高能粒子翻转问题。后来，"神舟"飞船在轨飞行时，遇到了一些裸露的线路受到原子氧侵蚀，从而影响到航天器的寿命。总的来讲，每进入一个新的空间环境就会带来一些新的问题。所以对于航天器的设计者，非常强烈地要求空间环境方面的科学家能把各种环境问题搞清楚，包括制定环境试验标准、建立地面模拟试验条件，使各种环境效应问题暴露在飞行前并确保问题得到解决，这样一来上天就没有问题了。

在"神舟"飞船设计研制中，我们也遇到了防热问题。防热问题对于一个再入返回的航天器至关重要，这可以从美国对航天飞机防热瓦维护的重视程度得到印证。国家通过早期的"714""863"等计划的实施有力地支持了中国载人航天；飞船的防热材料如果没有在"714""863"等计划的早期投入和研究，防热问题就难以很快得到解决，必然影响研制进度。在工程实施中，材料研究机构（当然也包括大学）给我们提供了许多材料和工艺解决方案，有力地推动了整个载人航天工程的顺利实施。

20世纪发展最快、成绩最大的领域就包括航天技术。从50多年的发展来看，航天技术有两大特点：第一点是集成并采用了当今世界各个领域各专业学科的最新成果，包括材料和环境的最新成果；第二点是当今世界的最新

科技成果与传统加工工艺的最新成果的密切结合。在中国航天的发展中，目前还遇到了一个工程转化能力不足的问题，研究成果不能老是停留在实验室里，当前的产品化工作就是要解决这个问题的一个举措。在重视航天器产品工作的同时，我希望还要花更大的气力发展基础研究工作，包括环境、材料和加工工艺等，优先或同步发展基础研究，同步发展材料与工艺，不断提升基础能力。如果没有稳定的先进工艺能力，就不会有稳定的产品化生产能力。如集成电路，不是我们设计不出来，也不是实验室搞不出来，而是与大规模生产的稳定工艺能力有关系。

我们的用户对航天器性能的要求越来越高，尤其是高可靠、长寿命的要求。作为航天器功能实现的技术基础，环境、材料等研究工作应该去适应这种发展需求，加快基础能力的建设与发展。

三、中国发展航天的意义

有人曾问过我，中国搞航天到底有什么意义？我可以用三位名人的话来阐述航天技术发展对人类、对一个国家的意义。

俄国航天先驱、著名科学家齐奥尔科夫斯基有句名言："地球是人类的摇篮，但人类不能永远地躺在摇篮里，在不断地寻求生存的空间，首先小心翼翼地穿过大气层，最终征服整个的太阳系。"这句名言不仅道出了人类要走出地球的无限愿望、寻求生存空间的探索目的，同时也描绘出了探索太空的征程和宏伟蓝图。他的这句名言一直激励着人类开拓太空航行的强大动力。1957 年 10 月 4 日，苏联成功地发射了世界上第一颗人造地球卫星，宣告人类开始进入太空的征程；1961 年 4 月 12 日，苏联又开创了载人航天的新纪元；1969 年美国"阿波罗号"宇宙飞船载人登上月球。齐奥尔科夫斯基的预见正一步步地变为现实。

胡锦涛主席在"神舟六号"飞船成功表彰大会上的讲话中指出，"无垠的太空是人类共同的财富，探索太空是人类的共同追求"；还指出探索与和平利用太空是人类和平发展的崇高事业。胡锦涛主席在庆祝中国人民解放军空军成立 60 周年"和平与发展国际论坛"上说，维护太空安全、建设一个安全与和谐的太空已经成为全球各国共同的追求和美好的愿望，中国主张和平开发利用空天。在探索、认识、开发、和平利用空间资源上中国享有平等权利，但中国作为航天大国，更有义务和责任去维护太空安全，在建设一个安全与和谐的太空上中国要有所作为。

21 世纪初，美国政府制定了雄心勃勃的太空新计划：将在 2015 年前后将航天员重新送上月球，在那里建立永久基地；而在 2030 年之后，美国航天员将前往遥远的火星探险。2004 年，时任美国总统布什在国家航空航天局总部发表讲话时，更坦率地讲道："在新世纪谁能够有效地利用太空资源，谁就能获得额外的财富和安全。"资源就是财富，资源关乎国家安全。"我们将建造新的飞船将航天员送往太空，我们将在月球上留下新的足迹，我们将准备超越我们自己世界的新旅程，我们不知道这次旅行将在哪里结束，我们只是知道人类将向宇宙进发。"美国视新太空计划为美国获得在太空竞争中领先地位的一个契机。

上述三位名人已把人类为什么要搞航天表述得很清楚。地球资源日益匮乏，环境问题和能源问题危及社会的持续发展和国家的稳定安全。强烈的危机意识将有力地推动人类去认识和探索太空资源，使之为人类所利用。

除此之外，我们还可以听听其他四位科学家是如何诠释发展航天技术的意义的。

记得 1986 年有四位科学家非常有远见，他们给中央写了封信，其中有四句话对我们很有启发。第一句是谁能准确判断当前世界发展的动向，谁就能够在国际竞争当中占主导地位。现在航天技术的发展动向是什么，重返月球和探测火星是否就是航天技术发展的下一个动向？如果把这个事情判断错了，人家搞，你不搞就丧失机会了。第二句话是高新技术是花钱买不来的。我们干航天的很有体会，你没有什么他就不卖给你什么；当你有了，他来找你，说我的比你的便宜；买他的，你不要搞了。我们深知受制于人的痛苦。

因此说高新技术必须靠自己，靠花钱是买不来的。第三句话是要想取得新的成果是要花时间和力气的。不能说想要什么马上就有什么，想要就必须现在投入做准备。现在我们觉得基础的东西包括材料和环境还是很弱，总是感觉需要的时候基础的东西少，尤其是工程上拿来能用的太少。这与我们投入的不够和投入的晚有关。最后一句话是只有大项目、大工程才能凝聚人才和培养人才。美国实施"阿波罗"计划时，技术人员平均年龄只有 28 岁。正是通过"阿波罗"计划的成功实施，培养了一支优秀的航天队伍，成为今天美国航天发展的中坚力量。而这支队伍的平均年龄现在已是 42 岁，美国航天界对此感到有危机感。俄罗斯搞航天的大多是老同志，非常有经验，但给人的感觉有点缺乏后劲。中国航天技术发展得比较快，就是因为有几项大的工程，有伟大的实践才锻炼了年轻人。根据我们中国的统计数据，"神舟七号"飞船研制时技术人员平均年龄为 33 岁，老中青结合，年龄梯度适合，这不得了。随着中国航天的发展，几个大的工程项目相继实施，为更多的年轻科技人员提供了广阔的舞台。所以说大的工程才能凝聚人才、培养人才。

太空探索能力的提升是一个长期累积的过程。我们不具备这个能力或能力不足，现在就应该开始去规划、去行动，要有一种使命感；否则会贻误发展机遇，不做准备是来不及的。不管是搞环境的还是搞材料的，都要看到深空探测的前途，一定要花力量去做。当然这不是个人行为，而是国家的行为。

四、三大航天领域和三个里程碑

我国航天领域主要分三大部分：应用卫星与卫星应用、载人航天和深空探测。我国在三大航天领域都取得了重大成就，每个领域都有一个标志性的东西，值得自豪。

(一) 应用卫星和卫星应用

1. "东方红一号"卫星

第一个领域的标志是 1970 年 4 月 24 日，用"长征一号"火箭把"东方红一号"卫星送上了太空。卫星安全可靠、准确地入轨和及时播送《东方红》歌曲，而且在整个运行期间，卫星上各种仪器性能稳定，实际工作时间远远超过了设计要求，完全实现了"抓得着，看得见，听得到"的要求。"东方红一号"卫星的重量为 173 千克，这个重量比此前四个国家发射的卫星重量加在一起还重，说明我们的运载能力很强。"东方红一号"卫星工程的成功实施使我国较全面地完成了卫星研制工程的建设，包括卫星系统、运载火箭系统、地面测控系统、发射场、应用系统等的建立。

这次卫星发射成功使我国成为继苏联、美国、法国、日本之后第五个靠自己力量把卫星发射上天的国家，从而揭开了我国航天活动的序幕，宣告了我国已经进入航天时代。"东方红一号"卫星的成功发射是中国航天的第一个里程碑，表明了中国具备进入太空的能力，如果从中国今天所取得的伟大成就这个角度去审视第一颗卫星发射的意义，它就不仅是代表了一种能力，还包括更大的经济和政治意义。

2. 应用卫星和卫星应用的发展

我国的卫星技术已取得了很大的发展，实现了由试验型向应用服务型的转变，各种卫星的业务服务已进入各行各业和千家万户，各种用户都在享受它的成果，与大家的工作和生活息息相关。卫星产业有力地推动经济的发展，成为新的经济增长点。根据一些国家多年的统计分析，普遍认为卫星的投资效益比在 1:10 以上，带动了一些延伸产业的发展，也促进了一些学科的发展。

（1）通信卫星

1984 年前，中国没有通信卫星，靠微波中继传输信号覆盖面积很小，信号也不好，影响了整个通信广播事业的发展。1984 年 4 月 8 日，中国发射了第一颗通信卫星，90% 的人都能收看到电视，信号质量好，也增加了很多频道，促进了电视机的消费与生产，曾经出现了电视机供不应求的情形。通信卫星的发展也加快了通信广播产业的飞速发展。继 1970 年发射"东方红一号"卫星以来，我国又发射了"东方红二号""东方红三号"和"东方红四号"卫星，"东方红四号"卫星是我国目前最先进的大容量通信卫星。

在通信卫星整星出口业务发展上取得了历史性突破和快速发展，中国已为尼日利亚、委内瑞拉提供了先进的通信卫星，是交钥匙项目，包括卫星研制、技术培训、在轨服务、交付和地面设施建设等一揽子出口项目服务，推动了这些国家或地区的通信事业的发展。我国 2008 年还发射了"天链一号"中继卫星，使中国的信息传输能力又获得了提升，为全球覆盖的信息传输服务迈出了坚实的一步。

利用通信卫星可以实现全球覆盖的通信服务，进行通信、广播、教育、数据传输，这是卫星应用的一个大领域，具有广阔的发展空间和前景。

（2）对地观测卫星

俗话说"站得高，看得远"。卫星高居于上百千米以上的高空，一张照片就可覆盖数万平方千米以上的面积，对地观测所能看到的范围远非地面和航空观测所能比拟的。对地观测卫星主要有气象卫星、资源探测卫星等。

气象卫星主要用于气象观测，可分为两大类：太阳同步轨道气象卫星和地球静止轨道气象卫星。利用气象数据服务于生活的方方面面，为抗震救灾做出了巨大的贡献，也带来了巨大的效益。美国对气象卫星的投资效益比做过统计，每年用于气象卫星工程的投资约三亿美元，而通过气象卫星服务所得到的效益（如减少灾害损失）可达 20 亿美元，即投资效益比约为 1 : 7。中国是国际上少数几个既有静止轨道又有极地轨道气象卫星的国家。中国对外宣布，中国气象卫星的资料除了服务于本国的社会经济建设，还要无偿地提供给世界，服务于世界。这一承诺在世界上引起了很大的反响。

资源探测卫星用于对地球资源和海洋环境的勘测以及对某些自然灾害的监测，主要有地球资源卫星和海洋监视卫星等，它与气象卫星的区别是可获得对地观测的高分辨率窄幅宽的图像信息。地球资源卫星可用于包括油气田、矿床、水资源等勘察。我国和巴西合作研制的中巴地球资源卫星也属此类。中巴合作的资源卫星开创了南南合作的典范，取得了很大成绩，效益也很好。所探测到的数据既可以服务两个国家的经济建设，还可以开展国际服务，具有很好的社会效益。我们国家的主要领导都曾视察过这个项目，并对这个项目的合作成功和效益给予了高度评价。我国研制发射了21颗返回式遥感卫星，取得了大量的普查成果。除此之外，我国还研制发射了环境监测卫星，专门用于自然灾害的预报与监测。海洋监视卫星主要用于掌握海洋水文资料等环境状况和可能的变化，这对及时掌握海洋中的各种活动情况，提高本国对海洋情况的感知能力，避免或减少海洋环境对海上作业的不利影响以及对测算海洋浮游生物分布、探测鱼群走向、预报鱼汛等有重要意义。为此，我国研制发射了海洋卫星，专门用于海洋探测研究。

（3）导航定位卫星

利用在空间建立的卫星星座开展全球范围的、快速的、高精度的定位导航业务服务，成为保证航行安全、提高运输效率，以及进行大地测量、资源勘探等不可缺少的一种重要手段。目前，已建立并服役的全球导航定位系统有美国的GPS系统和俄罗斯的GLONASS系统，这些系统的有效运行极大地推动了经济社会的发展，也有力地促进了卫星导航技术的全面发展。为了提高导航定位的精度和抗干扰的能力，美国正在致力于发展新一代的全球导航定位系统；俄罗斯也在更新GLONASS系统；欧洲在研制新一代伽利略导航定位系统；中国也在发展"北斗"卫星导航定位系统。进入21世纪，卫星导航定位的业务服务面临巨大的发展机遇和空间，是各航天大国争相发展的空间应用领域。

（4）科学实验卫星

利用人造卫星进行科学实验和对外空环境进行探测与天文观测具有独到的优势。在零重力和微重力环境下研制新型材料，可以克服在地面时存在不均匀作用力的影响，制造出高纯度的晶体材料和新的合金。医学科研人员能够制出比较完整的蛋白质晶体，生物也表现出生长机能加速的现象。我国已利用返回式卫星搭载进行砷化镓等材料制备试验和航天育种（小麦、玉米、黄瓜、西红柿、青椒、花木等）试验，均取得了可喜的收效。我国还研制发射了"实践号"系列科学探测卫星，开展空间辐射和日地之间环境的探测研究。我国将继续充分利用太空的有利条件，在微生物、植物育种等领域开展科学研究，揭开生命的新奥秘，培育出性能更优的良种。中国作为一个人口大国，培育优良的农业品种对于提高农业产量，对于解决中国人的温饱问题具有巨大的现实意义。

（二）载人航天

1."神舟五号"飞船载人飞行

第二个领域的标志是 2003 年 10 月 5 日，用"长征二号 F"火箭将搭乘了中国首位航天员杨利伟的"神舟五号"飞船送上太空，成为世界上第三个能独立自主地将航天员送入太空的国家。"神舟五号"载人飞行的成功是具有里程碑意义的胜利。这是我国改革开放和社会主义现代化建设的又一伟大成就，是中国人民自强不息、自主创新的又一辉煌篇章，是我们在实现中华民族伟大复兴的征程上奏响的又一壮丽凯歌，也是中国人民为人类和平利用太空做出的又一重要贡献。全体中华儿女都为此感到无比骄傲和荣耀。

"神舟五号"载人成功飞行标志着中国在载人航天技术上取得了伟大的成就，突破了一大批具有自主知识产权的核心技术和关键技术，取得了许多重大成果，带动了我国基础学科研究的深入，推动了信息技术和工业技术的发展，加速了科技成果向产业化的转变，促进了我国高技术产业群的形成，特别是锻炼和培养了一支高素质科技人才队伍，形成了一套符合我国载人航天工程要求的科学管理理论和方法，积累了对大型工程建设进行现代化管理的宝贵经验。

我国实施载人航天工程以来，广大航天工作者牢记使命，坚定用成功报效祖国的信念，在"两弹一星"精神的激励鼓舞下，忘我工作，奋力拼搏，勇于登攀，挑战极限，表现出了强烈的爱国热情，培养和发扬了"特别能吃苦、特别能战斗、特别能攻关、特别能奉献"的载人航天精神，这是中国航天文化的宝贵财富。

"神舟六号""神舟七号"载人飞行相继取得圆满成功后，提高了中国在国际上的地位和话语权。

2. 载人航天的发展

中国的载人航天工程分三步走。第一步为载人飞船阶段，它的工程目标已经完成，把人送上了太空，也安全地回来了，整个载人航天系统工程也建立起来了，如北京航天城和酒泉航天城都是世界一流的，40%的钱用在地面设施建设上，是可持续发展的。第二步是空间实验室阶段，为第三步建立空间站做技术准备。在该阶段的工程目标实施中，需要解决四个技术关键：（1）出舱活动；（2）交会对接；（3）物资补给技术；（4）再生式生命保障技术。"神舟七号"飞船成功地完成了航天员出舱活动，把舱外的试验装置取回来了。所谓交会对接是在天上完成两个飞行器的交会对接，其中一个为交会对接的目标飞行器，另一个为交会对接主动飞行器，需要完成有人参与和无人参与两种情况的交会对接任务。目前整个交会对接的研制任务正在紧锣密鼓地实施中。在物资补给技术的研究进程中要研制货运飞船和空间补给装置，解决货物（含推进剂）运送和在轨补给技术。在再生式生命保障技术的研究安排中，解决空气净化和水再生利用问题以降低空间运行成本。只有这四个问题解决了，才有可能建立空间站。第三步是空间站阶段，即在第二步的基础上建立中国自己的长期有人值守工作的空间站。借助空间站平台，完成空间组装、在轨维护和维修、航天器在轨抓取和布设等操作能力的验证。

中国在将来可能要实施载人登月计划，将会遇到许多更具挑战性的工程技术问题亟待攻关解决。

(三) 深空探测

1. "嫦娥一号" 月球探测卫星

第三个领域的标志是 2007 年 10 月 24 日，用"长征三号甲"火箭把"嫦娥一号"月球探测卫星送上太空，脱离地球轨道飞向月球，绕月飞行一年后撞击月球，圆满完成任务。"嫦娥一号"发射成功体现了中国强大的综合国力以及相关的尖端科技，表明了中国在有效地掌握与和平利用太空巨大资源的决心与行动，对于提升科研创新能力、凝聚民心、增强国家竞争力具有重要影响。"嫦娥一号"奔月的成功，还将意味着中国在外太空开发和探测上占有一席之地并且具有发言权。随着探月工程计划的顺利实施，必将带动信息、材料、能源、微机电、遥科学等其他新技术的提高，将促进中国航天技术实现跨越式发展和中国基础科学的全面发展，包括宇宙学、比较行星学、月球科学、地球行星科学、空间物理学、材料科学等学科的发展，而这些学科的发展又将带动更多学科的交叉渗透。和平开发和利用月球资源，对于促进中国社会经济的发展和人类社会的可持续发展具有重要意义。

2. 探月工程的发展

中国探月工程也分三步走：第一步发射探月卫星，绕月飞行并把月球图像数据传回，我们已取得了最完整精确的月球表面图像；第二步实现月球着陆，完成月球车的月面行走并传回相关数据；第三步是采样返回，完成月面采样并离开月球再入大气层返回地球，所采集的样品供科学家实验室分析研究。

2004 年，美国就制定了雄心勃勃的太空新计划。根据计划，美国要将航天员重新送上月球，在那里建立永久基地，利用月球基地将航天员送往遥远的火星。这又吹响了人类重返月球的号角，再次激发了月球探测的热潮，欧洲、俄罗斯、日本、印度等也都制定了载人月球探测计划。中国作为航天大国，除了拥有月球资源平等开发的权利，还应该在月球探索与和平开发利用上做出应有的贡献。

　　"嫦娥一号"探月卫星的飞行成功是中国在深空探测征程上所迈出的第一步，还有更多的未知星球等待去探索。相信中国会结合自己的实际情况制定相适应的未来月球探测计划和其他星球探测计划，继续谱写中国航天的辉煌。

　　宇宙是无穷无尽的，人类对宇宙的认识和追求也是永无止境的。人类在征服月球、火星之后，还将以火星为中转基地，实现更远的星际航行，包括对木星、土星、天王星、海王星和冥王星进行更富实质性的探测，然后再越过太阳系的边疆，向银河系的某个星球进军。只要人类能持之以恒，世世代代地坚持下去，齐奥尔科夫斯基的预见一定会变为现实。

五、中国航天未来发展的挑战

　　我们是一个航天大国，但还不是一个航天强国。在看到成绩的同时，还要看到我们的能力差距所在，主要表现在三个方面：太空进入能力、太空利用能力和太空控制能力。

（一）太空进入能力

　　一个国家的航天能力，很重要的反映在它能进入太空的能力上。经过几十年的发展，"长征"系列运载火箭已经形成了12种型号，能够满足我国现有的不同轨道、不同重量、无人或有人的航天发射任务需要，圆满地承担了上百次航天器的发射任务。目前我们火箭的最大运载能力能把九吨的物体送到三四百千米的近地轨道，能把五吨的卫星送到地球静止轨道（36000千米），运载火箭的直径在3.5米左右。这样一种火箭运载能力已限制了航天器的总体尺寸与质量。考虑到载人三期、探月工程后续任务和其他航天任务的要求，需要研制新一代的运载火箭，根据国家的规划，其最大运载能力可以把25吨的一个物体送到近地轨道，能够把14吨的卫星送到地球静止轨道，火箭的直径达到五米，为此也需要建设新的发射场。这样就会使我们的运载能力有一个大的跃升。这种新的运载火箭无论对我们国家目前研制的大型卫星、飞船等的发射任务需求，还是在国际商业发射服务市场上参与竞争都是非常有利的。

（二）太空利用能力

从 1970 年 4 月 24 日发射第一颗人造卫星"东方红一号"以来，我国已经发射了上百颗（艘）卫星和飞船。卫星形成了六个系列，每个系列型谱齐全；2003 年成功地完成首次载人航天飞行后，紧接着又完成了"神舟六号""神舟七号"的多人多天飞行，"神舟七号"实现了航天员出舱活动；2007 年"嫦娥一号"卫星成功绕月飞行，也标志着深空探测迈出了坚实的一步。经过几十年的发展，我国的太空利用能力已提升到一个新的发展阶段。

全面建设小康社会的新任务向我国科技事业提出了新的要求，描绘出了我国经济、社会发展的美好蓝图。建设社会主义新农村，搞"村村通"，解决农村的远程教育和远程医疗；全球气候变暖，加强天气和自然灾害的预报监测，减缓自然灾害的损失；全球化的步伐日益加快，既是机遇也是挑战，国家面临提升国家综合竞争能力的压力。面临新要求、新任务，我国航天事业的发展任重道远，提升太空利用能力的任务非常迫切。

根据我国政府制定的新的航天事业发展规划，启动并继续实施载人航天、月球探测、高分辨率对地观测系统、"北斗"卫星导航定位系统等重大航天科技工程，加强基础研究，超前部署和发展航天领域的若干前沿技术，加快航天科技的进步和创新。发展性能指标先进、可靠性高和寿命长的各类航天器，建立起全天候、不同轨道应用、稳定可靠运行的空间设施。

·建立完善的卫星通信广播系统，支持我国社会主义新农村的建设。

·建立长期稳定运行的卫星对地观测系统，提升我国对气候、自然灾害的监测、预报和防控能力。

·建立满足区域应用需求的卫星导航定位系统，提升国家综合竞争能力。

·建立中国的长期有人值守工作的空间站设施，开展空间在轨能力的验证、空间科学和空间应用实验的研究，初步形成空间应用体系。

·建立深空探测的工具平台（包括月球基地设施），促进深空探测的持续发展。

（三）太空控制能力

太空控制能力的发展至关重要，这里面可能涉及太空军事化和太空对抗的问题。运行在太空轨道上的空间设施正面临着各种威胁，这些威胁包括自然威胁和人为威胁。自然威胁指的是由空间碎片、空间高能粒子辐射（如太阳风）等自然因素对航天器造成伤害；所谓人为威胁指的是出于敌对的目的而实施的电磁干扰破坏、污染、摧毁等使航天器失效。太空军事化的态势非常明显，尤其是军事超级大国正在加速太空军事化的发展。某些航天强国都在致力于发展太空控制能力，尤其美国一直在进行太空控制能力的试验。有些国家是太空军事化的始作俑者，却对别人指手画脚，尤其对中国别有用心。他们一直在高度关注中国的太空控制能力建设，对中国 2007 年用导弹打击一颗废弃的气象卫星的事炒得沸沸扬扬。

中国的空间设施也受到各种安全的威胁。针对自然威胁，需要提高航天器的在轨目标识别能力和轨道机动能力；针对人为威胁，应该采取必要的应对措施。

中国发展太空控制能力就是要保障我国已延伸到太空主权的安全，确保我国各类在轨航天器不受侵犯，不对其他国家的空间设施构成任何威胁。正如胡锦涛主席在庆祝中国人民解放军空军成立 60 周年"和平与发展国际论坛"上所说的，中国主张和平开发利用空天，捍卫和平、发展、合作的理念，推动建设安全和谐的空天环境，不谋求军事扩张和空天军备竞赛。

太空控制能力可能是未来的发展动向。

21 世纪，中国航天技术面临更严峻的挑战，再不努力差距会更大。

六、中国航天能取得伟大成就的主要原因

中国是发展中国家，经济不是很发达，技术不是很先进，尽管如此，中国航天却取得了伟大成就，其原因主要有：

（一）有历届中央领导集体的坚强英明领导

必须集中全国力量打歼灭战，坚持有所为有所不为。1958 年 5 月 17 日，毛主席在党的八大二次会议上发表关于科学技术也要大干快上的讲话时说："我们也要搞人造卫星。"毛主席的号召不但表达了中央领导的决心，也集中反映了中国人民发展航天技术、向宇宙空间进军的强烈愿望。之后，邓小平同志根据中国当时的实际情况指出要先搞两弹，再搞卫星，集中全国力量搞两弹。众所周知，要发射人造卫星，首先要研制有强大推力的运载火箭。两弹一星研制工作正按中央领导的决策部署推进。1964 年，导弹和原子弹研制成功。1966 年，导弹与原子弹结合试验成功，使中国拥有核导弹。导弹的成功为人造卫星研制打下了良好基础。之后，中国着力搞卫星，将人力物力集中投入到卫星研制上。1966 年，为了排除"文化大革命"可能对"东方红一号"卫星计划的干扰，周总理为此做出特别批示，确保了整个项目按计划进行。1970 年 4 月 24 日，"东方红一号"卫星发射成功。时间之短，速度之快，开创了历史之最。

20 世纪 70 年代正遇美苏两个超级大国开展载人航天的竞赛。"东方红一号"卫星发射成功之后，我们也要搞载人航天，而且在 1971 年 4 月还立了项（"714"工程，飞船为"曙光"号）。基于当时各个方面的困难，周恩来总理说，我们不和他们搞载人航天竞赛，先把地球的事情搞好，要搞应用卫星，集中力量搞卫星。"714"工程下马，这是中央领导的又一次正确决策。在中央领导的正确领导下，走自己的发展道路，没有与当时两个超级大国竞赛。之后，又成功发射了返回式卫星、通信卫星、气象卫星。

进入 20 世纪 80 年代，高技术及高技术产业已成为国与国之间特别是大国之间竞争的主要手段。谁掌握了高技术，抢占到科技的制高点和前沿阵地，谁就可以在经济上更加繁荣，政治上更加独立，战略上更加主动。1983年美国提出了"战略防御倡议"（即星球大战计划），欧洲提出了"尤里卡"计划，日本也提出了"今后十年科学技术振兴政策"等等。面对国际发展形势，中央领导审时度势，邓小平于 1986 年对四位老科学家联名提出的"关于跟踪研究战略性高技术发展的建议"亲自批示。之后，我国制定了"863"计划。从世界高技术发展趋势和中国的需要与实际出发，坚持"有限目标，突出重点"的方针，"863"计划选择生物技术、航天技术、信息技术、激光技术、自动化技术、能源技术和新材料七个领域 15 个主题作为我国高技术研究与开发的重点，其中把发展载人航天技术列入航天技术领域的重点研究方向。经过"863"计划实施，在载人航天技术主题方面取得了许多突破，技术条件成熟，其他条件准备充分，中央于 1992 年批准了实施载人航天工程。经过全体航天工作者的克难攻坚，1999 年成功发射了第一艘无人试验飞船，2003 年成功发射了首次载人飞行的"神舟五号"飞船，之后，"神舟六号"飞船搭乘二名航天员的航天飞行取得圆满成功，"神舟七号"飞船搭乘三名航天员首次完成了太空出舱活动并取得了成功。

从 20 世纪 90 年代至今，我国航天三大领域都取得了辉煌的成就。除了载人航天工程取得圆满成功之外，在卫星领域也是捷报频传，相继成功发射了大容量通信卫星、资源卫星、海洋卫星、探测卫星、导航卫星、中继试验卫星等，卫星型谱齐全，业务领域不断拓宽；在深空探测领域，成功发射了第一颗绕月飞行的卫星。

中央决策太重要了，党的领导绝不是一句空话。

（二）具有一支优秀的科技队伍

新中国成立之初，有许多老一辈科学家放弃国外的优越条件，胸怀报效祖国的赤诚之心历经各种阻挠毅然回到百废待兴的祖国。我认为一个科学家或一个工程师，如果没有爱国之心、没有奉献精神，是很难承受这种艰辛甚至磨难的，这是多么难能可贵！

20 世纪 50—60 年代，中国开始搞导弹，那时只有钱学森见过导弹、搞过导弹，其他人谁也没有见过导弹是何物，我的启蒙教育还是钱学森给上的导弹概论课，大家当时全凭的是满腔的激情和爱国热情。"文化大革命"期间，从国外回到祖国的科学家，姑且不去说工作和生活条件的艰苦，还要忍受精神上的折磨，许多科学家被打成"臭老九"。就是在这种情况下，仍然执着地投身到航天事业中，独立自主地把卫星送上天，了不起！比日本发射第一颗卫星晚了两个月，大家心里还特别难受。当时中国的国际环境很差，老一辈科学家就是凭着"自力更生，艰苦奋斗"的创业精神，克服了各种困难，取得了"两弹一星"的伟大成功。"热爱祖国，无私奉献，自力更生，艰苦奋斗，大力协同，勇于攀登"的"两弹一星"精神不就是这支队伍的生动写照吗？

1992 年，中国正处于经济转型阶段，社会上流传搞导弹的不如卖茶叶蛋的，整个航天队伍受到了一定的冲击。年轻人都往外走，被中关村的外企、民企挖走了好多人，还有出国留学的，出现严重的人才外流。在这种情况下，组织一支载人航天队伍时也遇到了一定的困难。在中国载人航天的发展过程中，这支队伍克服了各种困难，加班加点，忘我地工作，为中国载人航天事业的成功发展做出了巨大贡献。"特别能吃苦，特别能战斗，特别能奉献，特别能攻关"的载人航天精神是中央对这支队伍的高度评价。现在回想起来值得怀念，中国的知识分子是值得称赞的，中国载人航天这支队伍也是值得称赞的。

（此文系作者在"2009 年空间环境与材料科学论坛"上的讲话）

中国载人航天发展回顾及未来设想

确确实实，中国的航天乃至整个国际的航天之所以能在20世纪50多年的时间里取得这么重大的成绩，而且作为一个发展比较快、引起世界注意的领域，首先应该说体现了当代科技成绩和基础工业成绩的很好的结合、密切的配合。基础工业包括材料工业以及各个方面。如果没有这个基础，我想我们航天的产业也好、技术也好，不会取得这么大的成绩。

在2003年"神舟五号"发射成功的时候，钱老（钱学森）当时还在，他说了这么一句话，我觉得很经典，也很准确，即"航天技术被世人普遍认为是20世纪现代科技最重大的成就和发展最快的领域之一。为什么是这样呢？就（因为航天技术）是现代科学技术和基础工业最新成绩的高度的综合，是一个国家科学技术水平和综合国力的重要标志"。今天，我们航天人都深深体会到，离开材料工业等基础工业的成绩，我们要取得今天的成绩，也是很困难的。

去年这个时候，（中国空间技术研究院）李明副院长也说了一句很经典的话："航天工业得益于材料工业，但也受制于材料工业。"现在很多材料问题没有解决，也制约了我们航空航天事业的快速发展。这一点搞材料工作的人也知道。例如现在我们卫星平台上用的一个490 N的发动机，迫切需要它能够增加比冲，从而减小卫星的重量；但受制于材料耐不了那么高的温度，比冲一直上不去。我们的通信卫星以及"嫦娥"卫星都用的这个发动机，确实是影响比较大。另外我们的高模量的碳纤维，虽然有很大的起色，但是仍然受到一些限制。总的来讲这些体会还是很深刻的，我们也希望能够取得更多的进展来支持这个事情的发展。

我曾经讲过航天的三个领域，一个领域就是应用卫星和卫星应用。应该说我们国家现在发展得很快，今年（指 2010 年）计划发射近 20 颗星。第二个领域深空探测今年（指 2010 年）很热，"嫦娥二号"已经发射。可能明年（指 2011 年）我们的第三个领域载人航天就应该有点动作了。

应该说中国的载人航天动作还是比较早，但是作为工程上马的话，受到国家财力、物力和技术水平的限制，有所反复，真正上马是 1992 年。之前我们很多老科学家做了很多技术准备和物质准备。比较典型的就是我们在"东方红一号"卫星发射成功不久，就于 1971 年提出了我们国家的载人航天工程。这个工程也是由几大系统组成，（航天）五院承担飞船和核心的计算机、核心的部件的研制，又叫"曙光一号"飞船。在当时那个情况下，确确实实我们国家从经济力量、技术水平各方面还受到些限制。为了集中力量打"歼灭战"，有所为有所不为，中央决定要集中力量搞卫星，就把这个（载人航天）下马了。

但是由于世界航天形势发展很快，中国的形势也有很大的变化。在 1986 年，有四位科学家给中央写了一封信，认为世界高科技发展很快，中国也有水平了，我们应该尽量来着手进行高新技术的发展。中央很快批复，这就是"863"计划。当时几位专家说了这么几句话，我现在印象非常深刻：第一句话"谁能够准确判断当前世界发展的动向，谁就能够在国际竞争当中占有优势"，我觉得这句话讲得很重要；第二句话的意思就是说高新技术是花钱买不来的，得自己做；第三句话，要想解决这个问题是要花时间的，是要花力气的，那不是领导一拍板就有的；第四句话，只有这样大的项目才能凝聚人才，锻炼人才。

"863"计划有七个项目，其中一个项目就是载人航天。经过五年的论证，得出三条意见：第一，按照世界的动向，中国一个大国，人一定得上去，不要再动摇，也不要再争论了，再要不做就来不及了。第二，要想人上天，中国只能以飞船起步，不能搞航天飞机。现在来看这个决定很正确。第三个事情就是说要搞载人，要做些什么准备。当年定了很多课题，包括材料，各方面都有。在"863"计划的论证下做了很充分的准备，1992年中国的载人航天作为工程就上马了。当时我们提出要"争八保九"，就是争取1998年、确保1999年第一艘无人飞船发射。

中国载人航天工程提出要实行三步走：第一步是载人飞船阶段，即要建立一个大系统，把中国的航天员送上天，安全运行，准确返回中国领土之内。"神舟五号""神舟六号"完成了这个任务，建立了中国载人航天工程的大系统。这个大系统包括七个方面：第一就是航天员的选拔、培训，以及一些配套的特殊仪器、设备、用品的研制；第二就是应用系统，就是有效载荷系统，利用各种设备和仪器做科学和技术试验；第三要研制一个飞船；第四要研制一个运载火箭；第五要建设一个发射场；第六要建立一个陆基、海基的测控系统，保证飞船在天上运行和地面有联系；第七要有一个着陆场。

飞船作为新研制的产品，应该说是最短线。1998年11月，江泽民总书记、李鹏委员长、朱镕基总理到我们这儿来检查工作，第一肯定了我们的成绩，第二提出了要求——1999年要有大庆，澳门要回归，你们能不能做一次发射？为了完成"保九"任务，我们采取了很多特殊的措施，把地面试验用的一个飞船改装成了上天的飞船，在1999年发射，结果比预想的要好，准确回到了预定地点四子王旗（误差不超过10千米），圆满完成任务。应该说在研制程序上我们是冒了一定风险的。此后，"神舟二号""神舟三号""神舟四号"作为无人飞船考验各个系统，到"神舟四号"可以说已经具备了上天的条件。所以在2003年10月15日，第一次载人航天发射圆满完成，标志着载人航天第一步得以实现。当然也有一点遗憾。现在反过来看，当年太保守了。高层领导为了留有余地，决定只上一人一天。现在看上二人三天也没有问题。"神舟六号"实现了二人多天运行。这里头确实也有一些材料问题得到了解决，在此不赘。

载人航天第二步叫空间实验室阶段。此阶段是为第三步建立中国的空间站做技术准备。据官方报道，2016年要发射中国的空间实验室，2020年前要建立中国的空间站。空间实验室阶段分两步走：第一步须完成出舱活动。要建立空间站必须有人参与，比如操作、修理舱外部件。以航天员翟志刚为首，"神舟七号"已完成这个任务，说明我们现在已掌握了出舱技术。以后航天员要承担的任务比这次要多得多。值得一提的是"神舟七号"也暴露了一些问题：我们知道（飞船）舱门能打开必须要两边压力平衡，这个在地面是做了很多试验的，但没想到的是，一个空壳子放气很容易，而飞船内另有两套航天服及两个人，还装了五天五夜吃的东西，这些东西再密封也要放气。所以按预定时间气还没放完，再要放的话就会离开测控区，而过了测控区地面就看不到了，这次出舱的真实性就难免受到国际质疑。翟志刚当时开舱门时确实遇到困难，这个时候就考验航天员的心理状态和相互配合了，他们完成得很出色。

下一步建立空间实验室要解决四个技术问题：①出舱。刚才讲的飞船开舱门这件事既有理论问题，也有实际问题，现在我们已经解决。②交会对接。人要上去，要回来，要带东西上去，因此空间实验室和飞船在轨道上需要交会对接，这个任务要 2011 年完成。因为牵涉两个飞行器，须先发射一个目标飞行器"天宫一号"，再发射追踪飞行器。2011 年将发射"神舟八号"作为无人交会对接用。"天宫一号"寿命两年，其间要完成三次交会对接，两次无人，一次有人。③补给。人在（空间实验室）里头生活，需要水、空气、推进剂，需要仪器修理、来来往往。我们现在的载人飞船运载能力没有这么大，因此准备搞一个货运飞船。④再生式生命保障系统。水、空气完全靠送，送不起；空间站人多了、时间长了，希望有些东西能够再生：可以电解水制造氧气，还可以采用净化技术使空气和水得到再利用。俄罗斯、美国已经解决这个问题，我们也要解决。目前一千克有效载荷送上天的成本是几万美元。再生技术并非了不得，但人心理上可能存在是否接受的问题。之前中国工程院徐匡迪院长到新加坡去访问，新加坡是缺水国家，接待方给了他一杯水，说是由三部分组成：一部分由海水净化而成，一部分是从外国进口的，一部分为使用过的水再生。按照徐院长的话说，水的味道不错。"天官二号"是真正的空间实验室，前面提到的四项技术全面应用，人在里头要工作一段时间。这个准备好了，就在 2020 年之前发射一个中国自己的空间站。

发射空间站，按现在的运载火箭能力是不够的。现在不管是飞船还是"天宫一号"目标飞行器，运载能力都是 10 吨。但空间实验室需要长期有人居住，10 吨的运载能力不够。正在研制"长征五号"，现在热火朝天，在海南岛文昌市建立新的发射基地，运载能力 20 吨以上。2020 年我国要发射的空间站即为 20 吨左右，这是指核心舱，还要与一个载人飞船、一艘货运飞船以及两个实验舱交会对接，整个重量约 60—100 吨。这件事情已被批准为国家重大专项，算上研制部门、工业部门、所有的协作单位，给我们配套的有 3000 多家企业，十几个院级科研单位。

至于载人航天在空间站之后的下一步发展，大家在关注，但目前还没有确定。胡锦涛总书记在两院院士大会上非常重视航天发展，提出要我们重视三种能力：第一是空间探测能力；第二是对地观测能力；第三是信息利用能力。在空间探测方面，我们已进行月球探测，下一步将是火星和金星。然而中国人要不要到月球上去、能不能上去、怎么上去、什么时候去，技术人员还在论证中。还回到我前面提到那四位提出"863"计划的科学家所讲——高新技术是花钱买不来的，要花时间、花力气；大工程才能凝聚人才。这方面我们只能说给国家提一些建议，最终还是要国家来下决心。

（此文系作者 2010 年 10 月 30 日在"第二届空间环境与材料科学论坛"上的讲话，略有删节）

航天人的成才观

我从 1957 年参加中国航天事业至今 50 多年，"神舟五号"飞船成功发射之后到北京航空航天大学兼任宇航学院院长，对人才成长有一点体会。

一、在大工程中锻炼人才

航天工程需要人才，而人才只能通过工程实践的锻炼才能成长。由于党和国家的重视，航天领域不断有重大工程项目开展，创造了一个培养人才的环境和平台，因而才涌现出一大批人才。应该说，工作实践是最好的老师。

二、要形成以老带新的氛围

一个队伍、一个单位必须形成以老带新的氛围。有实践工作经验的老同志，应该乐于带年轻同志；年轻同志应该尊重老同志，乐于向老同志学习、请教。20 世纪 50 年代国防部第五研究院初建时，钱学森同志亲自为培训班讲启蒙教育课，听课的都是新进入航天领域的年轻同志。在这个培训班里涌现出一大批技术、管理骨干和型号总设计师。航天领域至今仍传承和发扬着这种精神，新老同志之间亲密无间，既是同事，又是师生。

三、要注重精神和文化的炼铸

一个团队、一个团队中的个人，第一位的仍然是人格精神和文化，这既要传承，又要发扬。一个为事业、为国家成才奉献的人，必然是一个爱国者，这才有动力，才能克服困难，百折不挠。航天领域的"航天精神""两弹一星精神""载人航天精神"，既是这个队伍在重大工程实践中形成的，也是引领这个队伍不断成长、壮大直到攻无不克的精神支柱。

四、宽容失败

一个人、一个团队要成才，要掌握知识，成为专家、骨干，要有一个实践的过程，既要有成功，也允许有失败，往往失败受到教育获得的知识，比成功得到的更多更深，更刻骨铭心。要宽容失败，从失败中吸取教训。我应该算是一个经历失败和挫折较多的人，失败使我获得的知识更宝贵。

五、清楚地认识创新，提倡创新，增强创新意识

首先不要把创新神秘化，似乎创新都是前人、别人没有的、没做过的，我认为用中国人的办法，解决中国需要解决的问题，就是创新。航天领域用适合自己的办法，解决了若干外国用另外的办法解决的问题，就是创新。中国航天的发展就是一个创新的过程。在"神舟"飞船的研制过程中就有不少这样的例子。

六、人才的培养应从高等院校抓起

成才，要有一个好的毛坯，否则后期条件无论有多么好，也是困难的，这个任务就应该由高等院校来完成。

先谈高校。我到北京航空航天大学宇航学院兼任院长快四年了，颇有感触。

第一，尽快实现高等院校由规模发展型转变到质量发展型，提高教学质量。只有大楼、礼堂、操场、体育馆和校园，代替不了名师。现在最缺乏的是全部精力扑在教学上、以身作则成为学生榜样的老师。20世纪50年代我在大学读书，硬件不好，老师不多，但名教授很多。他们全部精力扑在教学上，面对面辅导解疑。

第二，学校是育人的地方，教学是第一位的，科研也是为育人和教学服务的。当前普遍存在的正是科研和教学之间的矛盾。不管对老师，还是对领导，很难取舍。教学质量难以量化，难以考核，不易形成硬指标。而科研经费可以量化，容易考核，容易形成硬指标。稍不注意，往往是科研影响了教学。

再说用人单位。20世纪50—60年代的特殊历史条件下，航天系统可以到各高校挑人、调人，所以形成了那个年代的一批骨干力量。20世纪70—90年代末，航天系统基本上招不到重点院校的学生，不能不说是个损失。希望国家能有一个机制和政策，引导更多的重点院校的优秀学生到航天系统来，到影响国家综合国力的部门去工作。他们不应该是为了优厚的待遇，而是为国效力，为增强国家综合国力而奉献的。

（此文收录在《百名专家谈人才》，2012年出版）

弥补基础研究短板的思考与建议

　　基础研究的重要性已经得到大家的共识。以前我国开展科学研究是解决有和无的问题，发达国家有的，中国没有，我们就要去研究，并不重视科研创新。但是，要成为科技强国，就要解决赶超问题，要有创新的成果，发达国家有的成果我们要有，而且还要比他们好，比他们快，因此必须依靠科研创新。基础研究非常重要，针对我国当前基础研究的短板，我觉得有三个问题要解决。

　　第一，具体问题具体分析。记得"文化大革命"的时候，我在一次会上发言，当时年轻，我就说马克思列宁主义的灵魂就是阶级斗争，在座的一位军管是哲学教育室的主任，他说，小伙子你说错了，马克思主义的灵魂是具体问题具体分析。科学、技术、工程中的基础研究是不一样的，社会是多样性的，我们现在最大的问题就是仅用一个标准去评价它，这是最大的错误，违反了马克思列宁主义的基本核心。我们的基础科学没有搞好，最大的弊端就是政府部门过度干预，按照一个标准来评价它，没有做到具体问题具体分析。

　　第二，培育一个健康的科学文化环境。搞基础研究和搞工程不一样。航天领域有个说法，这个说法既有积极意义也有消极意义，就是只能成功不许失败，我们失败不起。这个说法对于工程项目来说是有道理的，但是对于基础研究就不一样了。基础研究是科学探索，是不能制订计划和目标的，允许失败且敢于承认失败需要有好的科学文化基础，中国人有个毛病，对那些付出努力，敢于创新却失败了的人不能给予宽容。我的体会是，中国人自己没把中国的哲学学好，没有传承下来，现在我又搬出大众哲学在看，哲学是科学的科学，指导科学的科学，中国在哲学上几乎没有什么贡献。我们缺乏一个现代的、健康的科学文化。坦白讲，按照现在这个评价体系，就是做点违心的事情也没有办法，我在北京航空航天大学任宇航学院院长的时候，就做过违心的事情，因为按照当时的评价标准，不做点违心的事情，学院就不能通过考核，进而会影响到对这个大学的评价，所以文化特别重要。

第三，要夯实深厚的科研基础。科学研究既要有高峰，也要有高原，深厚的基础研究就是科学研究的高原，有了这个高原出高峰是很容易的，没有这个高原，硬要拔出几个高峰，不是做不到，而是太难。当年苏联援助中国的第一颗导弹，很多材料都是苏联的各工业部门已经生产出来的产品，他们拿来集成，而在中国仿制的时候，任何一个材料我们都要建一个工厂去研制生产。当年说我们伟大是因为我们是发展中国家，没有坚实的工业基础，虽然搞出了一个尖端的科研成果，但却付出了极为艰辛的努力。

（此文发表在 2017 年第 4 期《科学与社会》）

对话戚发轫：从"神舟"到"天宫"

余建斌

从"神舟"到"天宫"，从飞船到空间实验室，戚发轫院士向您讲述中国载人航天的纵深跨越。

搞载人航天——地球是人类的摇篮，但是人类不会永远躺在摇篮里

记者：中国为什么要搞载人航天？

戚发轫：中国航天领域主要分三个部分，就是应用卫星和卫星应用、载人航天和深空探测。当年我们第一颗东方红一号卫星成功时，正是苏美两国搞载人航天竞赛，竞争很激烈。在我国具备进入太空能力之后，当时也考虑要搞载人航天。1971年4月中央同意搞中国的载人航天工程，叫714工程。那时候的飞船名字叫"曙光一号"。但确实面临许多技术难题，我们久攻不下。原因在于，我们的科技水平、工业水平和财力物力都达不到要求。因此当时周恩来总理就讲，我们不跟苏美两个大国搞载人航天比赛，我们先把地球上的事情搞好，就是搞应用卫星，它能够解决天气预报、通信等老百姓生活中的实际问题。于是在1975年，714工程下马。现在看起来，这正是中国根据自己的实际情况，走了一条正确的航天发展道路。我当时也从搞飞船的队伍中转到搞通信卫星的队伍中。

记者：在1992年，我国载人航天事业又重新起步了？

戚发轫：到 1986 年，中国已发射不少卫星，同时国家经济状况也有发展，而世界高新技术发展很快。当时，王淦昌、王大珩、杨嘉墀、陈芳允四位老科学家联名提出发展高技术建议，说整个世界发展形势很快，我们中国也具备一定条件，要着手搞新的技术。

我现在还记得其中有四句话：第一，谁能够准确判断当前的发展动向，谁就能在竞争当中占优势；第二，高新技术是花钱买不来的；第三，要想取得成果，是要花时间花力气的；第四，只有通过这样大的工程，才能凝聚人才，锻炼人才。邓小平同志看到这封信，就批示要立即执行不得延缓，要搞国家高技术研究发展计划，也就是 863 计划。载人航天工程就是其中一个大的项目。从那时起成立载人航天项目专家组，论证了五年多，最后得出结论：中国是一个大国，根据世界发展的动向，一定要得搞载人，而且要马上搞，马上做准备，否则的话我们就跟不上了。并且还论证决定搞载人航天从飞船起步，要搞飞船要做什么准备。

1992 年 9 月 21 日，中央正式决定搞载人航天工程，并确定了三步走的发展战略。第一步，载人飞船阶段。发射载人飞船，建成初步配套的试验性载人飞船工程，开展空间应用实验。第二步，空间实验室阶段。在第一艘载人飞船发射成功后，先发射一个目标飞行器——天宫一号，突破载人飞船和空间飞行器的交会对接技术、补加技术和再生式生保技术，最终建成一个空间实验室，解决有一定规模的、短期有人照料的空间应用问题。第三步，空间站阶段。建造载人空间站，解决有较大规模的、长期有人照料的空间应用问题。

记者：很多人会问，载人航天的意义和效用到底在哪里？

戚发轫：为什么要搞载人航天，我想引用三句话。第一句话是 100 多年前的一位俄罗斯科学家齐奥尔科夫斯基说的："地球是人类的摇篮，但是人类不会永远躺在摇篮里。它在不断地扩大自己的生存空间，首先小心翼翼地穿过大气层，最终要征服整个太阳系。"这句话代表了科学家的预见。

第二句话是在"神舟六号"发射成功后的人民大会堂庆功大会上，胡锦涛总书记讲的，"无垠的太空是人类共同的财富，探索太空是人类的共同追求"。我觉得这句话也很深刻，体现了中国人对航天的认识，太空的资源是属于全人类的，中国在人类探索太空的事业中要有自己的贡献。

第三句话是美国前总统小布什曾经讲的，"在新世纪，谁能够有效地利用太空的资源，谁就能获得额外的财富和安全"。

我想这三句话，比较完整地说明了中国搞载人航天的意义。在载人航天这个领域，我们确实不能落后。

记者：无人航天和载人航天最大的区别在哪里？有人说，载人航天带给中国航天最宝贵的财富是促进了航天产品质量质的提升？

戚发轫：要把人送入太空，技术上的复杂就不去说了。关键是，载人航天人命关天，安全性和可靠性成为最重要的一个理念。搞载人航天必须把安全和质量放第一位。

一般来讲，航天产品可靠性 0.97。比如火箭发射 100 发，允许三次失败。载人航天因为有人，必须保证人的安全，就提出安全性指标为 0.997，也就是千分之三的失败率。两个合在一起，故障率就是三十万分之一。也就是每天发一次，30 年都不能出事。

要做到这一点，很不容易，要把所有可靠性措施都用上。比如搞飞船，要做到第一次故障出现时能正常运行，出现第二次故障时航天员能安全返回，为此必须要有故障对策。因此，火箭从起飞到把飞船送到预定轨道，就有八种故障救生模式，不同高度都有。在任何情况下，也要让人安全回来。在飞船入轨之后制定了 180 多种故障对策，在 70 多万条计算机程序中，30% 是应付正常飞行，70% 是用来应付故障，可见工作量之大。

载人和不载人不一样就在这里。为了保证人的安全，所有能想的都想了。载人航天确实为航天事业创造了可靠性和安全性的高水平。

中国的航天事业稳步发展前进，基本上没有走弯路

记者：中国载人航天为何选择飞船的技术路线，而不是类似美国的航天飞机？

戚发轫：当时中国要搞自己的载人航天，不能再等。那个时候，航天飞机很热门，是当代先进技术的集成。但是中国不具备搞航天飞机的条件。航天飞机确实技术先进，但投入很大，技术难关很多，不符合中国当时的财力和人才所具备的经验。

航天飞机设计理念是要重复使用，应该是一个很经济的运载工具，不仅把人送上去，还可以把卫星带上去，替代运载火箭。但从工程上来说，这种想法还是很难实现。现在来看，美国通过 100 多次航天发射发现，投效比不像设想的那么好。航天飞机回来之后，光是一万多片防热瓦都要撬下来换掉，重新贴过。这笔经费比研制一个一次性运载火箭还要贵。更为严重的是，航天飞机安全性很差，五架航天飞机损毁了两架，100 多次发射失败两次，牺牲了 14 名航天员。现在航天飞机退出了航天历史舞台，美国以后要搞的也是大型飞船。

就我们自己而言，当年大部分人希望搞航天飞机。当时有五个方案，四个是大小不同的航天飞机方案，只有一个是飞船方案。但最后经过论证，还是决定从飞船起步。由于经过 863 计划的准备，建造飞船已经有了一些技术储备，并突破了一些技术关键。

记者：上马载人航天工程在 1992 年属于水到渠成？

戚发轫：我前面提到的中国载人航天三步走的发展方针，这个方针来自于群众智慧，也是当年中央领导集体根据实际情况实事求是做出的重要决断。

1957 年苏联第一颗卫星上天，1958 年我们也打算搞人造卫星，但实际上那时候连导弹都没搞出来，更不用提运载火箭。所以当时邓小平同志说，我们现在没有能力搞，我们不搞卫星，集中能力搞两弹（导弹、原子弹）。直到 1970 年，我们打成功第一颗卫星，中间隔了 12 年。这个 12 年期间，我们把两弹搞得很成功。载人航天工程从"714"变成"921"，等了 21 年，这中间我们的卫星事业发展得很好，才水到渠成地有了载人航天工程的上马。

可以说中国的航天事业稳步发展前进，基本上没有走弯路。是根据我们国家实际情况决定工作方针，就是有所为有所不为，集中力量打歼灭战。

载人飞船往返天地——顺利完成整个载人航天工程第一步，为后续空间实验室和空间站等建设积累了经验

记者：作为"神舟"系列飞船的总设计师，有着怎样的风险和压力？

戚发轫：载人航天是个大工程，有七大系统，飞船系统是其中之一，其他还有航天员、应用、火箭、发射场、测控和着陆场系统。相对而言，飞船技术难度可能是最高的。对我个人来讲，确确实实有压力。

1992年，载人航天工程要立项，需要找一个飞船的总设计师。当时我们虽然已有返回式卫星，但飞船还是要从无到有干起来。找到我，我并不愿意。一个原因是我那时候59岁，再过一年就退休了。感觉一辈子失败不少，成功也不少，似乎不必去冒那个险。第二个原因是确实感觉风险太大。我也去过俄罗斯航天发射场，航天员上去，总设计师是要签字的。我想到那么一天，我敢签那个字吗？但是我们这一代的人一辈子从来没有自己选择过，国家的需要就是我们的志愿。虽然自己不情愿，最后还是服从需要，当了神舟飞船的总设计师，之后又兼任了总指挥。

20世纪90年代前后，社会上流行个说法：搞导弹的不如卖茶叶蛋的。当时航天系统一些年轻技术人员都"流失"了。搞飞船的队伍是五六十岁的老同志，加上没走的年轻人。几个老头加几个小伙，这个队伍能不能干成这个任务，让人心里打鼓。而且我们以前基础建设往往跟不上型号研制。搞飞船，需要大的真空模拟器、大的振动台、大的电容实验室，这些试验设备不仅在中国是最大的，在世界上也是一流的。最后是袁家军等一些年轻人，除了主要精力搞飞船外，顶住压力很快建成了这些大型的地面空间设施。奋斗七年，"神舟一号"飞船打成了，我们自己有了信心，领导也刮目相看。

记者："神舟"系列飞船成功的经验，为载人航天工程后续任务积累了什

么样的经验?

咸发轫: 应该说, 不仅仅是飞船系统本身的成功, 而是整个载人航天工程第一步的顺利完成, 为后续空间实验室和空间站等建设积累了经验。

载人航天工程第一步载人飞船阶段, 就是要把航天员送上天, 并安全回到预定的地方。经过七年的努力, 1999 年把"神舟一号"送上去, 而且回到预定的地方, 基本技术算是突破了, 但是没上人。上人是要绝对保证安全, 所以通过四艘"神舟"无人飞船, 不仅解决了关键技术, 而且解决了可靠性和安全性问题。对我所在的飞船系统而言, 积累了一定的数据和一定的经验, 建立了一套制度, 培养了一支队伍。我想载人航天工程的其他系统也是如此。

谈到经验, 具体到飞船系统, 就是建立了神舟文化: 祖国利益至上的政治文化、勇攀科技高峰的创新文化、"零缺陷、零故障、零疑点"的质量文化、同舟共济的团队文化。

交会对接——建立空间站主要突破四项关键技术, 天宫一号和神舟八号将完成太空牵手任务

记者: 中国空间站建设之前, 需要解决哪些关键技术问题?

咸发轫: 载人航天三步走的第二步是空间实验室阶段, 是为第三步建立空间站做技术准备, 其中主要突破四项关键技术。

第一项就是出舱技术, 这个已经由"神舟七号"完成。还有三个技术就得通过空间实验室完成, 就是交会对接、补加技术和再生式生命保障技术。四个技术关键中, 交会对接规模最大, 技术复杂, 风险多, 大家也都很关注。

这四个关键技术解决了, 我们才能发射空间站, 才能实现向空间站补充人员、物资, 航天员才能出舱去维修保养。

当然, 发射空间站要求有大的运载火箭, 我们现在正在研制"长征五

号"运载火箭，到 2014 年左右能够上天，能够把 20 吨的空间站核心舱送上太空。

记者："天宫一号"的任务就是参与交会对接？

咸发轫：空间交会对接要有两个航天器：一个是目标飞行器，一个是跟踪器。首次交会对接，"天宫一号"是目标飞行器，"神舟八号"无人飞船就是跟踪器。交会对接，也要完成四个过程。一是交会，要跟得上、对得准，只有跟上对准了，才有可能对接；二是对接，两个航天器通过对接机构对上，连在一起并且完全密封；三是变成组合体在天上运行，需要实现由一个控制另外一个的技术；四是航天员能从飞船进到目标飞行器，再回到跟踪器并返回地面。

记者：从飞船到空间实验室，对载人航天而言，也是一种跨越？

咸发轫：在中国航天领域，载人航天三步走稳步前进，从载人飞船到空间实验室的发展，也具有里程碑意义，也是一个决定性的跨越。

更重要的是，无论是飞船阶段还是空间实验室阶段，都牵引了载人航天工程自身以及其他学科科学技术的发展。比如有了空间站才有了大运载火箭，假如以后载人到月球，大运载火箭还不够，还要搞重型运载火箭。10吨不够，20吨也不够，得 100 吨，这就牵引了运载火箭的发展。而大运载火箭又牵引发动机、材料等技术的发展。

包括前面提到的载人与无人的区别。机器人永远代替不了人的智能，像保障交会对接顺利进行的最后备用一招还是要靠人手动控制。有人进入太空就要可靠，就带动了整个工程科技和航天产品在安全质量上的提升。

记者：空间站是载人航天必然的发展路径吗？

咸发轫：不论是当时还是现在，我都认为空间站是载人航天发展的必经之路。美国为首的 16 个国家搞的国际空间站，刚刚建成，就宣布要延长寿命。因为空间站确实是为科学家们创造了科学实验的独特平台。

我觉得重点不在于要不要建空间站，而是在空间站建成后，选择一个什么样的基础前沿的科学项目，利用太空的优越条件有所突破，比如像丁肇中联合各国科学家利用国际空间站研究暗物质。未来我们空间站建成，也需要寻找好的大的科学项目，为人类认识世界、获得新的发现做贡献。

航天事业未来——三种精神和人才团队的新鲜血液

记者：您认为在发展中国载人航天事业中，最宝贵的经验是什么？

戚发轫：三种精神是不能不说的，就是航天精神、两弹一星精神和载人航天精神。航天精神核心是自力更生，在那个历史条件下，我们感到中国搞高新技术，不能靠外国，也不能完全靠引进。最终还是要靠自己，只有变成自己的东西才能发展。

两弹一星的核心是爱国。那些大科学家如果不爱自己的国家，没有爱国带来的对事业的动力和信念，怎么能冲破各种阻挠回到祖国，又怎么能在国家各个历史时期不计各种境迁坚守岗位、默默奉献！

爱国不是抽象的。爱国就要爱事业，爱国不爱航天，那不是空的吗？爱航天就要爱五院（戚发轫所在的中国空间技术研究院），爱五院就爱这个岗位。"爱"字很重要，爱国，爱事业，爱集体，爱岗位，有爱才有动力，有爱才有奉献。"特别能吃苦、特别能战斗、特别能攻关、特别能奉献"的载人航天精神，我想源头也在一个"爱"字。

有了爱，很多老科学家不仅自己做得很好，还很关心年轻人，在业务上无私传授，毫无保留。"神舟六号"成功之后，我陪领导到钱学森先生家中汇报情况，钱老看我满头白发，就问起了孙家栋（国家最高科技奖获得者）、王永志（首任载人航天工程总设计师）："你们三个谁大？他们都好吗？"我们都是他的学生，我们都老了，他还关心我们。像钱老、任新民这些大科学家们，永远是我们的榜样。

记者：有人说，国外看中国航天觉得很"敬畏"，不是因为如今的成就，而是因为中国的这一批航天人既年轻又富有经验，您怎么看待这个观点？

戚发轫：20 世纪 60 年代美国发射阿波罗飞船时，当时美国航天局的科研人员平均年龄大概是 28 岁，年轻有活力。去年的数据是 42 岁，他们自己也感觉到老化了。俄罗斯平均年龄比美国还大。

我们确实在平均年龄上占点优势。比如"天宫一号"空间实验室系统团队里，平均年龄31岁，而且这些年轻人起码经过了三到五年的工程实践锻炼，但是"神舟八号"和空间实验室的总设计师、总指挥都是从1992年就开始和我一起干，十几年酸甜苦辣都尝过，看似是年轻的总师，但经验丰富。中国航天发展，靠的就是优秀的年轻人。而且目前这支年轻的队伍，可以说是年轻又富有实践经验的队伍。这对我们今后的航天事业发展的意义不言而喻。

记者：未来不断会有年轻血液补充到这支队伍中，怎样让年轻人成长得又快又扎实？

戚发轫：第一是实践，现在的年轻人都有较高的学历，有较踏实的理论基础，他们缺乏的是实践锻炼。自己要勇于实践，组织上要给他创造锻炼的机会，这是最主要的。记得有不少发展中国家的技术人员到中国来学习研制卫星，他们都是从西方国家获得硕士和博士学位的，但都没有接触过卫星，只有到中国后才接触到卫星。中国有这么好的条件才能培养出这么多的年轻的设计师。中国要不搞载人航天，我也不能成为飞船的总设计师。

第二是积累，就是要在自己的岗位上踏踏实实地干几年，甚至是十几年才能成才。要耐得住寂寞，因为在航天领域一项工程都要有较长的时间才能完成。比如"东方红一号"卫星1958年上马，中间停顿，1965年再开始，1970年才发射成功。"东方红二号"通信卫星1975年立项，1984年才发射成功，用了九年。神舟飞船1992年立项，1999年"神舟一号"无人飞船上天，用了七年；2003年，"神舟五号"才把航天员送上了天，用了11年。如果干了两年、三年就等不及了，就不可能有大工程的成功，个人也不可能成为一个全面的骨干人才。

我祝愿中国航天事业快速发展，祝青年人快速成长！

（原文刊载于2011年9月26日《人民日报》）

胡启恒

　　胡启恒，女，1934年6月生于北京，原籍陕西榆林。自动控制技术专家，我国模式识别与人工智能领域最早的探索者之一，主持决策并领导实现了中国接入世界互联网的工作。1963年毕业于苏联莫斯科化工机械学院研究生部。中国工程院院士。历任中国科学院自动化研究所所长，中国自动化学会副理事长、模式识别及机器智能专业委员会副主任，中国科学院副院长，中国科协副主席等。

科学的责任伦理与道德

　　1999 年在由联合国教科文组织和世界科学联盟联合举办的世界科学大会上，诺贝尔和平奖金得主，英国核物理学家 Joseph Rotblat 博士在开幕式上作了题为"科学与人的价值"的特邀演讲，他指出，350 年前英国皇家学会建立时所标榜的精神是"科学必须超脱于社会"。当时的科学界是一个极小的圈子，象牙塔精神成为当时科学界的共识。因为当时科学发现和它的实际应用之间间隔时间很长，学者们并不考虑他们的研究会对社会产生什么影响，而且科学家既不指望，也不可能从其科学发现中获利。

　　20 世纪对科学的投入很大程度上是由于战争的需要，科学在世界大战中的正义和非正义双方都发挥了巨大作用。这是"二战"后人们越来越关心科学伦理道德和科学对社会应负的责任问题的一个重要原因。另外，科学技术从发现和发明到普遍应用的时间周期越来越短，科学已经成为现代社会生活中起主导作用的因素，公众的利益（健康、生活质量、消费质量等）直接受到科学的影响；人们已经认识到，科学是一把双刃剑：一方面使人们生活质量空前提高，另一方面也带来了诸如环境污染、资源滥用、生态破坏、大规模杀伤性武器高度发展等严重的威胁；还有，科学群体中的不端行为时有发生，也影响着公众对科学的信任感。这些都使公众比过去更多地关心科学界的作风和职业道德，比过去更强烈地要求知道科学结论是否真实，科学界是否保持着诚实、正直、实事求是的优良传统。所以，现在科学界必须在已经改变的社会背景上认识和讨论科学道德问题。

一、科技工作者的职业道德

按照一般的理解，这主要涉及科学技术工作者个人的行为是否符合社会公认的道德标准。指的是每一个科学家有责任正确对待自己的职业，自己的学科，以及自己的同行。在国际学术机构组织的有关科学道德问题的讨论会上讨论比较多的，包括科学论文和数据的真实性、科学著作署名、同行评议、数据共享等方面。例如，对研究工作并没有实质性参与，对其具体内容知之不多，更不能对其真实性负责的指导者是否应该在论文上署名？这是科学道德讨论中的热点问题之一。又如科学中的欺骗行为：剽窃、在实验数据中弄虚作假、统计分析中按需要随意取舍数据以便得到理想的结果，等等。这些问题主要影响科研的健康发展，影响科技工作者之间的相互信任，以及科学群体的社会形象。科学是追求客观真理的事业，诚实应是献身于这一事业的人对自己、对别人、对研究工作的基本准则。明显的欺骗行为，一旦揭穿，当然很容易判断是非。但是，假如不是恶性的欺骗，而是为了争取科研经费、晋升等目的，在一些问题上做出"不够实事求是"的行为，则在它"是否属于科学道德问题"上常常难于得到一致的意见。

在一些发达国家，科学技术的主管部门一般都采取有效措施以求改善这方面的问题。

1. 反对科学中的不端行为在许多国家中已经形成制度

当前，各个国家、各个学科领域的研究机制大体相似：科研经费要通过竞争取得，而通常以发表论文来衡量的科研成就，是取得经费和个人晋升的基础。科研队伍不断壮大，而经费总显得不足。所以研究人员和研究机构总是处于紧张的竞争状态下，随着科研事业的发展，竞争日益激烈，压力不断增加。一切竞争中，都会有为了取得成功而故意违规者和企图以欺骗行为获胜者，科研竞争也不会例外。因此各国都把揭露科研中的欺骗行为、维护良好的科学学风作为一个重要问题。

1997年，德国两个生物医学研究人员被揭发曾在1988年至1996年期间发表的大量科学论文中多次篡改了实验数据。在马普学会的一个研究所也发现类似的丑闻。这使德国科技界大为震惊，也引起社会广泛关注和国际科技界的议论。由于这些有假数据的论文大多发表在经过同行评议的国际学术期刊上，而在很长时间内居然通过了所有的常规审查把关而未被揭露，于是人们对科学体系自我维护秩序的机能产生了很大的怀疑。为此，德国科研理事会专门组织了一个有外国科学家参与的12人国际委员会，授权该委员会从科学体制上研究发生不诚实行为的原因，提出可能的防范措施，并调查现行的科学职业道德自我约束规约究竟发挥了什么作用。

该委员会将此事调查核实后公之于众，并于1997年12月提出一份关于有效维护良好科学学风的详细而具体的建议，被德国科研理事会和马普学会采纳为自己的指导准则。

20多年前在美国几所知名的大学和研究机构中，曾连续出现科研中的弄虚作假行为。在公众、法庭和政府的介入下，经过很长时间才得以查清。随后，主管科研项目和经费的两个主要机构：NSF和NIH分别于1987年和1989年公布了定义科学工作中"不端行为"以及举报和处理的规则，每个研究机构和大学都要按照规则负责处理。

丹麦是第一个建立全国性专门机构来处理科研中不端行为的欧洲国家。1992年由丹麦医学研究理事会发起，建立"反科学欺诈行为委员会"，每年约处理案件10—15个，并发表"科学欺诈与良好学风"的调研报告。1996年起反科学欺诈行为委员会归属丹麦政府的科研部领导。

1990年以后，挪威有关政府部门先后建立了三个科研道德委员会，分布在医学、科学与技术、社会与人文科学三个领域。委员会属于咨询机构，其职责是引导公众关心和参与广义科学伦理道德问题的讨论。而"科学不端行为"则作为科学道德中的一个重要方面受到关注。

2. 科学著作署名问题受到特别关注

在常规科学著作中，做出贡献者的名字一般可以出现在三个地方：署名的作者；作者对其他人所做贡献的感谢；引用的论文和著作。在这些地方都有出现争议的可能。其中最受关注的是署名问题。

现代科学的发展比过去更依赖于团队精神和跨学科跨领域的合作。论文作者的平均数目，以《新英格兰医学》期刊为例，已从 1925 年的略多于 1 个增加到 1993 年的 6 个以上。在有些领域如高能物理或基因组学，作者数目可以达到数百个之多。这种情况使得论文署名成为一个更受普遍关注的问题。在科学论文上署名的习惯常因研究领域、研究组织、在什么期刊上发表而异。有的习惯上把做出最重要贡献的人放在第一作者的位置；也有一些领域的传统做法是相反的，重要作者、研究组的领导者名字总是放在最后；有些学科或研究组织形成的传统做法是，导师一般不在学生的论文上列名；但也有一些做法完全相反，实验室主导教授几乎要在本实验室提出的所有论文上署名，这种情况一般发生在比较小的分支学科，实验室的工作领域相当集中的情况下。

署名问题一般总是与参加工作者的晋升有直接关系。通常对这个问题的共识是，署名者应当对论文所提出的科学工作做出直接的、实质性的贡献。当然，对于什么是实质性贡献，认识可以有很大的分歧。例如开题者，定义了研究方向和目标，甚至主要方法和研究路线，虽然在得出新的结果，或者出现新的现象时他可能并不在场，但他仍然应该是主要作者。然而对于确实做出了创造性贡献的学生或者年轻的助手，主导教授必须给予足够的承认，使他成为主要作者、联合作者，都是合适的。

国外也有"荣誉作者"的问题，对这种现象有不同的认识。有的科学期刊认为不能容许根本没有实际参与科学工作的人列名；但也有的期刊主张可以容许对本工作做出了非科学贡献的人列名，但是应当注明，某位作者是荣誉署名；甚至可以分别注明每一位列名的作者是因为作了什么贡献而在文章上署名，以免引起误解。但是几乎所有严肃的科学期刊都要求，在文章上署名必须得到本人的签字同意。有的期刊甚至要求所有作者对原始稿件和每一次修改稿件都加以签名确认。

总之，对于署名问题，国际科学界比较一致的看法是，第一，提倡公开讨论，而不是回避。在一个研究组内，最好是在开始进行研究工作时就对成果署名方案达成共识，这样可以避免以后出现纠纷。第二，如果没有注明各人在著作中分别负责的部分，则联合署名者绝不能只分享发表科学成果的荣誉和利益，而必须同时对著作可能存在的错误和问题分担责任。因为不乏这样的例子，当一篇文章被揭露有重要的错误，或者有抄袭行为时，总会有已经在文章上署名的作者出来表示自己对此"一无所知"，对错误和抄袭行为等都"不能承担责任"。

二、科学对于社会的责任

在 SCRES、COMEST 等国际组织的议事日程中，主要的关注点是科学对社会承担的责任，以及科学界整体行为中的伦理道德问题。

1. 各科学领域都在关注本领域对社会产生的影响

这主要涉及科学的发展方向及对社会、环境、生态等带来的后果和影响。讨论较多的领域包括：对实验用动物的道德、人类基因组的研究、生物/人体的克隆研究、人种与智能、人种与特殊免疫能力、转基因动植物、人胚胎的研究、性别偏见的生物学基础、武器的发展、生态环境保护的研究、电子信息空间的伦理道德等。由于科学不断取得突破性进展，对社会不断产生前所未有的影响，因此也就不断提出新的伦理道德问题。

例如：作为 20 世纪最重要创造之一的互联网，连接全球 4 亿人，在为人类带来巨大利益的同时也带来巨大的威胁，使得国际法和国际协定显示出严重的滞后，一系列新的伦理道德问题有待国际社会共同进行深入研究。如数据共享仍然存在问题；数字鸿沟正在扩大南北差距；信息犯罪越演越烈，信息成为潜在的战争手段和对国家安全的现实威胁。

2. 对于把伦理道德观念引入科学存在不同看法

科学的行为是否符合伦理道德标准，在不同层面上可以作不同的判断，这些不同层面做出的判断之间可能存在很大差别甚至尖锐的矛盾。例如，作为父母，我们可能会希望能够因科学的进步而可以选择甚至改变后代的遗传特性，虽然这对整个社会将会带来严重的后果；有条件的父母将有权决定自己后代的质量。所以，科学家个人的责任应该因他所处的社会地位和职务不同而异；特别是科学结果如何应用，可以说是超出了科学的范畴。

应该说，把"责任、道德准则、科学伦理"这些概念引入科学，本身还是一个有争议的问题，赞成和反对的意见都长期存在。

（此文发表在 2002 年 6 月 3 日《科技日报》）

振兴中华，需要产业化的高技术

中国高科技产业化研究会和深圳市人民政府今天在这里隆重举办"纪念邓小平同志诞辰 100 周年暨'发展高科技实现产业化'题词座谈会"，是一件非常有意义的事情。

在小平同志"发展高科技实现产业化"题词的指引下，要发展出我国强大的高技术产业群，创造出具有高技术创新能力，管理现代化，研究开发和市场销售国际化、全球化的高技术企业，在国际市场上参与平等竞争，为提升国力做出贡献，这已经成为几代中国人的理想。《中国高科技产业化研究会》在科技界、工业界和经济界前辈们的带领下，多年来为了实现这个理想进行了大量有意义的工作。高技术产业在我国的发展走过了艰难的历程。随着市场经济框架在我国的建立和成长，有利于高技术产业化的政策环境，市场环境和投资环境已经发生了可喜的巨大变化，并且还正在得到继续不断的改善。

如今在中国经济广袤的地平线上，已经可以看到一大批初露头角、初显锋芒的高技术企业。在这个群体中不仅包括一批国家战略高技术企业群体，国家大院大所成功改制而形成的具有雄厚实力的高技术企业，也包括一批在"民营经济"或者"国有民营"的阵营中茁壮成长起来，具有新机制、新观念、新技术和新人才的，充满生机与活力的高技术企业。所有这些高技术企业的创业者、科技人员和管理者们是一代新人，他们怀有报国壮志，受过良好的教育，与国际同行有较多的合作交流，比较了解国际高技术企业的运作规则，具有走向世界市场的抱负与能力。所有这些高技术企业大都具有程度不同的高技术创新的现实能力和更大的发展潜力。这是我国高技术产业群最早的一批"种子选手"。在全国人民为"神舟五号"的历史性成就而欢欣鼓舞时，一个值得注意的事情是：参与制造"神舟五号"的单位已经不仅限于那些具有研发能力的研究院所，而是有了一大批正规进行市场运作和规模化生产的企业参与其中。这是一个了不起的变化，说明不仅中国航天技术已经跻身世界前列，而且我国的航天高技术产业群也正在走向成熟和壮大。一些由我国企业自主开发并拥有知识产权的芯片在世界市场上占有可观的份额，信息技术领域的一些国际标准已经和正在采纳中国提出的方案，等等。这些可喜的现象是我国的高技术产业化已经走上新的发展阶段的信号和标志。

我们国家所发生的所有使世界震惊、令世人瞩目的变化，可以说都来源于小平同志高瞻远瞩的思想，扭转历史车轮的非凡魄力和伟大的马克思主义者的理论创造。他的丰功伟绩和伟大理论为我们国家和民族振兴的大业开创了一个崭新的时代。我们国家所取得的每一个成就、每一点进步都见证着小平同志的远见卓识，见证着小平理论的正确与伟大。

中华的振兴需要高技术，更需要产业化的高技术。高技术产业的发展和壮大依赖和取决于许多科技以外的因素，因此它必定需要一个过程。但是，政策环境、市场环境和投资环境的全面改善，以及富有创新精神的个性化人才的成长，促进人才自由流动的机制，特别是知识产权保护力度的加强，则是加速高技术产业发展的必要条件。让我们大家一起努力，为我国高技术创新能力的提高和高技术产业的加速发展壮大创造更好的条件，用日新月异的成就和进步来缅怀和纪念我们深深热爱和敬仰的小平同志。

（此文发表在 2004 年第 7 期《高科技与产业化》）

网络时代如何提高公民媒体文化素养

受到各国重视的公民媒体文化建设，对于建设一个拥有高素质社会公民的、和谐的社会主义国家具有不可忽视的作用，是一个值得我国有关领域的专家学者关注的问题。

媒体文化素养的战略意义

什么是媒体文化？目前没有意见一致的简单定义。与媒体文化平行的概念是传统文化，即读和写的能力；媒体文化还涵盖了音像视频的内容，而不只是文字。英国电信与媒体监管机构将其定义为：在多种环境背景下访问（使用）、理解并进行通信的能力。更高的要求是，从认识和理解信息的能力上升为批判思维能力，包括问询中肯的问题，分析、评价所得到的信息。例如，一个有媒体文化素养的人应该能使用电子节目指南找到自己需要看的节目，他可能对节目持有自己的看法，也可以只是欣赏；他可以认识到，节目制作者是打算对他施加某种影响；他可以利用节目的互动功能，或者给制作人打电话；他也可以用电子邮件与节目制作者交换意见；他还应该能使用现代传播技术制作自己的视频、音频内容。

媒体文化素养是一个国际研究热点，许多发达国家早已将媒体文化素养看作是建设先进信息社会的重要组成部分，给予高度重视。欧洲国家非常重视这个问题，认为必须使自己的人民具有使用及参与新媒体环境的能力，成为积极行动的有批判能力的公民，而其关键在于媒体文化在欧洲的普及。为了能抓住信息与通信技术提供的社会机遇，欧盟将推进媒体文化建设、提高人民媒体文化素养提到信息时代国际竞争力的高度，将其当作整个欧洲的一个战略性、综合性目标。

媒体文化素养的要素

在网络时代，只是能读会写，而不能充分利用数字技术的机遇，不足以成为有竞争力的社会公民。

网络时代的公民文化素养包含以下几个方面：首先是要有使用现代媒体工具的知识和技能。就像你拥有一部很好的照相机后，能不能及时拍到好照片并把这些照片尽快发到想要的地方去。再比如微博客，传播速度非常快，一秒钟之内达到六七千人。现在有些国家很重视微博客，每天都要写上几条介绍政府的主导性意见从微博客平台发出去。以上是说，网络时代的公民首先要学会使用这些现代工具。其次是对信息的内容进行理解、分析和批判、评价的辩证思维能力。我们在网上看到的信息不一定都是真的，你应该有能力去分析鉴别。最后是人际沟通、社会交往中的法理与伦理道德修养。如果你在网上随便公布人家的私生活，不仅不道德，还违反了法律。

媒体文化素养的形成

网络传播时代使每一个网络用户都获得了从未有过的话语权，拥有了通过网络直接影响社会甚至国家形象的巨大能量；同时，网络也为传播低俗文化、违法违规和侵犯公民权利的信息提供了空前的方便。在这种情况下，如果不能同步提高每一个公民的社会责任感，使公民意识在全社会范围大幅度提升，那么在法律不能完全覆盖的角落，就会不可避免地发生危害社会、有损公民利益的恶行。

公民社会的成熟，不仅只限于参与，还需要有教育。参与，将有助于提高社会公德观念，从而加快社会的进步；然而，没有强大的社会教育环境，仅仅有参与的机会，并不足以使个体转变为有社会责任感的公民。网络时代要求公民具有相对成熟的辩证思维能力，能在积极参与、分享时代机遇的同时，正确理解和接受媒体信息，善于保护自己和身边的儿童。目前的状况是，我国在学校教育中对于信息与通信技术注入资源较多，但对于信息爆炸时代公众的辩证思维能力建设以及社会交往沟通中法理和伦理道德的教育和引导，还需要大力加强。公民媒体文化素养的薄弱，对我国信息化新媒体发展的制约和不利影响，将日益成为一个不容忽视的问题。

政府主导，全社会共同努力

未来的网络是云计算，即把更多的计算能力提到云端。比如我们在汽车上装了一个全球定位系统，以后就可以直接与云端沟通，想要到哪里去，显示屏就会收到来自云端的信息，告诉你哪条路畅通、哪条路堵塞，建议走哪条路最好。总之，未来网络无所不在，信息与通信技术将把更加多样化的信息服务引进我们的生活，我们将生活在包含嵌入芯片、传感器和智能系统的各种设备包围之中。由于网络在提供信息、服务、关怀和方便的同时，也带来更多风险，因此人类社会上升到信息社会阶段以后，社会观念和伦理道德水平也必须相应提高——这需要政府主导下全社会共同努力。

中国的对外文化传播事业取得了令人瞩目的飞跃发展和进步。在我国强大的传统（平面）媒体团队身旁，正涌现出一支新力量——网络媒体，他们的声音正和谐地交融于我国文化传播的主旋律中，合奏出美妙的乐章。网络信息社会必将给我国文化传播事业加盖上鲜明的时代标记，而网络新媒体和传统媒体将长期比翼双飞，互相补充，为建设社会主义和谐社会作出不可替代的贡献。

（此文发表在 2009 年 12 月 30 日《光明日报》）

什么是真正的互联网精神

　　互联网进入中国人的生活已接近20年了，它已经并且正在改变着我们的生活，影响着我们当中越来越多人的思维和行为方式，从而在不知不觉间逐渐影响、改变着我们的社会。

　　确实，互联网不只是取代了我们生活中许多传统的东西，提供了查找知识、购买和信息交流的新渠道，也不只是为我们展开了巨大的数字图书馆、在线电影院和可供在线学习的许多名校的数字课件，互联网标志一个新时代的来临。这个时代的特征不只是前所未有的丰富多彩的物质环境，也不只是无所不在的，使我们既感到方便，又担心个人隐私泄露的、多样化的信息服务，同时也包含着精神和文化方面出现的某些崭新的现象。

　　互联网真的有精神吗？同历史上所有的科技创造一样，相关学科领域的科技进步和工程实践，是产生新的突破必不可少的物质条件。但是，对于互联网的发生，还有另外一个重要因素，那就是互联网的先驱和奠基者们所坚守的精神和追求。

　　中国的互联网只是全球互联网的一部分，回顾我们的发展绝不可孤立来看。从里克莱德"人机共生"方向的革命性地预见，提出建设链接全球的网络，通过高度发达的信息共享和人机合作，使人的智慧充分得到解放，到温特·瑟夫（Vint Cerf）和罗伯特·康（Robert Khan）发明 TCP/IP 协议，使得任何人只要做好互联网协议和软件，并找一个允许接入的点就能进入互联网。全球互联网发展40多年来，从没有路的地方走出路来，推动知识共享、开放创新、超越包容。是许多这样的缔造者们所奠定的思想和气质，才成就了我们今天的互联网世界。

温顿·瑟夫作为 TCP/IP 主要发明人，反复强调："互联网是为了每一个人的。"这句话说出来显得很轻松，但实现起来却是多么艰难。为达到这个高尚的目的，像温顿·瑟夫这样的缔造者们经历了无法想象的努力，最终不仅留给世人伟大的互联网，而且也留下了宝贵的精神财富。

自从 1983 年 1 月 1 日网络协议成功转换到 TCP/IP 以来，互联网就像一种生物，基本上以"有机生长"的方式迅速扩展、延伸全球，链接着 25 亿网民。所到之处，互联网都显现出特殊的精神气质：以信息公平促进社会公平；开放网络、自由访问、信息共享；自下而上、首创精神；网络中立；不断创新、永无止境。为什么说互联网是一个时代？

最具有实质意义的是，互联网改变了和正在改变着人际关系。对于人类社会的生态环境而言，人际关系可以说是起着决定性的作用，同时它也是伦理价值观的基本元素。在网络时代，技术发展已经达到这样的高度，以至于可以在某些情况下改变人的利害观，从而使得人际关系开始出现新的因子，开始走向开放、协同、共赢、共享的社会。例如从开源操作系统到维基百科、维基音乐、维基图书、维基旅行等等，都属于史无前例的、提供全球任何人免费使用的、全球智慧的大规模开放合作。

技术进步和好的游戏规则甚至可以改变容易发生利益冲突的双方的思考方式，进入共赢关系。例如，淘宝网把互相戒备的买卖双方变成了利益一致、友好共赢的双方，因为在淘宝平台上，欺骗行为很容易被发现并受到惩罚，为了自身利益，卖家更愿意以守信和良好服务换取好评，从而提高自身在网上的价值，买卖双方的利益在互联网环境中达到了高度统一。

互联网时代的开放思维方式、共享，不只是有利于他人，同时也提高了自身的价值。如果在各个社会领域中，这样的思考方式越来越普遍，游戏规则越来越有利于合作共赢，难道这不是人类历史长河中一种新时代的曙光吗？

（此文发表在 2014 年 3 月 10 日《北京科技报》）

信息化引发的社会变革

　　这个社会的变革由于信息化的入侵，侵入到各个领域，所有的东西都变了——银行变成了网络银行，金融是网络金融，整个社会的各个方面都变了。

　　我一直在思考一个问题，谈到社会变革，有一个很重要的维度，那就是人的变革。我觉得我们这个互联网时代，或者说网络时代，叫作信息时代都可以，一个很大的特征就是人在不知不觉地发生着变化，我们中国人已经变化了很多。但是如果我们能对这个问题进行一些理性的研究和分析，从经济学的角度、社会学的角度、社会变革的角度来更加系统地、理性地把它研究一下，把这些问题更深化，让公众更知道一些，我觉得可能会加快人的素质的改变和提升，以便使得我们整个中国进入信息化社会的速度更快地提高。我觉得现在确实有很多的事情可以举出来。由于我们的头脑落后，特别是有些政策、规则的制定者他们的头脑落后，而使得我们的信息化常常是事倍功半。比如说我们的政府信息化叫"e政府"，拿一个什么指标来衡量这个政府的信息化水平呢？政务中间的所有项目、数据和内容，到底有多少实现了数字化？一问这个问题得到的答案几乎是接近百分之百，全都数字化了。但是你要讲效率的话，人减少了吗？部门减少了吗？信息的流程缩短了吗？直接送达执行，从决策到执行中间的这个过程，这个复杂程度简化了吗？这些问题一问就知道了，我们的政府信息化很多是花架子。都数字化了，但是保持着原来所有的流程不变，每一个部门的主政者都认为保持不变对他是最有利的。

由于信息技术渗透到我们社会生活的方方面面，所以就使得利他和利己，有的时候界限开始模糊。比如说，现在 IBM、微软开始把他们一些核心的、多年来以垄断来霸占信息领域的技术、软件有选择地公开，把源程序公开，希望大家在它的平台上去开发新的东西。像 IBM 和微软这样一些大的企业愿意这样做，这是为什么？是不是他们忽然变成了救世主了？要讲利他？利己主义变成利他主义了？我想不是的。因为它要不这样做的话，就变得落后了。它的平台大家不知道，它的软件不公开，别人会在新的基础上在公开软件上发展更多的东西，它被别人超过了，所以利己和利他在这个问题上好像有些模糊了。

我常常感慨淘宝——我很喜欢淘宝，不只买东西方便，而且我觉得淘宝网正在解决中国一个最不容易解决、非常难解决的纠结问题，就是我们从上到下对诚信的重视。我们跟那些发达国家处在完全不同的发展阶段。那些发达国家，就是所谓的资本主义国家、西方世界，他们的老百姓对诚信的认识是从几百年前。当纽约还是一个小小渔村的时候，它就开始有这个公众参与评判——渔民打了架它就开始弄了一个元老会，大家请德尊望重的人来裁断对错，这就是参与。后来发展成它们的议会，就是群众参与。在参与中，每个人自然而然地有一个公平，就是社会需要公平的，可是在我们中国没有这样一种体验。另外就是信贷。在它们农村的小地方，我去买一个棒棒糖，我今天没钱可以赊账，赊账久了以后，慢慢地就形成了它们的信贷制度。信用的值钱程度比他的银行卡还要值钱，如果他的信誉记录有了污点的话，他在那个社会就寸步难行——他要买房贷不到款，他要买车贷不到款。如果他水费、电话费忘交了，他可能就贷不到钱。我们是自上而下的社会，不是自下而上的社会，跟它们的结构完全不一样。但是我们迎头赶上了信息时代，怎么办呢？我们要补上这一课。当然淘宝网是一个代表，是典型的。有一次买一件东西出了错，我就给那个商家打了一个差评，没想到大概隔了两个礼拜，他给我打电话，他说我就是卖给你那个错的东西的，我愿意给你退货，你退过来，我给你重新发一个。我说我已经把那个送给别人了，因为那件衣服我不能穿了。他说那我太抱歉了，我一定改，你能不能把你的差评改成好评？我说你那么认真，那么重视你的诚信记录，我希望你继续努力，我就把他的差评改成了好评。

后来又有一个商家跟我打交道的时候，他说反正现在淘宝网上的制度都是有利于买家的，对于我们总是吃亏。其实我后来想一想，这个也许是淘宝网值得改进。但是我觉得，事实上恐怕这个体验还不完全正确，因为淘宝网一边卖东西，一边积累商家的信誉，同时也积累买主的信誉。比如说，我有很多年在网上买东西，积累起来。我觉得现在淘宝网需要注意的是，它可能比较多地注意你买了多少钱的东西。比如说我花了很多钱，买了很多东西，很多年你一直在那里买东西，你的级别就提高了。但是这里面可能还应该加一个，我不知道你们有没有，如果有商家投诉，你是故意跟他捣乱。比如我拿到一个本来是好的产品，我故意弄坏了，去欺负这个商家，如果有这样的记录，不管你买了多少东西，你的级别立刻就掉到零了。如果有这样的，就变成一个双向的，大家都重视诚信记录。我是买家，要积累我的诚信记录。他是卖家，要积累他的诚信记录。这是一个案例，不是说大家一定都要去淘宝网买东西。但是我认为，确实在信息社会里，可以用信息社会的手段和基础设施。技术发展已经提供给我们一些手段，让我们能够把利己和利他在某些地方可以一致起来——利己主义和利他主义，我的利益和你的利益是一致的。在这种事情上，我觉得我们应该多下一些功夫，引导我们的决策者，政策的制定者。比如我们到现在为止，我们的账号，我们企业的代号，企业在数字化领域的代号，在工商管理总局和海关系统是两套。企业从事外贸要有进口的，有两个表，在工商管理总局的表上是这个，在海关那个表上是那个，中间要有一个翻译。工商管理总局说我是你诞生的见证者，你这个企业要想成为一个企业必须在我这儿登记，所以我有权给你发这个出生证。你的出生证就应该由我定，这是我的控制，是我的领地，我不能把这个领地随便让给别人，我也不需要跟别人共享，这是我的，绝对不改。海关有他自己的道理，海关的体系也不能改，这么多年了。大概十多年前我听说这个问题，最近我得知到现在这个问题还存在。

　　像这一类的问题，我觉得是属于社会变革当中跟人有关的维度。互联网提供了平等、自由、积极的参与机会，我觉得这些精神应该大力提倡，并且进行一些理性的研究，使得信息时代的理性的经济人，或者信息时代的理性的政府，它就应该不是小肚鸡肠的那种人。比如说，美国信息都公开，看起来是非常大度，实际上对美国的利益是最大化。如果你说我们中国人常常有那种想法，讲信息公开的话，最好是你的信息我能看，我的信息不让你看，如果能实现这个对我最有利。实际上这是错的。他的信息让你看，你就给了他很多机会，你的信息别人看不了，别人就没法给你机会。这种思维方式，实际上是社会变革的一个重要的前提。而我们国家的变革滞后，我觉得跟我们的电信基础设施、宽带基础设施超常发展，很快进入一个先进的行列，跟这个比起来，我觉得我们是最落后的，最难以解决的是人的思维的改变，扯了社会变革的后腿。所以希望我们这个研究会要研究社会变革的话，不能少了这个维度。

（此文发表在 2014 年 6 月 7 日《企业家日报》）

从羊肠小道走出来的中国互联网

胡启恒口述　杨玉珍整理

互联网进入中国已经20年了。20年来，互联网不仅改变着我们的生活，影响着我们的思维和行为方式，也在不知不觉间改变着社会。互联网是一种技术创新的伟大成就，但又非常不同于此前的任何技术创新，它的普及速度远超过历史上其他技术创新，它对社会和人们生活影响的广度和深度也是前所未有。20年前，我在中国科学院所承担的工作，使我有幸见证并亲历了中国接入国际互联网的全过程。现在结合当年的经历和感受，讲述我国接入国际互联网的原因、经过，以及互联网在中国生根发芽、发展壮大的不平凡历程，希望能对读者有所启示和帮助。

是谁为互联网画出第一张宏伟蓝图

在讲述互联网接入中国的过程之前，先要对互联网的起源有个大致的了解。互联网跟所有重要的技术发明一样，是在其他技术进步、发展成熟的基础上产生的。电话、电报、无线电、数字计算机的发明和应用，是互联网出现的前提条件和技术基础。有了技术基础，也要有政治和军事的需要，因为政治和军事的需求向来是刺激科技进步的重要驱动力。1957年，苏联人造卫星上天，这对于美国来说可谓石破天惊，他们着实吓了一大跳，也感受到了可能落后于苏联的巨大威胁。为了应对这种危机，美国国防部提出，需要一种能抵抗核打击的全国作战指挥系统，有了这种系统，即使在遭受核打击的情况下，美国也能继续保持全国作战的指挥能力。毫无疑问，这是促使互联网产生的一种驱动力。

军方的需求只是一个方面，对于互联网的设计者们来说，真正影响他们设计理念的是 J.C.R.Licklider（里克莱德）——世界公认的互联网先驱和思想奠基人。里克莱德是一位美国科学家，1937 年他从华盛顿大学毕业后拿到三个学位：心理、物理和数学。他于 1950 年进入 MIT（麻省理工学院），得以近距离接触数字计算机。之后，他以一个非计算机专家的陌生眼光和特殊洞察力，观察和体验计算机。他后来提出的关于计算机网络的一些设想，对互联网的设计者和缔造者们产生了最直接的影响。20 世纪 60 年代初，他写了一系列备忘录，指出计算机科学发展的方向，就是要用互相连接、互相合作的计算机，把人类智能从一些机械重复、逻辑推理等辅助性工作中解放出来，使人类的智能用于真正的创造。他对于人类未来的美好理想，是革命性的、划时代的。

1962 年，美国国防部"先进研究计划局"（也译成"先导研究计划署"）聘请里克莱德担任领导工作。在工作过程中，里克莱德又写了一系列备忘录，描述他心目中理想的计算机网络状态。现代互联网所拥有的一些功能，当时里克莱德几乎都预见到了，比如，方便的人机界面、图形计算，甚至图书馆、电子商务、在线银行，等等。1968 年，他发表论文《作为通讯设备的计算机》，在世界上第一次指出：计算机不只是用来提高数学计算速度的工具，也是一种划时代的创新思维。

里克莱德不仅是世界上第一个提出全球网络的人，他还提出，网络是为全球每一个人服务的，每个人在网络面前完全平等，人人都可以在任何时间、任何地点自由地使用网络；建设全球计算机网络的最终目标，就是通过高度发达的信息共享、人机合作，使每个人都能够在其他人工作的基础上进行新的创造，使人类的智慧充分得到解放。

里克莱德的思想超越了国家的利益，超越了历史时代，属于一个天下为公的未来世界。他生活在一个冷战的环境，但想的却是如何使计算机网络方便全球的每一个人，而不是用于战争，用于征服别人。他的理想在于使人类的智慧用于更多的创造。他关于人机共生和全球网络的理念，影响着互联网的建设者们，为互联网的设计原则奠定了基础。

为了纪念里克莱德，2013 年，世界互联网名人堂（世界互联网协会 ISOC 设立的一项关于全球互联网历史的虚拟博物馆计划，旨在公开认可和表彰那些为全球互联网发展和应用做出杰出贡献的人）追认他为"世界互联网名人堂先驱"。在我看来，互联网的基因因为受到他的影响，而带有了一种理想主义色彩。

使互联网真正强大的，不是摧毁和消灭，而是超越和包容

互联网的发展过程，整体来看是非常复杂的。但总的来讲，用一个词描述最为恰切，那就是创新——开放、协同式的创新。

20 世纪 60 年代，美国国防部先进研究计划局已经建成了网络，只不过这个网络不是全球的，是美国范围内的。60 年代期间，全球各地有许多研究团队彼此独立、平行地在做有关计算机网络的研究工作，其中有三个团队的成就比较突出，它们是：美国的兰德公司、美国的 MIT 和英国的 NPL（The National Physical Laboratory，国家物理实验室）。它们分别解决了异构计算机联网的关键性核心技术问题，如计算机分时远程合作、包交换、网络的检测分析技术等等。1968 年，美国国防部正式立项，决定支持这三个团队中的 MIT。

1969 年，斯坦福研究院计算机和位于加州大学洛杉矶分校的第一个网点之间开始通信，这是现代互联网的第一个网点。到 1969 年底，这种网点增加到四个。接下来的研究重点，是发展一个功能完善的主机通信协议。只有具备这个协议，网络才能兼容多种不同的结构，形成网间网络。

我们现在的互联网之所以被大家认可和接受，就是因为它用的是 TCP/IP 协议（互联网主机通信协议）。从美国国防部先进研究计划局开发的阿帕

网 ARPANET 到互联网，最主要的变化就是引入了开放的架构和网络连接层的协议，也就是现在的 TCP/IP 协议。

发明 TCP/IP 协议的是美国的 Vint Cerf（温特·瑟夫）和 Robert Khan（罗伯特·康）。1973 年他们开始合作，经过不懈的努力，终于产生了奠定了互联网基础的 TCP/IP 协议。

但是，互联网工作原理的设计又不是仅凭这两个人的努力得来的，它是在很多信息技术开放、协同创新的基础上产生的。温特·瑟夫和罗伯特·康之所以成功，得益于很多已有的成果。当时，很多人在做平行的研究，比如电子邮件的发送、超文本链接、鼠标的点击、远程登录文件的交换等。可以说，互联网所有的创造发明都产生于知识共享、开放创新这样一个思维，都得益于全球范围的创新接力赛，得益于充分的交流和互为人梯地不断攀升。在互联网产生的过程中，这些互联网的缔造者们同时也创造了一种互联网精神。

TCP/IP 协议产生后，温特·瑟夫和罗伯特·康决定不为此申请任何专利，一旦这个协议已经足够成熟，能够坚强到支持一个大规模网络的时候，他们就把这个协议向全世界公开发布，让人们免费使用。TCP/IP 协议能够在众多的网络协议中脱颖而出，使互联网最终成为全球的网络，跟他们的这些做法有一定的关系。

2012 年，在首届世界互联网名人堂仪式上，记者在采访温特·瑟夫时问他：现在互联网已经存在这么多年了，它一直坚立不倒，就算通信、计算机领域有很多技术创新出来，它依然不能被取代，你是不是觉得很意外？温特·瑟夫说，我一点都不觉得意外，因为当时我们设计的目标，就是要让互联网能够容纳大量的异构网络，协同工作。不管你是什么样的网络，只要你使用 TCP/IP 协议，就可以马上联网，成为互联网的组成部分。它的精神和思想基础，是超越和包容所接纳的网络具体技术。如果你想建设一段新的网络，只需找到一个接入点，不需要得到任何中央控制环节的批准，就可以联网。整个体系好像成为一个有生命的东西，可以自主地延伸。温特·瑟夫把它描述为 Organic grow，即"有机地生长"。

互联网之所以有生命力、能够迅速地蔓延全球，跟这个协议的技术核心和基本思想是分不开的。因为他们知道，使互联网真正强大的，不是摧毁和消灭，而是超越和包容。

"互联网进入中国，不是八抬大轿抬进来的，而是从羊肠小道走出来的"

20 世纪 90 年代，互联网在一些国家已经开始发展，计算机联网成为当时很重要的一个研究方向。我国很多高校和科研院所，对于高速计算机也都有迫切的需求。为了充分利用科研资源，国家计委决定在中关村建设计算机网，共享高速运算能力。于是，诞生了世界银行贷款项目 NCFC（National Computing and Networking Facility of China，中国国家计算机与网络设施）。该项目旨在把清华校园网、北大校园网和中国科学院在北京中关村的 40 多个研究院所联成一个网，共享超级计算机的运算能力。

世界银行向国家计委贷出 420 万美元。在今天看来，这是一笔不大的款项，但在 20 年前，应该算是一笔巨款。国家计委决定用招标的方式来确定负责单位，清华、北大、中国科学院三家单位努力竞标，最后科学院中标。在国家计委宣布评标结果前，我去找国家计委负责这个项目的张寿副主任。我对张主任说，你一定要做到分数面前人人平等，要是有人跟你搭关系，谈些别的事，你都不要听。张主任说，放心吧，肯定分数面前人人平等。最后，中国科学院凭 0.7 分的优势胜出，主持这个项目。

计算机要联网，也促成了人必须要合作，需要跨部门组成一个项目管理委员会，成员除了清华、北大、中国科学院，还有教育部、自然科学基金会、国家科委、国家计委参加。因为中国科学院主持这个项目，我又是科学院分管这个项目的副院长，所以由我担任管委会主任。这些单位都很关心NCFC项目，大家都意识到，如果 NCFC 建好，对科学研究来讲是一个极大的促进。

因为管委会是跨部门的，很多相关单位的领导都要参加，所以对管委会的工作，我特别认真谨慎。我首先去拜访了时任国家教委主任的朱开轩教授，向他汇报情况。朱主任说，虽然我们两个大学不太服气，但是你放心，工作还是要以大局为重，你就放手干！管委会决定的事，不必所有都来向国家教委汇报，我们都支持你！总之，国家计委、国家教委、国家科委、自然科学基金委等这些单位的领导都给了我很大的支持。

NCFC 的首要任务是建设三个校园网，然后再建一个主干网，把三个校园网连接起来。至于主干网用什么标准，当时管委会采纳了以钱华林（中国科学院计算机网络中心研究员）为首的技术团队的建议，采用当时已经成型的 TCP/IP 协议。到 1993 年底，NCFC 项目的网络建设基本完成。

该项目的另一个重要任务，是装备超级计算机，作为网络上的公用资源。但是，这个任务受到了阻碍，原因是巴黎统筹会控制中国进口高新技术。

NCFC 管委会认为，既然我们已经建成了中关村计算机网，又无法购买需要的超级计算机，那就不如趁此机会考虑国际联网。这不仅符合计算机科学的发展方向，也是各高校和科研院所进行国际合作的实际需要。于是，管委会很快达成一致意见，决定进行国际联网。但是，过程却并没有想象中的顺利，而是困难重重。

第一，NCFC 项目的任务书里并没有国际联网这一任务，国家对我们也没有要求。国际联网只是 NCFC 管委会"一厢情愿"的事情，是一个自选课题。

第二，世界银行给我们的贷款，只支持我们建成一个主干网，然后把清华、北大、中国科学院三家的局域网连接起来，共享超级计算机，像国际联网这样的事情，不在他们贷款的支持范围内。所以我们接下来遇到的就是资金问题。如果国际联网，我们需要自筹经费，420 万美元的贷款和国家计委的拨款我们不能使用。

第三，因为 NCFC 是世界银行贷款项目，按照世界银行的规定，国际专家组要不断地来中国检查。专家组只认可 NCFC 项目书上的内容，不关心我们国际联网。他们认为，我们的校园网都建好了，应该赶快去买一个主机，任务就可以完成，就可以结题了，为什么要进行国际联网呢？这简直就是不务正业。国际专家组每次来中国检查，都对我们有一些批评意见，我们没有办法，只好接受批评，暂不改正。

第四，要进行国际联网，在当时的条件下，必须要租用电话线。电话线是电信的基础设施，当时邮电部对基础设施的管理和收费制度有严格规定，一家用一根电话线，如果你要把你的电话线两家共用或者出租给别人，就要两倍、三倍甚至更多倍对你收费。因为这个收费制度，我们再三地去跟邮电部解释，说互联网本身是大家资源共享，中国科学院租了这个线不只是科学院自己用，我们要跟清华、北大共用，还有北航、北理工大学，它们知道这个消息以后也都要求上网，所以我们租用这个电话线是要给多家单位共用。邮电部说什么也不理解，说这跟它的制度不相容。

第五，美国对中国要接入它的主干网心存戒备。美国认为我们是社会主义国家，有可能会"窃取"它的军事机密。到 1993 年底，我国接入全球互联网的所有技术问题都已基本解决，但钱华林跟我说，不知什么原因，网络就是不通。后来在一次国际会议上我们得知，中国之所以接入不了世界互联网，是技术以外的一些障碍。尽管当时没有明说，但大家都心照不宣。

尽管困难重重，但管委会大家一条心。国际联网的经费，由国家科委高新司、自然科学基金委和中国科学院自愿分担；在我们多次拜访商谈之后，邮电部也破例允许我们以正常价格租用国际信道。最后，还需要设法解决美国方面的问题。为此，中国科学院正式向国务院报告请示，很快便得到了国务院的批准。邹家华副总理、宋健国务委员、李岚清、罗干，都在报告上签了字。1994 年 4 月初，我趁去美国开会之便，拜访了美国主管互联网的自然科学基金委的负责人，说明 NCFC 的性质、国际科研合作对互联网的迫切需求，以及我们联网的目的。最终，我们达成共识，美国同意我们接入互联网主干网。

1994 年 4 月 19 日深夜，在 NCFC 的机房，当夜值班的一位年轻工程师李俊，忽然发现自己能进入世界互联网了，他喜出望外。他后来回忆说："当时我忽然发现自己能联网了，美国互联网上的一些东西我都能看到了，我兴奋得简直难以形容。"他欣喜若狂，还说："我是中国进入互联网的第一人！"据他讲述，当晚他还留了一个心眼儿，没有打电话给任何人，连领导也没有告诉，想自己先玩一会儿再说，第二天上班才向领导汇报。这听起来虽然很有意思，但也可见当时我国科研人员对互联网的渴求。由此，1994年 4 月 20 日，被正式认定为中国开通全球互联网的纪念日。

虽然接入国际互联网不是国家给我们的任务，但是当我们迈出了这一步，还是得到了社会各方面的承认。全功能接入全球互联网在 1994 年被我国媒体列为国内十大科技新闻之一，被国家统计公报列为 1994 年重大科技成就。不过，从互联网引入中国的过程也可以看出，互联网进入中国，确实不是八抬大轿抬进来的，而是从羊肠小道走上了康庄大道。

我国的域名服务器曾由一位德国教授友好代管

互联网正式进入我国后，为了适应管理和服务的要求，在中科院原有的计算中心的基础上，成立了中科院计算机网络信息中心，即 CNIC（Computer Network Information Center）。CNIC 成立后，受命完成中国国家顶级域名服务器的设置，使得中国顶级域名 .CN 开始向国内网民提供域名注册服务，并于 1997 年经政府主管部门授权，正式建立中国互联网国家顶级域名运行服务机构 CNNIC（China Internet Network Information Center，中国互联网络信息中心）。

说起中国顶级域名 .CN，背后也有很多故事。互联网进入中国前，中国顶级域名 .CN，一直在德国的卡斯鲁尔大学，由佐恩教授替中国义务管理。因为当时中国没有任何单位能够去操持我国怎样进入互联网的这些事。北方计算机研究所（隶属于兵器部）有一位王运峰教授，因为早年留学德国，改革开放以后，他领导的团队开始跟德国卡斯鲁尔大学的佐恩教授合作。1990年，在佐恩教授的帮助下，中国顶级域名 .CN 在全球互联网根服务器上成功注册，并且域名服务器被放在了德国的卡斯鲁尔大学，由佐恩教授义务替中国管理。

1994 年，又是在佐恩教授的配合帮助下，我们把国家顶级域名 .CN 服务器移回了中国。1997 年经政府授权后，由 CNNIC 向全球正式提供 .CN 的域名服务。

为建立中国的域名体系，我们当时邀请了很多国内有关专家参加此项目。其中有钱天白，他是王运峰先生的助手，一个年轻的工程师。他被我们邀请来后，以 NCFC 管委会的名义，进行了很多工作，比如参加互联网国际学术会议、参与设计中国的域名体系、帮助顶级域名服务器移回中国等。钱天白和 NCFC 以钱华林为首的团队合作得非常愉快，被誉为计算机互联网领域的"二钱"。非常可惜的是，钱天白英年早逝，没有看到互联网在中国真正的灿烂辉煌。

中国发出的第一封电子邮件并不是网民熟知的《跨越长城，走向世界》

在我国互联网发展的早期，除了 NCFC 团队以外，很多科学家、工程师对互联网都进行了长期的研究工作，成果不菲。

比如，早在互联网进入中国前几年，国内就已经有人在使用电子邮件。其中被全国网民熟悉并记住的，是 1987 年王运峰团队发出的以《跨越长城，走向世界》为主题的电子邮件。这被誉为在中国成功发送的第一封电子邮件。但人们不知道的是，早在这以前的 1986 年，我国就已经有人在使用电子邮件了。

中国科学院高能物理所的吴为民教授，是一位从美国回来的科学家，他所率领的团队在 1986 年就与欧洲核子研究中心 CERN 沟通了电子邮件。当时他们需要跟 CERN 交换大量的数据，如果这些数据都用打长途电话的方式进行交换，费用太贵了，所以他们在网络传输方面下了很大的功夫。从 1986 年成功运用电子邮件之后，他们就开始使用计算机网络来沟通、共享文件。高能物理所发给 CERN 的邮件可能因为没有任何人文色彩，被网民忽略，网民只记住了一封《跨越长城，走向世界》的邮件。

虽然大家都一致认可中国第一个实现全球互联网全功能连接的是由清华、北大、中国科学院组成的三角网 NCFC，但是除了 NCFC 团队以外，当时确实还有很多的科学家、工程师以及研究、教育机构和企业都为互联网在中国的早期发展做了很多铺垫性的工作。

NCFC 建成后，各高校和中国科学院都分别把自己建设的北京的网络向全国范围扩展。1995 年 5 月，中国电信开始筹建全国公用的计算机互联网、骨干网 Chinanet，并在 1996 年正式开通服务。到这时为止，互联网才可以说基本上开始了在中国的安家落户。

互联网能进入中国，除了中国的科学家和工程师们的努力外，国际互联网大家庭对中国的支持和帮助也不应被忽略。1994 年以前，国际网络界学者、专家以及科技界人士在许多国际会议上，都公开发表意见，支持接纳中国加入互联网。美国国家科学院副院长甚至为了支持中国的加入，亲自向美国政府施加影响，这些都是我们不应该忘记的。

当中国大陆和台湾的桌签并排出现在国际互联网会议上

中国加入互联网大家庭后，参加全球大型互联网会议的机会增多，中国大陆和台湾的代表在国际互联网的舞台上经常能够碰面。不管海峡两岸关系如何，在互联网会议上见面，双方关系始终非常友好，并且都从心底自发地发展这种友好关系。每次开会，大家都在一起聚餐，像个大家庭一样温馨和谐。其中有一次"特别"的经历，让我印象非常深刻。

国际上举行互联网大会，通常情况下都不会摆桌签，但有一次却出现了意外。那是一次全球的 NIC 负责人大会（NIC，即 Network Information Center，互联网络信息中心，每一个国家、每一个地区，只要有互联网的地方，都有一个运行顶级域名的 NIC），早上 9 点开会之前，与会国代表面前的桌子上突然出现了桌签。当时，大陆和台湾的代表都是会议参加方，我们面前放着"中国"，台湾面前放着"台湾"，显然，这是想把我们对立起来，形成"一中一台"。我当时一看这种情况，马上去找大会组织者，希望他们可以做出改变。可是会务人员却说：这次大会虽然是 ICANN（互联网名称与数字地址分配机构，是一个非营利性的国际组织）大会，但 ICANN 只是一个平台，每个分会场的组织者独立操作，需要找到 NIC 会议的具体组织者，向他们提出你的问题。我当时就想，这件事难办了，时间紧迫，如果实在找不出解决问题的办法，我们只好在开会之前退出会场。

但是接下来，令我意想不到的事情发生了。当我走回 NIC 分会场，看到了这样的一幕：摆在大陆和台湾负责人面前的桌签统统消失了，他们二人都自动地把桌签放进了下面的抽屉里。其他国家面前都有桌签，只有我们中国大陆和台湾代表面前没有桌签。看到这一幕，我非常感动。当时我们大陆方面的负责人叫毛伟，是中国科学院非常年轻的一个工程师，也就 30 岁出头的年纪。坐在他旁边的台湾方面的负责人，也是一个非常年轻的工程师。在矛盾尖锐化的时刻，他们不约而同地选择了最大限度地维护祖国的利益。当时如果我们去大吵大闹，而不是理智地来处理这件事情，就会在全球互联网世界里造成恶劣的影响。无论谁赢谁输，都会让中国人脸上不好看，都会给中国减分。而两个仿佛亲兄弟一样的年轻人，就这样举重若轻地把问题解决了。

后来我们发现，这次摆桌签事件，跟台湾的"外交部门"有关系，他们还特意派人来大会上拍照，意图制造"一中一台"。结果，他们的阴谋没有得逞。

互联网在中国的迅猛发展

互联网进入中国的 20 年，是在中国迅猛发展的 20 年。我们通过对互联网领域一些里程碑事件的回顾，来追溯一下整个过程。

年纪稍大点的人，尤其是通信界的人，可能对一个名字印象深刻，那就是瀛海威信息通信有限责任公司。瀛海威公司是中国最早、也是最大的民营互联网接入商，1997 年就开通了全国八个城市的广域网。1996 年深秋的一天，在北京中关村白石桥白颐路口，立起了一个很大的广告牌，上面写道："中国人离信息高速公路还有多远？向北 1500 米！"看到这个广告牌，很多人产生了好奇：向北 1500 米到底是什么？原来，向北走 1500 米，就到了魏公村，那里有瀛海威的一个网络科教馆。在科教馆门前的台阶上，每天早上都能看到一群年轻人坐在那里等开门。里面到底什么东西这么有吸引力？那就是可以用来国际联网的计算机。那个时候，家庭的计算机还很少，能用来国际联网的就更少了。年轻人之所以这么热情执着，就是为了利用瀛海威免费提供的上网服务。这是一个信号。瀛海威是中国第一家网络服务提供商，是互联网界的一个先驱。作为一个公司，瀛海威可能并不算成功，但作为互联网在中国最早、最热情的支持者，它和当时的 CEO 张树新都值得被我们永远铭记。

接下来，1997 年 6 月 3 日，国务院信息化领导小组办公室决定委托中国科学院组建中国互联网络信息中心 CNNIC。该中心正式获得授权，运行管理中国国家顶级域名 .CN，并提供互联网域名、地址等基础资源分配有关的服务。当年 11 月，中国互联网络信息中心发布了第一次《中国互联网络发展状况统计报告》：截至 1997 年 10 月 31 日，我国共有上网计算机 29.9 万台，上网用户数 62 万。现在看来这是非常小的一组数字，但不到三年之后，即 2000 年 1 月 18 日，中国互联网络信息中心发布了第五次《中国互联网络发展状况统计报告》：截止到 1999 年 12 月 31 日，中国共有上网计算机 350 万台，上网用户数约 890 万。两年多时间，翻了十多倍之多。这是互联网最初进入中国的情况。

接下来是互联网在中国土地上生根开花、生命力初显的阶段。2003 年 3 月 20 日，湖北青年孙志刚在广州被收容并遭殴打致死。该事件首先被地方报纸媒体曝光后，我国各大网络媒体积极介入，引起社会广泛关注，互联网发挥了强大的媒体舆论监督作用。6 月 20 日，国务院发布《城市生活无着的流浪乞讨人员救助管理办法》，同时废止《城市流浪乞讨人员收容遣送办法》，网络媒体的影响力与地位逐步提升。这说明，互联网开始在社会生活中发挥作用，开始变得"有用"。当一个东西"有用"之后，它便开始在这片热土上扎根，展示出旺盛的生命力。

2004 年 2 月 3 日至 18 日，中国三大门户网站新浪、搜狐和网易先后公布了 2003 年度业绩报告，分别实现了 1.14 亿美元、8900 万美元和 8000 万美元的全年度营业收入，以及 3100 万美元、3900 万美元和 2600 万美元的全年度净利润，首次迎来了全年度盈利。这个时候，互联网的生命力表现为开始能赚钱。这种能赚钱的生命力就像野草一样，往往比栽培的植物长得更茂盛。

也是在同一年，中国的网络公司掀起上市热潮。先是 2004 年 3 月 4 日，手机服务供应商掌上灵通在美国纳斯达克首次公开上市，成为首家完成 IPO（首次公开募股）的中国专业 SP（服务提供商）。此后，TOM 互联网集团、盛大网络、腾讯公司、空中网、前程无忧网、金融界、e 龙、华友世纪和第九城市等网络公司在海外纷纷上市。中国互联网公司开始了自 2000 年以来的第二轮境外上市热潮，它们不但在中国市场上开始盈利，也在世界范围内实现了资金大循环。

2005 年 1 月 17 日，中国互联网络信息中心在北京发布了第 15 次《中国互联网络发展状况统计报告》：截止到 2004 年 12 月 31 日，中国上网计算机约为 4160 万台，上网用户数约为 9400 万人。与 1999 年相比，五年间不管是上网计算机还是网民数又翻了十倍之多。到当年 6 月 30 日，我国网民首次突破 1 亿人，达到 1.03 亿。到 2006 年 12 月 31 日，我国上网用户约为 1.37 亿人，网民数占全国人口比例首次突破 10%。到 2008 年 6 月 30 日，我国网民总人数达到 2.53 亿，首次跃居世界第一。而到了 2008 年 12 月 31 日，我国网民数又升至 2.98 亿，互联网普及率达 22.6%，首次超过 21.9% 的全球平均水平，其中宽带网民规模达到 2.7 亿，占网民总体的 90.6%。这些数字，展示出互联网在中国显现出超常的生命力，以人们来不及反应的速度在迅猛发展。

与此同时，中国的网络公司也在世界上崭露头角。2007 年 12 月 4 日，美国纳斯达克证券交易所宣布，百度公司成为纳斯达克 100 指数和纳斯达克 100 平均加权指数的一部分。这是第一家入选纳斯达克 100 指数的中国公司。2007 年，腾讯、百度、阿里巴巴市值先后超过 100 亿美元，中国互联网企业跻身全球最大互联网企业之列。

2009 年以后，互联网全面融入社会生活。2009 年，由中国互联网协会主办的首届中国网民文化节正式启动，9 月 14 日这一天被网民票选为中国网民文化节。同年 9 月 8 日，腾讯公司市值突破 300 亿美元，成为全球第三大市值的互联网公司。

2010 年 6 月 14 日，中国人民银行公布《非金融机构支付服务管理办法》，将网络支付纳入监管。2010 年，网络舆论的社会影响力提升，"王家岭矿难救援""宜黄强拆自焚"等一系列事件通过网络曝光后引起社会的广泛关注。

2011 年，我国微博用户达到 2.5 亿人，较上一年增长了 296%，微博已成为我国重要的舆论平台。同年，百度、腾讯、新浪微博、阿里巴巴旗下淘宝商城等互联网大企业纷纷宣布开放平台战略，改变了企业间原有的产业运营模式与竞争格局，竞争向竞合转变。这种转变，不仅标志着企业的成熟，也表明互联网企业开始向着越来越整合的方向发展。也是在同一年，中华网向美国亚特兰大破产法庭提交破产申请。中华网于 1999 年在美国纳斯达克上市，是中国第一家赴美上市的互联网公司，同时也成为了第一家申请破产的中国赴美上市互联网企业。

在网民迅猛增长和互联网公司飞速发展的同时，互联网也快速向移动互联和深度应用前进。根据腾讯发布的数据，截至 2012 年 12 月，微信注册用户已达 2.7 亿人。从 2011 年 1 月 21 日微信推出，它的用户数量一直保持快速增长。2013 年，中国互联网络信息中心发布第 31 次《中国互联网络发展状况统计报告》。《报告》显示，截至 2012 年 12 月底，中国网民规模达到 5.64 亿，互联网普及率达到 42.1%，其中手机网民规模为 4.2 亿，使用手机上网的网民规模超过了台式电脑。2013 年，我国网络零售交易额达到 1.85 万亿元，首次超过美国成为全球第一大网络零售市场（根据 eMarketer 数据显示，2013 年美国网络零售交易额为 2589 亿美元，约合人民币 1.566 万亿元）。

2013 年，互联网金融兴起，阿里巴巴推出在线存款业务产品余额宝，百度推出百发在线理财产品，新浪推出微博钱包，腾讯推出微支付、基金超市，京东推出京保贝，互联网金融产品丰富了人们投融资的渠道与方式，使传统金融业受到冲击。

2013 年 11 月，国家统计局与百度、阿里巴巴等 11 家企业签订了大数据战略合作框架协议，目的在于共同推进大数据在政府统计中的应用，增强政府统计的科学性和及时性。

2014 年 1 月 16 日，中国互联网络信息中心在京发布第 33 次《中国互联网络发展状况统计报告》。《报告》显示，截至 2013 年 12 月，中国网民规模达到 6.18 亿，互联网普及率为 45.8%，其中手机网民为 5 亿，中国互联网发展主题已经从"普及率提升"转换到"使用程度加深"。（以上部分资料参考中国互联网络信息中心发布的《中国互联网发展大事记》）

互联网是社会的一面镜子

随着互联网在社会生活中发挥越来越大的作用，互联网的负面效应也开始显现。尤其是近年来网络诈骗、网络暴力和网络涉黄等事件的增多，很多人开始对互联网的作用产生质疑，觉得互联网使社会在某些方面变得很坏、很糟糕。其实，互联网是社会的一面镜子，社会是什么样，它就是什么样。互联网对上网的人没有任何限制，也不需要任何许可，只要条件允许，每个人都可以上网，所以社会上有什么样的人，网上就有什么样的东西。有高尚的人，就反映高尚的东西；有低俗的人，就反映低俗的东西。互联网本身是中性的，不选择，不排斥。所以在国外，互联网界有一个共识的说法，叫"互联网中立"。

我们有的时候会提出来互联网有罪，互联网应该受罚。对于互联网的罪与罚，我觉得这个提法本身就很可笑。如果说互联网有罪与罚，那么电话也有罪与罚，传真机也有罪与罚……所有的现代技术都既有好的一面，也有坏的一面，都是双刃剑。既然我们能通过网络获取所需要的知识，促进与他人的交流，获得最大的方便，那么罪犯如果想犯罪，也可以很容易达到目的，也可以通过网络获得最大方便。所以说，互联网本身只是一个工具，不具备正义或罪恶的社会属性。

不管对于哪个国家或政府，如果想把网络治理得绝对干净，没有任何一点负面的东西，都是不太容易做到的。只要社会上有负能量的东西，它就一定会反映到网络上面去。我们只能寄希望于我们的社会越来越趋向于实现公平正义，社会上正能量的东西才会越来越多，积极的东西才会越来越多。网络对于依法治国，实现公平正义，无疑具有强大的人民监督作用。而网络的内容也一定会如实反映社会的进步。尤其是弱势群体中的年轻人，如果社会能为他们提供更加平等的机会接受良好的教育，在社会里找到适合自己的位置，就等于为网络的正能量增添了力量。

总之，网络会在依法治国中发挥人民监督的强大作用，随着依法治国取得成效，网络内容也会越来越积极正面，对社会的促进作用也会越来越大。

网络监管和网络安全问题

虽然说互联网中立，互联网是社会的一面镜子，反映的东西由社会上已存在的东西所决定，但是作为国家政府部门，对网络进行监管、保证网络安全还是极其重要的。近年来随着网络在社会监督问题上发挥越来越大的作用，政府也更加重视互联网，不仅在加强互联网监管方面频出举措，对网络安全问题也更加重视。

先说网络监管。虽然网络监管是维护网络安全、保护网络上公共利益的重要手段，但是很多人对政府介入网络管理存有异议，认为政府对网络的监管是一种对自由的干涉。其实，网络监管、保障网络安全是国际通行的做法，不管美国也好，其他西方发达国家也罢，对网络进行监管，事实上都是一直在做的。以美国为例，他们有正式组建的网络战争司令部。他们宣称，网络战是今后战争的主要形式和最高形式，网络战是统率陆、海、空和宇宙四种形式的最高形式（宇宙就是宇航、宇宙飞船之类的，这些宇宙飞船也有可能用于战争）。所以，他们成立正式的网络司令部，有网络的军队，还定期举行演习、设立攻击的靶子等。对于网络战这件事情，美国基本上是光明正大进行的。比如就监听民众电话这件事，美国过去就公开讨论过，很多人坚决反对，说不能监听，监听侵犯民众的自由。但后来为了国家安全，这项议案还是通过了。在"9·11"事件以前，互联网世界流传着一种说法，说互联网不属于国家，互联网的建立本身是超越国家的，所以互联网世界不需要政府来干预。可是"9·11"事件以后，这种观念发生了很大变化，很多人认识到，网络上的恐怖行为和犯罪必须要政府来监管。后来人们都认可了这个事实，并取得国际的共识，即政府有责任监管，但要依法监管，在法律允许范围内来监管，而不是说某个人想怎么管就怎么管，必须有法律的依据。

再说网络安全。现在每个国家都在网络安全维护上投入很多力量，但是也不能很确定地说就能保证一个国家网络绝对安全。美国国防部应该算是力量非常强大、技术水平非常高的部门，但它都不能保证和美国国防有关的所有信息技术和相关设备都审查检测得非常干净，不会有人在里面放置后门或者是设置间谍，他们也承认这是很难做到的。为什么？因为现在所有的产业链都是全球化的。比如一台计算机，虽然看起来是中国制造，但是里面千奇百怪的零件中，可能有一个很小的螺丝钉就不是中国制造，就这一个小螺丝钉，可能就存在某种危险。当然也不一定说只有外国的产品才危险，中国自己制造的就不危险。很多在中国生产的东西，同样也可能存在某种风险。因为现在这个时代，不可能所有你需要的东西都自己在屋子里制造出来，整个世界是在一个国际化、全球化的产业链基础上发展起来的，如果封闭自己，就成不了产业链，就会大大地落后。所以，不光我们中国现在做不到，其他国家也不一定能做到保证网络绝对安全。

要想解决这一问题，最重要的是做到在关键的地方、关键的系统、关键的技术部位我们能自主可控，这是我们国家现在非常重要的一个课题，也是国际上都力图攻克的一个难题。更重要的，还是要发展有效的检测手段和严格的制度，使威胁安全的东西及时被揭发出来。

我国互联网的技术创新能力

中国加入世界互联网后，我们有许多机会出去参加国际上的互联网大会，特别是 IETF 大会（IETF，即 Internet Engineering Task Force，互联网工程任务组，成立于 1985 年底，是全球互联网最具权威的技术标准化组织，主要任务是负责互联网相关技术规范的研发和制定，当前绝大多数国际互联网技术标准出自 IETF）。大概 2000 年以前，在 IETF 开会的时候，中国人去的很少，即使去了也就是做个观察员，到那儿看看，听听人家在讨论什么，我们没有发言权，我和我的年轻伙伴们都没有发过言。不是人家不让我们发言、不许我们发言，而是我们自己根本没什么东西可说。当时去的，一般都是中国的大学或中国科学院的人，没有任何中国企业。这和世界上其他发达国家的情况非常不一样，很多国家的企业都非常重视 IETF，为了去参会简直全力以赴。比如做服务器、交换机最厉害的思科（CISCO），每年派大量的人员参会，非常重视对 IETF 的参与，而 20 年前，中国的企业却几乎没有人参与 IETF。

中国接入世界互联网后，尤其是 2000 年以后，我们的情况逐步发生了很大的变化。现在，世界上任何一个地方举办 IETF 会议，我们中国大陆派出的代表差不多都会达到 100 人以上。而且这 100 多人的团队，主要来自于像华为这样的企业。以华为为例，美国人现在非常害怕华为，称华为为中国的思科。这就说明，我国的企业已经开始进入创新主体的地位，他们有能力去参与 IETF，有能力去与其他国家做互联网创新方面的技术交流，我们的技术也可以成为国际标准。

迄今为止，据我所知，由中国人在 IETF 会议上讨论提出并形成国际标准的技术创新，已经超过 10 个。比如用汉字作为域名，就是以中国专家们为主形成的一个创新成果。现在的中国域名，不只可以写成 .CN，还可以写成 .中国，直接用汉字做域名。当然，其他国家也可以，印度人可以直接用他的印度文字，阿拉伯人可以用阿拉伯文字……不只有拉丁字母才可以做域名，各国的语言文字都可以直接做域名。这是一个很大的技术难题，而我们完成了这一技术跨越。

再比如，清华大学提出了可溯源的 Ipv6 域名方面的技术创新。全球网民人数发展到这么多，使得原来的域名已经不够用，那就要开辟新的 Ipv6 域名。清华大学为此提出了三项或四项核心技术。但新的域名涉及安全方面的问题，是可以溯源的技术（比如可以追踪到这个邮件是谁发的）。刚开始在 IETF 会上提出这样的技术标准时，清华大学受到了全世界的反对。反对者认为，这只不过是为了帮助政府监视互联网。最后，清华大学通过努力，说服了与会的各个国家，使他们意识到，这项技术不仅是中国需要，对全世界也是需要的，对全球互联网的安全是大有好处的。最后，其他国家接受了我们的意见，这项技术标准得以立项。现在，这项标准已经成为国际标准。

总而言之，从创新角度来讲，我们的创新幅度与其他国家相比可能还相对较小，但我们的进步空间是很大的，我们毕竟在一点一滴地前进。人的进步不是一蹴而就的，国家的进步也是，我们应该允许它有一个渐进的过程。我们应该相信技术创新的进步，会与社会的整体进步相适应，并在时机成熟的时候绽放出灿烂的花朵。

（原文刊载于 2014 年第 11 期、第 12 期《纵横》）

卢光琇

卢光琇，1939年生，湖北天门人。生殖医学与医学遗传学家，我国人类生殖工程创始人之一。1964年毕业于湖南医学院。曾任全国政协常委、九三学社湖南省主委、湖南省政协副主席、中南大学生殖与干细胞工程研究所所长等职。现为人类干细胞国家工程研究中心主任，中信湘雅生殖与遗传专科医院终身荣誉院长兼首席科学家院长，国家基因检测技术应用示范中心－孕前诊断中心主任。

人类生殖助孕新技术的伦理学讨论

　　生存权和生育权是人的最基本的权利，结婚和生育是种族的存在和延续的基础，每一种文化及宗教均视生育为婚姻的最基本的成分。对许多已婚夫妇来说，这是家庭的基本，对大多数夫妇来说有他们自己的后代的欲望就像他们对吃和睡一样根本，我国的法律对生育决定权极为重视，婚姻法和母婴保健法，均对结婚夫妇生育权给予保障，我国各省自行出台的计划生育管理条例，也给予了一对夫妇生育一个孩子的权利。禁止人工受精和体外受精是不符合上述法律规定的。它们当然侵犯了不孕妇女的基本权利——他们生育孩子的权利。近20多年来，随着生殖工程科学研究的发展，各种生殖新技术的发明给不孕症夫妇带来希望，如人工受精、单个精子显微受精帮助男方患无精、少精、弱精、畸精症的夫妇得到健康正常的孩子；体外受精——胚胎移植，帮助许多女性不孕患者得到自己的孩子，供胚移植像供精一样帮助女性无排卵的、大龄的、患严重遗传病患者得到一个孩子。

　　随着这些生殖新技术成功的临床应用，产生了一个全新的法律领域，欧美各国也开始围绕这些新技术制定了各种各样，有的甚至是自相矛盾的法律。我国目前尚未对此做出立法，但是，却已经唤起了伦理界、医学界、法学界广泛、深刻、微妙的争论。1988年4月，由卫生部主持，中国社会科学院自然辩证法研究室与湖南医科大学人类生殖工程研究室发起的在湖南岳阳举办的首届"人类生殖新技术的社会、伦理和法律问题研讨会"，与会者们都一致赞成在保证每对夫妇只生一个孩子前提下，不孕症患者可以选择实施人工受精。鉴于当时我国人工受精的泛用情况，专家们强烈要求制定人工受精的实施法规。当时，由邱仁宗教授和卢光琇教授共同起草了一个"人工受精管理条例（草案）"，与会者们对草案进行了热烈的讨论和修改。当年，由卫生部批示，在湖南医科大学成立了"湖南—中国医学遗传中心及国家精子库技术指导中心"。次年，卫生部计生处根据"人工受精管理条例"和"上海暂行办法"，结合岳阳会议的建议，修改为"人工受精管理办法"。但由于种种原因，这个条例未能实施。

我国生育生殖新技术的一个重要的争论是人工受精和体外受精是否有悖于计划生育，是否有损于婚姻、家庭和道德。我国的计划生育政策是要求人们按计划生育，反对滥生滥养，不是不准生育。一对婚后不育夫妇要求通过生殖技术生育一个孩子，这是行使家庭生育职能的正当要求，应当受到尊重。我国首例供胚移植试管婴儿的父母，就是得到工作单位计生办的支持，到湖南医科大学通过体外受精而喜获爱子的。父母抚养子女，子女赡养父母，这是中国的传统美德，通过生殖新技术得到自己的孩子，将来老有所依，也是合情合理的。生殖新技术不仅帮助不孕夫妇生育孩子，也为计划生育提供了生殖保险，试管婴儿可为输卵管结扎术后复通时的妇女提供再生育的机会，有力地支持了女性输卵管结扎术的开展。婚后无嗣的夫妇收养别人的孩子合乎道德标准，尽管孩子与养父母无血缘关系，而人工受精的孩子与母亲是有直接的血缘关系。在人工受精实施者严守法律及道德准则下，"保守一切告知我的秘密"，永不泄露他们的姓名，外人不可能知晓孩子的真正来源，更有利于家庭及孩子的心理健康成长。生殖新技术诞生的孩子在他们成年后，应尽赡养长期抚养他们的父母的义务。我国历来都承认养育父母与收养或过继儿女之间的赡养、扶助的权利和义务。

"代理妊娠"是否道德？目前我国有许多夫妇要求别人代理妊娠，他们或是因某种原因摘除了子宫，或因年龄过大并患有癌症等不宜自己生育，在"人道主义"道德观念的支配下，其亲属自愿相助，并获得一定的经济补偿，在道德上是无可非议的。如因妻子不愿承担妊娠的责任，而请人代孕或通过某人为出售器官而生育，都是极不道德的，而且是违法的。我们研究室已为多名妇女实施了代理妊娠，事先必须经过公证，定下契约，并取得计划生育委员会的认可。

实施生育新技术的医护人员必须遵循伦理学的尊重原则、有利原则、公正原则、互助原则，恪守秘密。不能对患者一方进行欺骗，并要坚持计划生育政策，确保手术安全，为优生优育服务。

（此文收录在《21世纪生命伦理学难题》，2000年出版）

加快完善药品安全责任体系

近年来，全国的药品安全事件呈多发趋势。从去年的"齐二药"假药案件、欣弗劣药案件，到不久前发生的"佰易"事件，都对公众的健康安全造成了严重威胁。

实事求是来说，全国药品监督管理体制改革八年来，药品监督管理体制已经由1998年以前的多头管理转变为对药品研究、生产、流通、使用的统一管理，药品监督管理系统还实行了省以下垂直管理。药品监管体制的这些改革，对保证药品监督管理系统的政令畅通和克服地方保护主义，都有重要意义。但药品监督管理系统实行省以下垂直管理以后，市、县两级药品监督管理部门的编制、经费都已经划归省级药品监督管理部门统一管理，这两级药品监督管理部门也不是同级政府的组成部门，因此就形成了部分地方政府对本地的药品监督管理和药品市场秩序不愿过问或很少过问，更不愿对药品安全承担责任。

与此同时，由于我国制药企业小、多、散的状况尚未发生根本性转变，加之"以药养医"机制的影响，医药市场存在着严重恶性竞争。部分企业严重缺乏质量意识和责任意识，难以保证药品质量。

保证药品安全，既需要药品监督管理部门依法严格监管，又需要各级地方政府对药品安全工作高度重视并承担起相关领导责任，同时还需要医药企业严格自律，为此，加快建立和完善"地方政府负总责、医药企业为药品质量第一责任人、药品监督管理部门分工负责"的药品安全责任体系，是当前遏制药害事件频发乃至提高药品安全工作整体水平的当务之急。

为此建议：

——切实落实地方政府对药品安全负总责的相关机制。县以上各级政府都要把药品安全工作纳入下一级政府的年度考核指标。出现重大药害事件并造成严重后果的，也要追查地方政府的领导责任。

——切实落实药品监督管理部门对药品安全工作的责任机制，各级药品监督管理部门都要把药品安全责任分解落实到每个单位、每个人，并实行严厉的责任追究。

——切实落实医药企业是药品质量第一责任人的机制。建立健全对医药企业法人代表、企业负责人和质量管理人员的备案制度、培训制度和责任追究制度。对发生严重药品质量问题的企业，除依法对相关企业进行处罚外，还要对企业法人和相关人员依法予以相应处罚。

国家食品药品监督管理局 2007 年 8 月 30 日以国食药监办函〔2007〕119 号文函复

您提出的《关于加快完善药品安全责任体系的提案》收悉，现答复如下：

近年来，伴随我国医药产业的快速发展，药品安全问题也随之凸显。药品安全问题与药品安全责任密切相关，药品安全责任的明晰及药品安全责任体系的建立健全对保障公众用药安全极为重要。

保障药品安全是一项复杂的系统工程，涉及政府、监管部门和企业等不同主体。因此必须大力强化责任意识，建立健全药品安全责任体系，明确、合理划分政府、监管部门和企业在药品安全上的具体责任，形成地方政府对药品安全负总责，监管部门对药品安全各负其责，企业对药品安全负第一责任以及社会各方联动、共同参与的药品监管工作新格局。这是药品监管形势发展的客观需要，是保障公众用药安全的迫切要求。

党中央、国务院对药品安全责任体系的建设十分重视。2007 年 3 月 31 日，《国务院办公厅关于进一步加强药品安全监管工作的通知》（国办发

〔2007〕18 号）强调，地方各级人民政府要对本地区药品安全工作负总责，严格实施药品安全行政领导责任制和责任追究制。7 月 26 日，国务院又出台了《国务院关于加强食品等产品安全监督管理的特别规定》，进一步强调了政府和企业的责任，进一步明确了监管部门之间的责任界定。

加强药品安全责任体系建设，也是药品监督管理部门的一项重要任务。2007 年全国食品药品监督管理工作座谈会提出，建立健全食品药品安全责任体系，对于进一步理顺食品药品监管领导体制和工作机制，整合监管力量，调动积极因素，解决食品药品监管改革和发展的重要问题，确保公众饮食用药安全，促进经济社会又好又快发展，具有重要意义。同时强调，建立健全食品药品安全责任体系，关键在落实。一要积极推动地方各级人民政府建立食品药品安全组织领导体系，统一部署和安排本辖区内食品药品安全各项监管任务，合理划分各监管部门的职责，组织协调辖区内有关食品药品安全的重要问题和重大事项。二要加快建立食品药品安全考核评价体系，尽快研究明确考核评价体系的目标、内容和要求。

目前，浙江、广西等地人民政府印发了关于进一步加强药品安全监管工作的通知，要求辖区的各级政府落实药品安全责任体系，强化监管。我局也将就药品安全责任体系的建立、考核评价体系的相关内容进行专题研究和实地调研，以推进责任体系的进一步落实。我们相信，随着药品安全责任体系的建立健全，政府、监管部门、企业各司其职，各负其责，药品安全的状况一定会有所好转。感谢您对药品监督管理工作的关心和支持！

（此文收录在《把握人民的意愿：政协第十届全国委员会提案及复文（2007 年卷）》，2008 年出版）

建议国家规范促排卵药物的管理

自然受孕的双胞胎发生率为 1/89，三胞胎的自然发生率为 $1/89^2$，四胞胎的自然发生率为 $1/89^4$。然而，目前多胞胎的增长率已远远超过了自然发生率和正常辅助生殖技术带来的多胎率。湖南省妇幼保健院统计数据显示，该院去年双胞胎发生率高达 10% 至 11%，三胞胎以上为 0.25‰。而在十年前，该院分娩的多胎仅占总分娩量的 2% 左右。湖南儿童医院的多胞胎发生率也在逐年上升，2006 年更是达到了创纪录的 283 例，而且现在依然呈增长趋势。

导致多胞胎增长的根本原因在于通过非正常手段使用促排卵药物和其他辅助生殖技术。例如"多仔丸"，在医学上名为"枸橼酸氯米芬""克罗米芬"，是医院专门针对不孕的女性进行治疗时使用的促排卵药物，必须有专业的使用疗程，且严格根据处方才能购买。但是，在对长沙开福区 20 多家药店的调查显示，大都只需花费 9 元钱，便可购买到一盒 15 粒装的"克罗米芬"。通过非正常手段导致多胞胎增长，严重影响了国家计划生育政策的实行以及对人口总量的控制。此外，育龄妇女盲目服用促排卵药后果非常严重，可能引起卵巢过度刺激，使雌激素明显上升，引发代谢异常，甚至出现胸水、腹水、肝肾功能损害等，严重者甚至出现生命危险。而分娩的多胞胎一般体重过低，身体器官发育不成熟，免疫功能低，容易出现肺部感染、呼吸暂停等情况，任何一点突变都可能导致其颅内出血，可能因为颅内血栓导致成为植物人。

为此建议，可以借鉴国家管理流产药物的经验，规范促排卵药物的管理。在目前政策没有出台之前，药监部门应加强促排卵药物这种处方药的销售管理，将促排卵药物作为专科医生用药，堵住泛滥销售的漏洞。同时，卫生等相关部门要严厉打击宣传有"生子秘方"的非正规医疗机构。

（此文发表在 2007 年 6 月 18 日《人民政协报》）

人类胚胎干细胞

干细胞（stem cell）研究成果曾被 *Science* 议评为 1998 年世界科技十大成果之首、2000 年世界科技十大成果之一和六大热点发展领域之首。1998年人胚胎干细胞建系后，研究者开始真正重视干细胞产业，全球掀起以人胚胎干细胞为中心的干细胞研究和应用热潮，并带来广阔的产业化前景。

干细胞相关概念

干细胞是一类能在整个生命过程中长期自我复制的细胞，能分化成身体组织和器官的特化细胞。其来源于胚胎、胎儿或成体。成体干细胞在整个机体的生命过程中都有这种能力。干细胞按分化潜能可分为全能干细胞、多能干细胞和专能干细胞；按来源可分为胚胎干细胞和成体干细胞。胚胎干细胞来自早期胚胎（4—5d）的内细胞团。其能无限增殖，并可分化为身体的所有类型的细胞。从胎儿到成年后大部分组织和器官中均存在成体干细胞，其功能是修复组织和器官损伤并补充更新衰老的细胞。

可以用干细胞的研究

1. 干细胞移植研究——重建机体功能。许多细胞或组织退行性疾病和肿瘤是适合用干细胞移植治疗的疾病。如帕金森病、糖尿病、慢性心脏病、终末肾病、肝脏衰竭和白血病等。用干细胞替换组织治疗神经疾患是研究的主要焦点，如脊髓损伤、多发硬化症、早老性痴呆和帕金森病等。另一个焦点是使用干细胞移植治疗糖尿病。

2.干细胞是研究个体发育的最佳模型。

3.疾病基因治疗的载体——干细胞是基因治疗的理想载体。

4.基因功能研究的最佳模型——用胚胎干细胞体外整合外源基因，研究基因功能，包括癌症的发生机制。

5.药物筛选平台的建立、药理研究和新药开发。目前用于药物筛选的细胞都来源于动物细胞或癌细胞这些非正常的人体细胞，不能总是在人体细胞预测新药效果。而胚胎干细胞可经过体外诱导，为人类提供各种组织类型的细胞，为药物筛选、鉴定及毒理研究提供坚实基础，有助于人类疾病细胞模型的建立和新药开发。

干细胞治疗的前景展望

干细胞及其衍生组织器官的临床应用将导致临床医学革命，将改变传统的药物和手术治疗模式，产生由治标到治本的全新治疗理念；将给人类提供细胞和器官的来源，有望成为治疗糖尿病、心脑血管系统疾病、免疫性疾病等难治性疾病以及遗传性疾病、恶性肿瘤等不治之症的主要手段。（1）干细胞移植研究——重建机体功能。（2）干细胞治疗脑细胞损伤、脑瘫。（3）干细胞治疗白血病。（4）干细胞治疗缺血性疾病。（5）干细胞治疗遗传性疾病。（6）作为新型药物筛选平台，用于药理研究和新药开发。（7）干细胞是基因治疗的理想载体。

人类胚胎干细胞（hESCs）临床应用的三个层次：细胞替代治疗是胚胎干细胞最快可能临床应用的层次，如对脊髓损伤、帕金森病、视网膜病变、糖尿病等的治疗；而组织替代治疗和器官移植治疗需要组织工程学的配合，是临床应用的中远期前景。

人类胚胎干细胞临床应用的安全性

一例患有毛细血管扩张性共济失调的 13 岁男性患者在接受人胎儿神经干细胞（NSC）小脑和脊髓鞘内首次注射 4 年后发现患有多发性脑肿瘤。瘤组织活检结果为胶质神经元肿瘤。分子和细胞遗传学研究结果发现，肿瘤非宿主来源，提示其可能来源于移植到宿主体内的 NSC。微卫星和 HLA 分析提示，肿瘤有两种以上的宿主来源。此为首例报道 NSC 治疗后人脑肿瘤的形成，说明干细胞治疗的安全性问题亟须进一步研究。

20 世纪 90 年代，基因治疗迅猛发展，社会给予过大的期望，临床应用过早启动，功效夸大其词。1999 年，一例 18 岁患者因基因治疗不良反应去世后，基因治疗进入低谷，如今干细胞的治疗面临着相同的问题，但是目前社会对干细胞治疗的监管比基因治疗更严格，必须规范监管制度，让干细胞治疗的前景更为规范，而非拔苗助长。

人类干细胞国家工程研究中心

中国人类干细胞国家工程研究中心取得的重要成果包括：

1. 建立世界上最大的胚胎干细胞库。

2. 建立世界上首个基因完全纯合的人类孤雌干细胞系。

3. 首次发现干细胞在亚优化条件下长期体外培养时发生了遗传变异，向肿瘤干细胞转化的现象。

4. 建立了世界上首个克隆胚。

5. 经 SNP 分析发现基因纯合型孤雌干细胞系。

6. 建立人类胎盘及附属组织库（含人类脐带血干细胞库）。

7. 自体外周血树突状细胞免疫治疗乳腺癌。

8. 干细胞生长因子治疗皮肤溃疡。

9. 脐带间充质细胞治疗神经损伤。

10. 内皮细胞治疗肢体缺血性疾病。

11. 疾病 hESC 建库。

12. 维持胚胎干细胞不分化分子机制研究。

13. 初步建立了胚胎干细胞向造血、胰岛、神经、内皮细胞定向诱导分化的技术。

14. 建立了针对不同培养时期的玻璃化冷冻保存方法。

15. hESCs 资源和技术服务共享平台的建设。

（此文发表在 2010 年第 6 期《国际生殖健康 / 计划生育杂志》）

卢光琇：医者卢光琇的多面人生

李伦娥

她是生殖遗传和医学遗传领域的大牛；她是把患者当亲人的医生；她是为父亲理想而倾注毕生心血的孝女；她是为儿子而自豪的母亲；她是 39 岁改行、69 岁学开车的不信邪的女人；她还是一个 75 岁仍然开着黄色"甲壳虫"一路"飙车"上班、热爱网购的时髦老太太……这就是医者卢光琇的多面人生。

撒满嫩绿鲜花的连衣裙，同色系的浅绿小皮鞋；浓密的卷发，灿烂的笑容；十几个问题，快节奏回答了整整一上午，不打半点磕巴，水都很少喝；更重要的是，时间、地点、人物，甚至细节，记得清清楚楚。

第二次见面，是在她的门诊室。依然是白大褂里鲜亮的衣裙，依然是脚步轻快，快言快语，依然是桌上满满一大杯水，但 1 小时 35 分钟里，看完来自湖北、新疆、浙江的三对病人，她没喝一口水。

谁能相信，她居然是年过 75 周岁的老太太？

谁能相信，她 69 岁学开车，如今每天都是自己开着亮黄色"甲壳虫"一路"飙车"，准时上班。

谁能相信，那些时尚裙鞋都是她自己网购而来，她是著名的"网购达人"，几乎每天都有快递。

更让人难以相信的是，这个时髦有气质的老太太，是湖南的一张"烫金名片"，是全世界都有名气的科学家。

她叫卢光琇，中南大学教授、博导，人类干细胞国家工程研究中心主任，中信湘雅生殖与遗传专科医院院长。

39 岁改行，一切从头开始，只因想帮助父亲实现梦想和"病人需要"。

尽管学医，尽管父亲翻译的 42 万字的《基因论》，是当时还是高中生的她一个字一个字抄写送到出版社的，但 30 多年前的卢光琇，从来没想到有一天，要跟随父亲脚步，与细胞、基因、遗传之类，结缘一辈子。

卢光琇的父亲卢惠霖，是中国医学遗传学的奠基人之一，1926 年在哥伦比亚大学读硕士时，就师从现代遗传学的奠基人摩尔根教授和著名的细胞学家威尔逊教授，一辈子的梦想就是"创立中国的优生工程"。为此，尽管当年战乱频频，卢惠霖仍将恩师赠送的英文版《基因论》带在身边翻译，历时十几年，终于在 1959 年出版，此后"反右"和"文革"期间，"基因论"被扣上"唯心的""资产阶级学术思想"的帽子，他都没有低头，继续坚持研究。1978 年，身为省政协副主席的卢惠霖，得知英国诞生了世界上首个试管婴儿，再也坐不住了。78 岁的他提出要开展人类辅助生殖技术研究，用通俗的话表述就是：用"体外受精""胚胎移植"的办法做"试管婴儿"，最后还要通过对遗传基因的研究，规避遗传病等。

生孩子还要人帮忙？还人工授精？甚至还要建精子库？人工取卵？还可以冷冻卵子？ 30 多年前的中国大地，这些词无疑似天外来客，没人接受更没人愿意与卢惠霖一起研究攻关。

作为卢老最小的女儿，卢光琇最能理解父亲的心思。"我来和您一起搞吧。"39 岁的她说。当时，她已从广东调回母校湖南医学院（中南大学的前身之一），在局部解剖——外科手术学教研室任教，父亲则是该校教授。

对此，有人劝阻。此前已工作 16 年的卢光琇，已是比较有名气的外科医生，擅长做乳腺癌、胃切除等手术，在衡阳工作时，还被称为"湘南一把女刀子"，当时正参与肾移植研究且有初步成果。放弃这么好的基础，重新搞生殖遗传工程，能行？说实话，卢光琇自己心里也没底，但却有一个朴素的愿望：帮助她最崇拜的父亲实现"中国梦"。

"不是帮我，是病人需要。"父亲给她上课，一如当年她大学毕业，学校想让她留校，但父亲一再动员她到基层医院——那时父亲的 4 个女儿有 3 个都在北京、天津工作，母亲极想小女儿能留在身边。但父亲执意不肯。"病人更需要。"父亲说。于是她被分到当时的衡阳地区人民医院。"病人需要。"十几年过去，父亲又这么说——事实上，卢光琇从记事起，就常常听到这几个字——父亲告诉她，不孕、遗传病等是一直困扰人类健康的几大难题，也是目前生命科学的攻坚领域。20 世纪 80 年代，我国不孕症在育龄夫妇中大约占 8%，而现在这个数字高达 10%—15%。世界卫生组织（WTO）1981 年发表的资料记载：人类中的遗传病负荷已达 10.8%，即每 10 个人中就有 1.08 人带有遗传病因子。人类中已肯定的遗传病有 2811 种，染色体病 300 余种，其发生率占新生活婴的 0.5% 至 1.0%。

病人需要，又能帮父亲圆梦，那就做吧！

干什么都不信邪，"都说湖南人霸得蛮，可能我也是吧。"

外表甜美清秀，但骨子里，卢光琇是个不信邪的女人。

当年湖南医学院的院子里满园柚花，别家都是男孩子上树摘果，卢家只有 4 个女儿，每次都是人称"小野猫"的卢光琇几下就上了树；当年三姐喜欢打篮球，经常在一旁"观战"的初一女生卢光琇，看着看着居然"看"成了省队主力；参加全运会一整年没上课，最后所有功课没落下，化学补考还拿了个最高分。

搞生殖工程研究，卢光琇不信邪的劲又上来了。

"从遗传学和细胞学的基本常识入手，从英文字母的音标发音学起。"卢光琇说。不会做实验？从头——到北京进修，周日偷偷到三姐夫的实验室，"恶补相关基本知识"；到耶鲁大学学习，从没学过英语的她，将专业单词强记硬背居然完成学业；最初不知如何人工取精子，她硬是用从牛身上取精子的办法，建立了国内第一个人类精子库；冷冻精子需要做冷冻保护剂，就用烤箱"灭活"，出来的东西蛋黄似的，她不气馁，继续；没有无菌室，买来一块白布围成"帐子"，里面再搞个紫外灯；培养胚胎没有二氧化碳，居然从酒厂进，"揭开培养箱就有一股酒气"……"都说湖南人霸得蛮，可能我也是吧。"采访时，卢光琇笑着说自己几十年来的一串串"霸蛮事"，她说，只要下决心，没什么做不成的。69 岁时学开车，别人都说"很难考过"，她不信邪，"五一"正式报名学，6 月底就拿到驾照了，"没开半点后门哈"，她很认真地补充，只是在自己的"甲壳虫"后面贴个条子："我是新手老太，请多关照。"

"做科研就像我学开车"，71 岁时卢光琇在一次讲座上对学生说，最开始建精子库的时候，捐精子没一个人愿意，她只好动员丈夫，后来实验小组的几个男同事也被动员参加，中国的第一个人类冷冻精子库就这样建成；做"试管婴儿"要从女性身上取卵子，那时没"微创"，没"腹腔镜"，甚至连 B 超都没有，学外科的她亲自操刀。精子、卵子都有了，体外培育的条件、操作步骤好像也没什么差错，可就是无法成功。有人说可能是水的问题，于是，从耶鲁学习回来的她，居然万里迢迢带回几大瓶水！"看不到试管婴儿，我死不瞑目！"父亲几次这样对她说。卢光琇感觉自己像在与时间赛跑，与死神赛跑，从美国学习回来，第一件事是到实验室，安顿好后才去医院看望曾经心脏骤停的父亲。

1983 年 1 月 16 日，中国首例冷冻精液人工授精婴儿诞生，从此，男性无精症患者及男性家族遗传病患者的生育问题得到解决。之后几年，卢光琇又担任了国家"七五"攻关重点课题"人类体外受精——胚胎移植"的湖南医科大学课题组负责人。"真的很忙很累。"卢光琇说。那时，别人评上了教授、副教授，可她还是一个"老中级"（职称）。"我也不管，真不知道大家都在发论文、评职称什么的。"卢光琇说，她那时心心念念就一件事：试管婴儿。

终于，1988 年 6 月 5 日和 7 日，两例试管婴儿先后在湖南医科大学两所附属医院诞生，其中一例还是中国首例供胚移植试管婴儿。父亲终于在他88 岁高龄时，亲手抱上了他梦寐以求的试管婴儿。

26 年过去，截至记者采访时的 2014 年 8 月 30 日，卢光琇和她的团队已建立了世界最大的生殖中心、亚洲最大的人类精子库和全国最大的人类胚胎干细胞库，已累计出生试管婴儿5万多个。尤其值得一提的是，2013年7月，还诞生了全球首批经全基因测序的 PGD/PGS 试管婴儿——这意味着从此以后，染色体异常携带者的试管婴儿成功率将从 35% 提高到 70%，部分肿瘤疾病、遗传性疾病的家族性遗传将有望避免。

63 岁办医院，"我从来不觉得自己年纪大。"

据说有个美国人拿着一张人山人海的照片问周围的人：这些中国人在干什么？有人说是排队购紧俏物资，有人说是在农贸市场，有人甚至说是在春运现场。"NO！"那个美国人说，他们是在做试管婴儿的医院。

这家医院就是中信湘雅生殖与遗传专科医院。

卢光琇以一种复杂的情绪向我们讲述着这个故事。她说，36 年前她从头开始研究试管婴儿的时候，并没想到会将"场合搞得这么大"。一手创办的中信湘雅生殖与遗传专科医院，医院辅助生殖中心已成为世界上接受试管婴儿治疗人数最多、妊娠率最高的生殖中心。仅 2013 年，医院就接诊病人超过 23 万人次，试管婴儿治疗超过 2.7 万个周期，平均每个月的 2000 多个周期，就已超过了国内大多数同类机构一年的工作量。特别是 2013 年国家开始较大面积实施"两孩政策"以来，就诊人数急剧上升，医院周边形成了著名的"睡衣街"——成百上千的病人在周边租房"做试管"。医院创建十几年来，总资产已从注册时的 5143 万元，发展到 2013 年底的 69493 万元。仅 2013 年，医院向国家交纳税费就超过 1 个亿。而建这个医院的最初原因，其实是想搞干细胞研究，但学院实在缺少科研经费。

只要不出差或开会，担任院长的卢光琇就坚持每周一、三、五上午接诊。此前没有接受这个采访任务时，记者每次路过中信湘雅，都会看到其门前的马路上挤着一大堆人，当时还以为是附近的招待所在开会，采访时才发现这些人都是到卢光琇所在医院就诊的病人。"真的管用。"记者的一个年轻朋友说，婚后 5 年不孕的她，通过在中信湘雅的治疗，生下了一对可爱的双胞胎。

"来找卢老师的大多是在别处诊治失败的病人。"学生欧阳琦告诉记者，卢老师总是能从门诊中发现问题，然后提出来再讨论、再解决，很多疑难杂症和科研创新，就是这样解决的。她还说，卢老师看病极耐心，平均每个病人看半小时以上，但挂号费才 50 元。

卢光琇告诉记者，去年一个患者专门找到她，说自己是她做的试管婴儿，如今这位患者的孩子也是她做出来的。1999 年在加拿大探亲时，她接待了一对当地的不孕夫妇，后来这对夫妻专程到长沙治疗，两次手术后，如今这对夫妻已有了三个孩子。"Made in China!"孩子父母逢人就高兴地说。

"这一生就爱做科研，愿意为它死。"

"全国唯一""亚洲最大""世界第一"，采访中，卢光琇嘴里时常蹦出这样的语句，如 1998 年，就做了世界上第一个治疗性克隆，当时《华尔街日报》说，我们还在对克隆进行"伦理学争论时，中国已领跑了人类的克隆"。如建立了国内第一个胚胎干细胞库，240 多个系（理论上，器官移植只要 180 多个系就可以了）；如 2012 年 8 月 24 日，诞生了全球首批经全基因测序的 PGD/PGS 试管婴儿，这意味着染色体异常携带者的试管婴儿成功率将大大提高，并且部分家族遗传性疾病将有望避免……"这一生就愿意做科研，愿意为它死。"老太太虽是笑眯眯地说着，但骨子里透出一股坚韧劲。

在接连攻克了几个试管婴儿技术的难题之后，从 1994 年开始，卢光琇把目光转向一个更具挑战性的领域：再生医学，这是一项全新的、国际医疗界极其关注的课题，其发展将引起临床医学的革命。再生医学的核心是干细胞技术。

"1993 年在加拿大学习的时候，就想做这个。"卢光琇说，试管婴儿解决的是占育龄夫妇中 10%—15% 的不孕问题，而干细胞技术，造福全人类，可治疗糖尿病、白血病、脑瘫、截瘫、老年性痴呆等多种顽疾。

"又是一个全新的概念。"卢光琇向记者"科普"说，每个人都是从 100 多个细胞团发育而来，理论上将来的器官移植只需要用干细胞来制备就可以；理论上人可以活到 500 岁，这当然不可能，但如果干细胞研究到一定的程度，活到 150 岁应该没问题。

意义如此重大，难度当然可想而知。"行吗？"还是有人怀疑。"做事不要计较得失，想了就去做，并且千方百计要做成功。"十几年后，她在为学生做讲座时坦言。

"有远见，有人格魅力。"谭跃球这样评价自己的老师，从1993年开始，他跟随卢老师已21年，其中8年读老师的硕士、博士，亲眼见到老师"愿意为科研而死"的那股不要命的劲：每天工作十几个小时，每次看门诊都"拖堂"，一般上午的门诊都看到13点多；以前病人通宵排队拿号，她凌晨5点多起来维持秩序，最后改变挂号方式，引入指纹及身份证认证挂号系统，杜绝了黄牛党；最初建实验室时，她跪在地上擦地板……最让谭跃球难忘的是，一次他不小心惹了大祸，紧急赶来的卢老师把责任全部揽到自己身上。

"严且爱！"欧阳琦评价。她也是卢老师的学生，她说，医院病人每天都是人满为患，但她绝不允许医生拿回扣、收红包，一经发现绝对严惩。但她对学生又极关心，曾经一段时间医院几个同事骨折，"要补充营养"，卢老师知道后就要求大家都补钙，后来干脆为全医院400多名员工，每人每天提供一瓶免费牛奶。

这种工作干劲，这样带团队，想不成功都难。

立志干细胞研究后，她的团队也是成果迭出。早在1996年，她就和同事们成功培育出我国第一个核移植小鼠，也就是我们通常所说的克隆老鼠，这比当时报道的"克隆羊"还早两年；2000年，发明先注核再去核的新方法，获得世界上首个人类治疗性克隆胚；2003年，又获得首个治疗性克隆囊胚。

在干细胞建系方面，2001年就建立了国内首株人胚胎干细胞系和纯合孤雌胚胎干细胞系，当年被批准成为湖南省干细胞工程技术中心；此后不断探索，建系达240多个，2004年，被批准成为人类干细胞国家工程研究中心。"八年抗战才得来的。"卢光琇说，最难的时候几乎放弃，甚至绝望，但咬紧牙关打起精神，终于挺过来了。如今，"中心"占地70亩，投入1.8个亿，建筑面积达 2 万多平方米。值得一提的是，数亿的资产，全是卢光琇和她的团队自己赚来的。

"要把病人看作兄弟姐妹。"

采访中，几乎所有的话题都是围绕着科研。同为女人，记者很好奇：那么忙碌，她如何做好母亲和妻子这个角色？"还行吧。"卢光琇自己评价。

卢光琇有三个儿子，当年她和丈夫两人的工资加起来不到 120 元，日子过得比较艰难。"三个孩子很懂事，能吃苦，很小就晓得帮衬家里，比如喂鸡什么的。"谈到儿子们，卢光琇比较自豪。

如今三个儿子都事业有成，老大在美国当儿科医生，老二在国内"搞药"，只有老三林戈"子承母业"，如今是干细胞中心的副主任、中信湘雅的副院长。"老三不大爱说话，但做事踏实。"她说，儿子在耶鲁进修时，才两个月就建了两个干细胞"系"，当时在美国引起轰动，当地媒体做了报道，系主任曾想请他留下来工作，但儿子婉拒，并且回来后只字不提。

"越做越大，越来越忙，如今老大也准备回来帮我。"卢光琇言语中透出几许疲惫，毕竟是 75 岁的老人了。

为什么要这么拼命？为什么这么大年纪了还不休息？动力来自哪里？职业病让记者连珠炮似地发问。

卢光琇没有正面回答，而是缓缓讲述了 20 多年前的一个小故事。

那还是在刚开始搞试管婴儿的时候，在时任省长毛致用的关心下，省里给父亲特批了 10 万美元科研费，她专门跑到省财政去要。"现在手上没钱，要等下半年税收上来的时候才行。"听到这话，她惊呆了，一直埋头做手术的她这才知道，政府给的科研费，分分厘厘来自于老百姓。

"造福百姓苍生"，从此这六个字就成了她的行为准则、人生追求。

为了深入调研张家界汪家山人称"傻瓜村"的成因，从 1989 年到 1993 年，卢光琇率队连续四年跋山涉水到这个村调研，当时这个村的呆傻发病率高达 27% 以上，人穷地偏，生活相当不便。但四年里卢光琇多次到这个村，从流行病学调查、环境致畸、智力检测、细胞遗传学等六个方面进行研究，甚至还带了几个病人到长沙检查，最后终于找到病因：克汀病，缺碘引起的。值得欣慰的是，这个成果居然成为 1994 年国务院令《食盐加碘消除碘缺乏管理条例》的背景依据之一。此后，身为全国政协委员、湖南省政协副主席的卢光琇，到处奔走呼吁，为这个村争取到不少资金，帮助村里建起了简易公路、通了电，建起了幼儿园和小学。几年后村里遭受山洪，她又专程送上 5 万元慰问金。当然，这个村再也没有新生痴呆儿了。

2008 年汶川大地震后，她还专程赶赴绵竹为再生育家庭义诊，几天里加班加点，为 116 位 40 岁以上有再生育需求的家庭进行了详细评估、检查和诊断……

"当医生最重要的是爱心，是慈悲情怀"，这是卢光琇常挂在嘴边的一句话。她说，当年读大学下煤矿劳动，毕业后在基层医院工作，在特贫乡村做遗传病调研，现在经常坐门诊，一辈子面对的都是需要帮助的群体，都是有困难的群体，特别需要爱心与同情心，这是做一个好医生的基础。"农民看一次病要卖一头猪"，"要把病人看作自己的兄弟姐妹"，"要知道，是他们在养活着我们"，她经常对学生们这样说。

卢光琇告诉记者，她准备筹集 1000 万元，设立以父亲名字命名的奖学金。当年父亲去世时全部存款才 3 万元，她们几姐妹一起凑足 10 万元设立奖学金，结果几年下来发不了几个钱，人家居然要她拿回去。"我好难过。"她说，所以尽管医院要发展，"中心"也正在建设之中，但她仍要捐出这么大一笔钱，因为"造福百姓苍生"，是她，也是她父亲一辈子的追求。

（原文刊载于 2014 年 10 月 24 日《中国教育报》）

赵忠贤

赵忠贤，男，1941年生，辽宁新民人。物理学家，中国高温超导研究奠基人之一。1964年毕业于中国科技大学。中国科学院院士、第三世界科学院院士、国际陶瓷科学院院士、陈嘉庚国际学会会员。2016年度国家最高科学技术奖获得者。曾任中国科学院物理研究所超导材料实验室副主任、国家超导实验室学术委员会主任。

关于"创新"的几点思考

一

纵观人类的进步史和中华民族的发展史，不难发现，凡是处于生机勃勃的发展时期，都充满了人文科学和科学技术的创新；反之，死气沉沉、墨守成规只能导致落后甚至失败。早在七千年前，陕西半坡村的先民，利用"重心"原理烧制了一种小口尖底的陶瓶，用于汲水和储水。这可能是带有科学意义的最早的考古发现，它充分表现了先民的高度智慧和创新能力。正是这种创新精神才造就了中华古代文明以及中华民族的形成和连续发展。西方学者曾做过统计，他们认为，现代社会赖以建立的基本发明创造可能有一半以上是来自中国。然而近三百年来，在现代科学兴起之时，中国落后了。造成落后的原因有政治、经济、社会、列强入侵等诸多方面，其中传统儒家思想也是重要因素。杨振宁先生在探讨这一问题时曾讲："儒家文化的保守性是中国三个世纪中抗拒西方科学思想的最大原因。但是这种抗拒在今天已完全消失了。取而代之的是对科学重要性的全民共识。"邓小平同志 20 年前提出"科学技术是第一生产力""尊重知识，尊重人才"，进而我国实施"科教兴国"的发展战略，使得全民科技意识得到提高。

二

"创新"，首先要"解放思想"，但也要"实事求是"。这对于社会科学和自然科学都是一样。继承前人，必须面对实际，在实践中总结、提高。中外人士都不否认"中国人聪明"，但也都感到中国人缺少"冒险"精神。这与中庸之道的"四平八稳"及力求"万无一失"有关，也与在这种熏陶中形成的不太容忍"标新立异"的习惯有关。"真理往往在少数人手里"，说起来容易，做起来难。要冲破一些框框确实需要朝气和勇敢。"解放思想"必须要"实事求是"。创新离不开实践，历史上任何一个重大发现都源于实践。例如，19世纪末，以牛顿力学、麦克斯韦电磁方程以及统计物理为核心的经典物理已发展得相当完善，甚至有人认为物理学的研究已接近尾声，但实践结果却提出了挑战。当时两个最有名的实验与经典理论格格不入，一个是迈克耳孙—莫雷实验，一个是黑体辐射能谱。对这些代表性实验的解释，导致了物理学史上最伟大的革命，产生了相对论和量子力学，从而带动了其他学科的发展，如半导体、激光、核物理及技术，最终导致了20世纪的技术革命。人类的实践还在不断发现新的事物，在我们面前还有很多的挑战，也只有在实践中总结分析前人、他人和自己的实践，"坚持解放思想，实事求是"，才能有所创新。

创新需要民主的环境，要形成自由讨论的风气，"百花齐放，百家争鸣"。马克思曾说过，"一切创造都需要有一个表现这种力量的场合，需要从它所引起的反应吸取新的创造的力量"，真理越辩越明，在争论中也将会激发人的灵感。在我国，学术上的民主空气是不浓的，很少在学术会议看到真正的学术辩论。对权威或有地位的人的论点，很少在会上听到不同的意见，特别是年轻人的不同意见，更谈不上争鸣。而有些争论虽然很激烈，但又往往带有意气，把不同学术思想的争论变成个人或不同单位之争。这距离"学术上是对手，平时做朋友"的政党学术争论的目标差得很远。有的人坚持错误的观点，又没有人敢批评，以致影响他自己的一两代学生。科学与民主是不可分的。

创新需要一个安定的环境。我国安定团结的局面，从大的形势下为科技创新提供了良好的环境。过去的 20 年，是我国近代史上科技人员能够进行科学研究的最好时期。这个可以连续进行研究的机会是十分难得的。这也正是为什么在过去的 20 年中，我国科技有重要发展的原因。科学研究还应该有适合于其特征的小环境，在这方面我们还有很多问题，当然也只能在深化改革中求得解决。除经费不足之外，还有队伍的建设、科学的管理，包括正确的评价体系的建立，以及科学规划和选择研究课题的问题。

创新需要交流与合作。改革开放 20 年来，中国科技工作者与国际的交流规模在历史上是空前的，收获也是巨大的。面对经济、科技全球化趋势，必须了解世界科技的进展。邓小平同志指出，"科学技术是人类共同创造的财富。任何一个民族，一个国家，都需要学习别的民族、别的国家的长处，学习人家的先进科学技术。我们不仅因为今天科学技术落后，需要努力向外国学习，即使我们的科学技术赶上了世界先进水平，也还要学习人家的长处"。"我们要把世界一切先进技术、先进成果作为我们发展的起点"。"掌握新技术，要善于学习，更要善于创新"，创新不管大小，只有世界水平的创新，而不存在国内领先的创新，要创新就要了解世界，加强国内外交流，欢迎一切新的经验和进步，只有充分地继承了前人的先进成果，才能做到创新。即使引进必要的新技术，也有二次创新的问题，即增强自主创新的能力。交流并不是单向的，只有互惠才能推动和发展交流。谁的自主创新能力强，谁就会在交流中取得更大的益处。

三

创新的决定因素是人。邓小平同志倡导"尊重知识，尊重人才"。尊重知识则是尊重科学，尊重人类创造的文明成果，并继承和发展；尊重人才是尊重、爱护和发挥有真才实学人的作用。本领的重要表现是创新，是在创造性的实践中培养和造就的。不能想象一个不参与科学实践的人，能够有什么科学创新，或者去指导别人去创新。也只能在实践中才能发现人才。江泽民同志在十五大报告中指出："要建立一整套有利于人才的培养和使用的激励机制。"中国有句老话，"士为知己者死"，这是中国知识分子靠中国传统文化熏陶出来的品德，也是爱护和发挥人才作用的最应注意的方面。关心知识分子的疾苦，创造较好的生活和工作条件，他们的创造性和积极性就会得到充分的发挥。邓小平同志讲要做科学教育事业的后勤部长，其意义是深刻的。邓小平同志非常关心青年人的培养，要求创造一种环境使拔尖人才能脱颖而出。杰出青年人才是在实践中、在所承担的重要工作中，通过创造性的工作脱颖而出的；要挑重担，要勇于实践创新，要善于与人合作，善于向别人学习，尊重别人的劳动。而对他们的任何一个进步都应以极大的热情欢迎、鼓励和帮助，而不是求全责备，评头品足。鼓励他们敢于标新立异，要有韧性，不能急于求成。领导也应有耐心，要容忍失败。要帮助他们"打天下"，而不是帮助他们"坐天下"。通过他们自己的努力打下来的天下，才能坐得牢。而要打天下，就必须有"创新"的成就。对青年人创新能力的培养，主要是在教育。目前提倡的素质教育是非常正确的。

四

在国际竞争中，知识产权保护已十分重要，"知识经济"的出现又使之重要性更加突出。没有创新，就根本谈不上知识产权，有了创新也不一定能得到知识产权，这是因为我们缺少对这一发展了四百多年的专利制度的了解。我国建立专利制度才 15 年。江泽民同志在十五大报告中指出"实施保护知识产权制度"，这是"运用最新技术成果，实现技术发展的跨越"的保证。中国科技人员的专利意识是很薄弱的，而中国的很多科研单位在专利申请方面的指导、管理以及承办专利申请的机构也有很多问题，"播种不打粮，丰产不丰收"的现象，是相当严重的。为加速新技术的产业化，专利技术的使用也应结合国情制定些法规，至少目前应该宁可损失些专利转让费，也要促进中国公民有更多的机会采用新的专利技术。企业及科研单位应该组织专人研究有关状况，以绕过国外专利，实现新产品的开发和二次创新。

一个生机勃勃、高速发展的中国已经出现了！在"解放思想，实事求是"思想路线的指引下，亿万人民的创造力和积极性已迸发出来，曾经创造过古代灿烂文明的中华民族必将以更多的创造发明，献给人类的文明进步事业。

（此文发表在 2000 年第 5 期《继续教育》）

创新与人才

创新与文明是共存的。人类文明史上的辉煌都与创造力蓬勃发展、创新不断涌现密切相关。古文明以石器、青铜、铁器划分时代，也表明了这一点。

从历史与现实的事例中，我们可以清楚地看到：谁创新多，谁的社会、经济就会高速发展，最终成为核心和带头人。创新少，则终将被别人超越。

一、创新促进社会的飞跃

每一次社会的进步，每一个大的飞跃，都和创新有关。"钻木取火"是一个带有革命意义的创新，它使人类真正进入自己能够控制火的阶段，人类的发展出现了飞跃。冶铁技术的发明也是一个重要事件，有了铁器以后，出现了一个几百年的社会高速发展时期。这一重大的发明，改变了人类社会的面貌和进程。

在当代，由于信息技术及其产业的出现，特别是计算机的发展，人类社会的发展又进入到了新的阶段。信息技术已经渗透到各个领域，彻底改变了人类生活的面貌。现在，人们对多媒体技术的要求越来越高。但我们要看到的是：古代信息技术的基础是我们先人发明的"纸"，今天的信息技术的基础是硅，未来信息技术的基础是什么？虽然有很多预言，但归根结底是需要不断地创新。

我们的先人是创新的能手。陕西半坡村有一个早期的文化遗址，里面发现了一个陶罐。下面是尖的，上面有一个小口，两边有一对耳朵。这个瓶子用绳吊着往水里一放，它的口先是斜着向下的，这时瓶子就开始进水，水进来后瓶子就不断地正过来，最后水满的时候，瓶子也正好立起来。这说明我们的先人六千多年前就有关于重心原理的认识。

"四大发明"是中国古代发明的代表，但还不能概括为中国古代的全部科学贡献。据一位国外学者统计，现代社会赖以建立的基本发明创造，可能有一半以上来自中国。比如骑马的马镫子，中国人并没有把它归为祖先的重要贡献。然而国外的科技文献写道：中国的马镫子传到西方以后，对骑术在军事、生产、交通等方面的水准的飞跃起了重要作用，从而也极大地提高了马在社会中的地位。

正因为我们的祖先有这种创新的精神，才创造了中国古代的文明，也造就了中华民族的发展。

（一）解放思想实事求是既要欢迎"标新立异"，也要允许失败

创新既要解放思想，又要实事求是。但解放思想做起来有难度。我们常说"大胆地提出问题"。说"大胆"，也就是冒了一点险，提出问题后很可能要受到非议。"初生牛犊不怕虎"是对胆子大的人的中性评价。"标新立异"则通常有贬义了。没有初生牛犊的勇气，就不敢解放思想，不"标新立异"，就冲不破框框，更谈不上创新。当然要避免我们有时见到的"无知者无畏"的情况。对科学工作者更要解放思想。对司空见惯的问题在长期的调查研究思考后提出质疑。比如说玻璃可以看作是液态，只不过它的黏度系数比较大，经过长时间如几千年它就显出明显的变化。虽然短时间看不出来，但其结构本质上是液态的。至于它为什么是透明的，我们就不太想这些问题。但是一位外国科学家从玻璃是液体且透明这个本质上去想，发展了局域化理论，最后拿了诺贝尔奖。如果提出一个目标、方法、技术路线甚至结论都基本清楚了的课题，那就称不上创新。

动物都是两个耳朵一个鼻子，一张嘴两只眼睛；人有两只手，一只左

手，一只右手，很对称，看起来也很正常，但为什么会这样呢？这涉及生命的起源和进化问题，其中有很多问题可以研究。一个人表面看起来很对称但身上的氨基酸却都是左旋的，为什么没有右旋氨基酸的人？人是这样，其他动物肌体也都是左旋的氨基酸组成的，也许有极少例外，但基本上都是左旋氨基酸。为什么？有人提出这种问题，就有人大胆地解决这些问题。

搞创新、搞发明创造也常有失败，这是正常的，关键是实事求是。如果认为做错了，承认错误没有什么关系，探索真理就是不断地修正错误。问题是现在有一种不允许失败的压力。这样就只能选择一些没有风险的题目来做。这就很难有大的创新。解放思想不容易，实事求是更不容易。要做艰苦细致的工作，有时是长期的、反复的，甚至是几代人的工作。

（二）在学术民主和自由讨论的环境中才能创新，交叉常擦出创新的火花

创新需要民主的环境。形成百花齐放、百家争鸣和自由讨论的风气非常重要。不同观点的争鸣才能产生创造的火花。马克思说过："一切创造都需要有一个表现这种力量的场合，需要从它所引起的反应中，吸收新的创造的力量。"要有一个场合去表达思想，比如说发表论文、演讲、讨论，或者是付诸行动；同时需要看到反应，反应常常是不同的意见。从中吸收新的创造的灵感，这点非常重要。真理越辩越明，应该鼓励心平气和地讨论问题。激烈的争论也没关系，辩论是对手，结束之后是朋友。在争论过程中能激发人的灵感。爱因斯坦有一段时间找不到合作者讨论时，他就请了附近几个中学物理老师跟他一块讨论问题。这些物理老师和爱因斯坦这位大人物差距很大，爱因斯坦为什么还要这样做呢？中学物理老师对爱因斯坦的理论可能不懂，他们提出的有些问题甚至很可笑，但是他们的问题会促进他的思考。同时在他思考如何把一个问题深入浅出地讲得让中学物理老师都能理解的过程中，也会碰到很多问题，会促使他更深入地考虑问题和启发灵感。

讨论非常重要，它可以启发你，也能互相启发；不同领域的人相互讨论，也需要一个深入浅出的表达。所以现在需要学科交叉的高级的科普报告和书籍。科普报告和书籍有一种是给其他领域专家看的；再一种是给广大群众看的，写法就不一样。国外有一种内行专门讲给外行人听的报告，好的实验室都把这种形式当作推进交流的重要手段。

举一个例子，有一位科学家叫盖耶夫，有一次他听了一场高级科普报告，是与单电子隧道有关的题目。因为他心灵手巧，又能从计算上推理和深化。他听了以后就自己做实验，写了一篇文章发表出来，最后获得诺贝尔奖。有的报纸开他玩笑："大学物理几乎不及格的盖耶夫获得了物理诺贝尔奖！"他大学物理的分数也许不高，也许是考试方式有问题，但他的基本科学素质高，善于学习和判断。他首先去听别人的报告，他听懂了，而且知道问题在什么地方；然后他回去就做，用他的理论和实验的技巧和灵感，解决了这个问题。在我国这种报告会不太多，常常是非常专业的，需要你事前看很多资料，去研究报告所讲领域，才能听懂报告。这种报告当然需要。同时也要鼓励学科间的交叉，鼓励给非同行的专家做前面提到的那种学术报告。这种报告在有些科研单位和学校已经开始搞起来了。坚持下去就能形成深入的交流和自由的讨论氛围。实现学科交叉，常常会擦出原创性的火花。

二、创新需要安定的环境

整个社会的安定局面，这是个大环境。所谓好的环境第一就是安定，适合做学问。20 世纪 60 年代，时任中国科学院副院长的张劲夫提出了"安钻迷"——安下心来，你才能钻；钻完以后，你才会迷；迷住以后，才能出成绩。做科学研究的人，应该有"安钻迷"的环境。

只有安定了，浮躁之风才能扫除，研究工作才能生根。假如研究某一个问题，这个课题的根在我们这儿，我们就能够吸收国外的营养。发表文章、跟别人合作，跟别人交流，目的就是希望通过交流合作能够完善自己的研究。反之，如果根在国外，看到人家发表的文章，那我也跟着做一点研究，说你这个地方需要改，那个地方也需要改。这样是有好多工作，也做得很好，人家也称赞。"这个中国人不错，认为这个问题应该这么修改。"最后，得以完善的是人家的成果，根在人家那里。当然，合作交流是互惠的。谁的根多又扎得深谁就能在合作交流中取得更大的益处。只有在安定的环境中，根才能扎得住。只有扎了根，科学的成果才能服务于国家、造福于人类。

此外，要营造小环境。这些小环境要利于"安钻迷"：收入上虽不太高，但是还能过得去；不必花太多精力在申请经费、填表、评议等非业务上，可以专心从事科学研究工作。这样才能使那些热爱科学、有理想、有创新能力的人形成优秀的团队，使他们的聪明才智得以充分发挥，实现他们报效祖国、为人类文明发展建功立业的人生价值。

三、为创新呼吁科学的评价体系

目前的评价体系问题非常大，可以说不够科学；怎么做才能科学，也不是一天就能解决的，还要探索。论文是科学工作总结的一种方式，对基础研究更重要一些；不能没有论文，包括对 SCI 论文的引用的考查。与国际接轨也必定要做的。国外，好的大学的论文及成果是平行的，这是长期统计结果。但是以 SCI 论文为考核目标和追求目标，将会适得其反。比如说现在有些单位过分强调 SCI 论文的多少，就变成定量的了。有的单位甚至计算论文发在这个杂志算多少分，发在那个杂志算多少分，篇数与影响因子一乘就拿多少钱。这样下去，可能要走上歧路了。我想大概过 10—20 年以后，就会发现浪费了资源和时间。应以解决科学技术问题为目标，坚持一段较长的时间，两者才会统一。

那么，对于不可能定量的事情，又如何评价呢？这里可以参考一下别人的方法。国外有的大学四年一次评价教授，只让交一篇文章。然后让同行专家评议。这比交十几篇文章难多啦。居里夫人发现镭的那所学校，1991 年、1992 年又有人拿了诺贝尔奖。这个学校开发搞得也很好。只有 200 多个教师员工。每次在评价学校研究工作的时候，校长就请高水平的专家来评价。标准有两条：第一个是方向对不对，第二个是努力不努力。专家主要评价的是方向对不对，努力不努力主要是学校评，当然也可以让专家评。

另外，在评价的过程中，讲实话非常难，连不说话都难。比如有的单位，送材料要求你评价，让写个意见。不用说写些他不想要的意见，即使你不写、不说话，他那里就有反应了。他来找你，你就必须说好话，你说这个评价有什么价值？越是不能讲真话，有些人造假的胆子就越大。科学评价体系，还要保护讲真话的人，并形成风气。

真正在那里老老实实做事的人，应得到肯定，对吹牛的不能让他如鱼得水。科技界呼吁"科学的评价体系"。全国在搞创新，那些不利于创新的评价方式是不可能长久的。管理和监督当然需要，但"科学的评价体系"应建立在管理部门和科学家之间相互信任的基础上。我相信"科学的评价体系"一定会在管理部门与科学家的共同努力下，逐渐形成和完善。

四、人才是创新的决定因素

现在各部门都已认识到人才的重要性，并已采取措施，贯彻"尊重知识、尊重人才"方针。我们需要的人才种类很多，既有科技的、管理的、企业的，也包括复合型人才。只有各行各业都有大量的创新人才，我们的事业才能兴旺发达。

人才不外乎是培养选拔和使用几个环节。从道理上已都有精辟的论述，从政策上也有明确的规定。

创造力的培养需要培养综合素质：理想和责任心、创意和好奇、扎实的基础、对真理追求的毅力和韧性、健康的体魄和团队精神。这种素质的培养是在学习和实践的过程中，潜移默化中形成的。这不仅与学习者的主动性有关，也与教学方式的科学性有关。对教学方式的改革不仅在中国，而且在其他发达国家中都在进行，以满足当前和未来社会发展的需要。

对科学技术的人才而言，鉴于科技的高速发展，每个人都应具有终身学习的能力。同时要培养分析问题、提出问题和解决问题的能力。这要通过在学习基础知识的过程中，在实践和观察周围事物的过程中来培养。给学习者以更多的时间去观察、分析、讨论、提出问题，再最终解决问题，才会提高能力。这个能力就是创新能力的基础。美国在推广一种新的科学教育法，英文叫"Just in time teaching"，意译过来，就是利用网络和多媒体技术，学生利用教师的"网页"，对教师提出的问题，进行充分预习，包括同学之间的讨论，再给教师提出问题，最后由教师讲解。从近几年的实践来看，这种方法有助于提高学习兴趣，掌握基本知识和解决问题的能力。在讨论的过程中，也培养了对不同意见的容忍、吸收和团队精神。这些经验是值得借鉴的，同时也能把校园网这一资源充分利用起来。

江主席在为美国科学杂志撰写的《科学与中国》一文中讲到，中国政府鼓励科学家从事"好奇心驱动"的研究，好奇心是创造的源泉，是与生俱来的。不少人在成长过程中好奇心受到了抑制。很多成功的科学家，包括诺贝尔奖获得者都对年轻人讲"要保护好童年的好奇心"。正是好奇心促发了一些科学家在自己长期从事的研究领域中的重大发现。"超导电性"的发现就是其中一个很好的例子。

我们现在经常谈帅才，这很重要。人们都知道，"千军易得，一将难求"。能否成为帅才当然与"伯乐"有关。但其产生是在千百万的优秀人才中脱颖而出的。而千百万人才的成长是在他们所承担的责任的实践中产生的。"拔苗助长"的弊端是千年经验的总结，至今仍是真理。要培养和扶持年轻人，他们是未来。人们都懂得，送给未来的最好的礼物就是优秀的人才。要给他们"重担"，要支持和鼓励他们自己去"打天下"。创造力的发挥不仅需要"能力"，还要有胸怀；这样才能团结合作者。"只有大石头，没有小石头，也垒不起墙来。"一个帅才要解决的是一个大的问题，需要联系各方面专业的人，也需要生根于工作所在的群体，并集中他们的智慧和技能。

创新，是在有一定积累的基础上产生的。这有继承和发展的问题。对此，科学发展史和科学巨匠的论述中都有精辟的阐述。一些有学术传统的研究机构在"平庸"一段时间之后，总会有大的突破出现，就是这个道理。当然，这种事情的发生也有机遇问题。过去大家常提"老中青"三结合，我看这是科学发展的一个规律。一个被授予诺贝尔奖的工作——超导 BCS 微观理论的完成即是很好的例证。我曾用冬虫夏草来比喻年长和年轻科学家之间的关系：冬虫夏草是一种菌类孢子粉在绿蛾蛹上生长出的；在这里，绿蛾蛹和孢子粉是一种特别的关系：孢子粉不掉在蛹上就长不成菌，而如果没有孢子粉，蛹就变成蛾子飞走了，只有这两者结合才能生成冬虫夏草这种名贵的中药材。

　　一个有几千年连续文明的中华民族正在复兴。一个充满创新和繁荣的中国要出现在地平线上，必然离不开创新和人才。

（此文发表在 2002 年第 8 期《安徽科技》）

超导的神奇妙用

当温度降到接近绝对 0℃时，很多物体都会发生一种神奇的现象——超导。这时，物体的电阻会突然消失，电流可以畅通无阻地在物体内穿行。

能够产生这种现象的物体叫作超导体，超导体可以产生很强的磁场，强磁场下的超导体就是超导磁体，其强度是普通人工磁场的几万倍。

超导磁体在现实生活中的应用非常广泛，地球磁场大约是 0.5 高斯，城市噪声产生的磁场是 10 的负 7 次方高斯，也就是千万分之一个高斯，而人的肺部、心脏、骨骼、大脑产生的磁场强度则更低，只有超导量子干涉磁强计才能把它微弱的磁场检测出来。同时，超导量子干涉磁强计也是世界上最灵敏的磁场感应器。

有一次，我的一个学生利用超导量子干涉磁强计做心电图实验时发现，被测者的心电曲线与标准的不一样，当时他怀疑被测者的心脏出现了问题。但是这个结果没有引起被测者的重视，没想到几天之后，他出现了心肌梗死。

医院使用的核磁共振磁体成像设备，用的磁体也是超导磁体。它让人体处于特殊的磁场中，用无线电射频脉冲激发人体内的氢原子核，引起氢原子核共振，并吸收能量。在停止射频脉冲后，氢原子核按特定频率发出射电信号，并将吸收的能量释放出来，被体外的接收器收录，经电子计算机处理获得图像。

此外，超导磁体还可以用来进行磁流体发电，这种装置效率高，启动快，可以减少火力发电造成的污染，特别适合做海军舰艇的电力来源。利用超导磁体还制造出了电子显微镜，在几十万倍的超导磁体显微镜下，人们才能看到分子和原子。

当然，超导磁体还具有抗磁性，它排斥超导体，根据这样的特性，人们制造出了没有摩擦的轴承，其被推广应用到现代火车交通上。目前世界上最快的火车在铁轨上每小时跑 250 公里，可是超导磁体所产生的巨大磁力，把火车悬浮托起的超导磁悬浮列车，速度每小时在 500—800 公里。而一艘万吨的轮船，如果用超导磁体做推力，每小时速度可达 356 公里以上。

未来，超导磁体还会有更为广泛的应用。我希望有一天，当人们上班的时候，进入办公大楼时，大楼门口的保安，不用再检查你的证件，你只要往扫描仪上一站，你的信息就会全部显示出来，并且它会告诉你今天身体很健康，祝你愉快。而一旦发现你的健康出现问题，你就可以及时去就诊。

（此文发表在 2010 年 1 月 18 日《北京科技报》）

百年超导，魅力不减

　　超导电性发现已有百年了，它已经成为物理学中的一个重要分支，与超导有关的诺贝尔奖已经授予了五次。超导电性的应用也已在许多方面发挥着不可替代的作用，100年虽然已经过去，但人们对超导研究的兴趣依然未减。例如，虽然很多一流的物理学家都在努力，但铜氧化合物超导体以及新发现的铁基超导体的机制却还没有完全清楚，超导仍然充满了神秘色彩。与 X 射线、激光和半导体相比，超导的广泛应用还远没有实现。人们普遍认为，超导电性的机理和应用研究将会极大地推动物理学尤其是凝聚态物理理论的发展，同时也将开发出更多、更新的应用。

　　20 世纪 50—60 年代，以 NbTi 和 Nb_3Sn 为代表的有实用价值的合金超导体的发现以及 Josephson 效应的发现，形成了低温超导技术研发的热潮。人们发展了线材制备工艺，制备了各种与电工及信息技术有关的样机，并在磁体绕制和减少交流损耗等方面解决了基本的物理与技术问题。低温超导技术首先在仪器磁体和加速器磁体等强电方面得到了应用，同时也在弱电应用方面取得了进展，发挥了不可替代的作用。但是与同一时期出现的激光技术相比，超导技术应用的广泛性和影响力还远远不够。

　　80 年代后期，铜氧化合物超导电性的发现，因其临界温度突破了液氮温区，导致了更大规模的世界性的超导研究热潮的出现。20 多年来，虽然高温超导机理研究还没有取得突破性进展，但应用研究领域却得以拓展。一批很有潜力的大型高温超导样机已制备成功，如全超导的示范配电站、35000千瓦的电机等。移动通信基站上也使用了几千台高温超导滤波器，但是，高温超导的商品还是太少，对于物理学家而言，研究高温超导机理以及发展量子力学是动力，虽然由于科研难度大和经费支持减弱，使得有些人放弃了相关研究工作，但一些一流的学者仍在坚持。社会需求是很关键的，这就需要在进行材料和机理研究的同时努力推动应用。

超导作为宏观量子态具有极为特殊的物理性质和极大的应用潜力，特别是在能源方面。有人认为21世纪电力工业的技术储备有两个：一个是超导，另一个是智能电网。超导体可以用于军工、信息技术、大科学工程、工业加工技术、超导电力、生物医学、交通运输和航空航天等领域。

在弱电应用方面，基于超导体隧道效应的器件能够检测出相当于地球磁场的几亿分之一的变化，世界上找不到比它更灵敏的电磁信号检测器件，其灵敏度理论上只受量子力学测不准原理的限制；利用交流超导隧道效应制备的电压基准已经代替了化学电池电压基准；世界上最快的模数转换器和最精密的陀螺仪都已用超导体实现了。高温超导的微波器件不仅在雷达等方面得到了应用，也在移动通信方面开始发挥作用。

在能源方面，超导技术是电力工业的一个革命性的技术储备，是新一代的舰船推动系统的基础，是磁约束受控核聚变不可替代的制备强磁体的材料。多数医用核磁共振成像设备和高分辨率的 NMR 用的强场磁体也是超导的。另外，超导磁悬浮列车也具有其独特优势。

20世纪90年代，在超导企业的高峰会议上曾预测，2020年与超导有关的产值可以达到2000亿美元。现在看来达到这个预期还有很大难度，需要一定的突破。从现在算起还有近10年的时间，努力还是有希望的。关键是超导材料的研究要有突破，一是要发展和改进现有实用超导材料的制备工艺；二是要探索新的更适于应用的超导材料。前者从物理上讲是可以做到的，需要解决的是发展新工艺和降低成本。对于同样质量的超导带材在制备样机时也有很多工艺技术需要创新和发展。

在新材料探索方面，以下事情可以考虑做。第一，在铜氧化合物和铁基材料中挖掘并开发出新的实用超导材料；第二，高压下 HgBaCuO 的临界温度已经可以达到 150—160K，表明超导态是可以在这么高的温度下存在，因此在新材料方面有希望找到在常压下临界温度更高的超导体。铁基超导体的发现是个极大的推动，不仅是第二个高温超导的家族，而且又是一次思想的解放，因为过去搞超导的科研工作者都担心 Fe 离子对超导有抑制作用。对于高温超导体家族的特性研究可以归纳一些规律，从而帮助寻找新的高温超导体，例如结构是四方又是准二维的、同时存在多种合作现象的体系。

探索新超导体始终具有极大的吸引力，科技界从未放弃，从超导发现时起就一直在坚持。近 20 多年的进步是巨大的，除实用的超导材料之外，一些新超导体的发现也不断为物理学和材料科学的研究提供重要内容，甚至开辟新的研究领域（例如有机超导体、重费米子超导体等），与此同时也带动了新的工艺技术的发展（例如调制合金，现在称为异质多层膜）和具有特异性质的非超导材料的发现（例如庞磁阻和可能用于存储的阻变材料等）。

室温超导体能否找到，既没有成功的理论肯定，也没有成功的理论否定。而事实上，临界温度一直在提高，新的超导体在不断地被发现。如果能发现室温超导体，那么其影响是无法估计的，世界也可能就不一样了。

超导电性有丰富的量子力学内涵，推动了包括物理思想、理论概念和方法的创新。早在 1911 年索尔维会议上，包括爱因斯坦在内的一流物理学家就对此非常关注。由于当时的数据太少，他们中的一些人放弃了相关机理的研究。然而，超导机理研究却一直吸引着一批一流科学家，传统超导理论的建立经历了以 London 方程（基于 Meissner 效应）为代表的现象描述阶段，以 Landau-Ginzberg 超导理论为代表的唯象理论阶段，和目前已建立的 BCS 微观理论。

在成功的 BCS 理论出现之前，经历了两次世界大战。在战争之后，科学家（包括伦敦兄弟、海森伯、费恩曼等）又重新把超导机理研究放在重要的位置。而巴丁始终热衷于超导机理研究，直到与其合作者解决了这一问题。

迈斯纳效应的发现确定了超导电性为宏观量子现象。迈斯纳效应是对称性自发破缺的结果，是 Anderson-Higgs 机制的一种表现形式。Anderson 等（包括 2008 年的诺贝尔物理学奖得主 Nambu 等）提出了规范场自发破缺的 Anderson-Higgs 机制，这个机制是基本粒子质量的起源，是量子规范场论（包括大统一理论，QCD）的物理基础。BCS 超导理论是量子力学建立之后最重要的理论进展之一，它不仅清晰地描述了超导的微观物理图像，而且其概念也被用于宇宙学、粒子物理、核物理、原子分子物理等领域，推动了物理学的发展。

高温超导机理向传统的固体理论提出了新的挑战，是物理学公认的一个难题。高温超导机理的解决可能与新的固体电子论的建立是同步的，铜氧化合物超导体的 D- 波对称和赝能隙的存在应该是共识的。多种合作现象的共存与竞争使实验研究和理论研究都遇到了很多问题。正是这些问题才带来了挑战与机遇。铁基超导刚刚发现不久，相关的实验和理论研究还处于初步阶段，但也存在着多种合作现象的共存与竞争。随着实验研究和理论认识的深入，应该能够建立新的理论，以期解决有关超导电性的全部问题。这可能是新的固体电子论诞生的一个基础。

超导发现于从经典物理学向量子或现代物理学的过渡时期。很多文章介绍了百年来超导的进展和其中一些重要发现的历史过程。在阅读这些文章的时候，除崇敬之外，我从中还学到很多东西。1911 年 4 月 28 日，卡末林·昂内斯教授向阿姆斯特丹科学院提交的报告中指出，他观察到了零电阻现象，两年后才最终确定发现了超导电性。我认为有以下几点值得深思：第一是实验技术和方法的发展与完善，例如实现氦的液化和零电阻的测量、确认和分析；第二是概念上的突破和超导概念的确定等。后一点尤为关键，这是值得我们反思的。正如严复所云："中国学人崇博雅，'夸多识'；而西方学人重见解，'尚新知'。"实验技术的不断提升和概念上的突破在超导研究中是非常关键的，已经取得的成就源于此，未来成功亦应如此。

超导已经开始造福人类并有着广泛的应用前景。21 世纪一定会有新的技术成为经济的新增长点，在超导材料方面的突破有可能是候选者。对超导电性的深入认识一直推动着量子力学和物理学的发展。高温超导体的发现又带来了新的机遇和挑战。这是一个充满挑战与发现的领域。中国科学家应该也能够为人类的文明做出新的、无愧于我们先人的贡献。探索高温超导体和解决其机理的问题就是最好的选择之一。

（此文发表在 2011 年第 6 期《物理》）

营造让人才发展的良好环境

　　国家人才发展规划绘制了人才发展的蓝图。历史上任何重大的转变时期，为实现伟大目标都是把人才战略放在优先的地位。当今科技高速发展，人才的竞争成了国际上经济和社会发展的重要策略。国家人才发展规划为建立一支宏大的人才队伍和到 2020 年把我国建设成创新型国家提供了有力保障，也为长远可持续发展和建设人才强国提供了行动指南。人才既包括不同领域的人才，正如我们常说的三百六十行，行行出状元，也包括不同层次的人才。在不同领域、不同层次的人才中，领军人才很关键。在这里就科学技术领域的人才问题提出几点想法，不当之处请批评指正。

　　有几位准备到中国创业的人找我，问我的建议。我回答是六个字：能力、团队、舞台。这个能力不仅是业务或学术水平，还包括具有凝聚团队智慧的能力和团结合作者的胸怀。团队的建设，既包括延揽合作者也包括对人才的培养和给予他们发挥才干的机会。舞台，既包括开展相应的研究工作或业务的硬件平台，更重要的是符合需求，学术方面或产业结构调整的需求，服务于经济社会发展方式转变和长远的可持续发展的需要。总之，结合需求，能带起一支好的队伍并做出优异成绩。

　　钱学森先生作为大师级的学者，他的贡献举世瞩目。他非常注重年轻人才的培养和团队的建设。中国航天队伍的进步和发展与此密切相关。他不仅是建立中国科技大学的积极推动者和支持者，而且还亲自执教。他的"物理力学"讲义成了经典之作。有些学科或课题适于独自进行，如陈景润先生研究的哥德巴赫猜想。现代科学技术发展迅猛，大多数的科学技术问题是需要团队完成的。领军人才难得，但是"没有小石头只有大石头是砌不起墙的"。对于一个交响乐团，第一把小提琴手很关键，但不能轻视鼓手的贡献，否则就可能出乱子。全部是主角的剧本很难有，需要友情演出。发挥团队的作用并能与其他的团队很好地合作才可能演出"威武雄壮的话剧"。要做大事就必须强化团队以及团队间的合作。按学术界或相关行业的规范评估贡献，以利于新的合作。

关于领军人才能力的评估，需要一批讲全局、有见识、敢承担、负责任的专家的参与。有些部门"求贤若渴"是值得称赞的。但是被推荐者是否有真才实学和符合需求，管理者有时会因急于求成而出现判断失误。个别的地方引进的人才及相应支持的项目令人担心，大同行怀疑，小同行也不理解。因此在"能力"方面是否"够格"的判断是很值得注意的。而这正是引进领军人才的关键。

营造环境很重要。环境好，人才的潜能就会更好地发挥出来。在江苏见到几位在中国创业的高端人才，他们的成功令我振奋。他们的成功除具备上述的"能力、团队、舞台"六个字之外，成就感与政策的支持对于他们很重要。小平同志在改革开放初期就提出"尊重知识，尊重人才"。这是营造环境的最基本的内涵。中国有句老话"尊贤尚功"。尊重人才就必须尊重创造。知识产权可以转让，买断知识产权的单位或个人可以使用它和成为专利权的所有者，但发明者不能改变，精神的财富不能剥夺。这一方面的事情处理不好，往往会成为"产学研三结合"和科技成果向产业转移的障碍。我们提倡奉献精神，这是我们民族自强发展的根本。但是，如果多一些因发明创造而致富的个人或企业，科技创新就会得到管理层和社会上更多的了解和支持。"尊重知识，尊重人才"的不断深化和落实将会推进人才工作的发展。

（此文发表在 2011 年 8 月 2 日《人民日报》）

对话赵忠贤：超导，一个依然充满挑战与发现的领域

江世亮

书写物理新篇章

记者：1911 年 4 月 8 日荷兰物理学家卡末林·昂内斯（Kamerlingh Onnes）在研究汞等金属低温下的电阻行为和规律时，偶然发现了物质携带电流却不造成损失的所谓超导的能力。超导电性的确定后被认为是对传统概念的重大突破。今年适逢超导电性发现百年，国际学术界在各地举行了很多的纪念活动。不知您如何看超导百年？

赵忠贤：当时物理学正处于从经典物理学向现代物理学，特别是向量子力学的过渡时期。超导电性是第一个被发现的宏观量子现象，从一开始就引起了科学界的极大关注。为纪念超导发现一百周年我也曾写了篇短文（《百年超导，魅力不减》），在这里结合其他学者的论述再谈点看法。超导电性的理论与实验研究已经成为物理学中的一个重要分支，与超导有关的诺贝尔奖已经颁发了五次。阐明金属和合金的超导电性的微观理论（BCS 理论），不仅是对超导电性认识的深化，也在核物理、粒子物理以及宇宙学等方面产生了影响。铜氧化合物超导体（也称为高温超导体）和近年发现的铁基超导体带来了新的挑战。传统的 BCS 超导理论不能解释这两种高温超导电性的起

源。铜氧化合物超导体和铁基超导体的微观机理的解决将会把凝聚态物理研究推入新的阶段，在凝聚态物理以至物理学方面书写新的篇章。对铜氧化合物超导电性的微观机理的研究已经进行了 20 多年，吸引了一批一流的物理学家。虽然取得了很大的进展但还未能得到共识。难度确实很大，但巨大的挑战也正是极好的机遇。

在应用方面，20 世纪 50—60 年代，一批有实用价值的合金超导体的发现以及约瑟夫森效应的发现，掀起了低温超导技术研发的热潮，在某些方面的应用已经发挥了不可替代的作用。例如基于超导隧道效应的电压基准已经取代了化学电池的电压基准，仪器磁体（包括医用的和科研用的核磁共振成像磁体和加速器、磁约束受控核聚变等大型的科学实验装置用的磁体）以及微弱电磁信号检测等。但与同时处于研发高潮的激光技术相比，超导体的应用还远远不够。

应用研究潜力大

记者：说起超导，很多人都会想起 20 世纪 80 年代后期在世界多个国家涌动的高温超导研究热潮，那时好像不时听到有新的超导临界温度纪录被打破，在中国，您领导的研究团队也是这场科学竞争的重要参与者。不知您如何评价自那以后超导研究的发展？

赵忠贤：是的。80 年代后期，铜氧化合物超导电性被发现，因其临界温度突破了液氮温区，激发了更大规模的世界性的超导研究热潮。20 多年来，虽然高温超导机理研究还没有取得突破性进展，但应用研究领域却得以拓展。一批很有潜力的大型高温超导样机已制备成功，如全超导的示范配电站、35000 千瓦的超导电机等，移动通信基站上也使用了几千台高温超导滤波器。但是高温超导的商品还是太少。应该指出的是，超导电性作为宏观量子态具有极为特殊的物理性质和极大的应用潜力。超导体是"开源节流"的能源材料，可用于超导电力、交通运输、大科学工程等方面，在能源方面有着巨大的应用潜力。有人认为，21世纪电力工业的技术储备有两个，一个是超导，另一个是智能电网。而后者在某些方面也需要超导材料。超导材料也是新一代的舰船推动系统的基础材料以及磁约束受控核聚变不可替代的制备强磁体的材料。另外，超导磁悬浮列车也具有其独特优势。超导体也应用于信息、生物医学等领域。

基于超导体隧道效应的器件能够检测出相当于地球磁场几亿分之一的变化，世界上找不到比它更灵敏的电磁信号检测器件。世界上最快的模数转换器和最精密的陀螺仪都已由于超导体的应用得以实现了。据20世纪90年代的超导企业高峰会议预测，2020年与超导有关的产值可以达到2000亿美元。现在看来达到这个预期还有很大距离，关键在于成本和需求。为解决这两个问题，一是要发展和改进现有实用超导材料的制备工艺，提高制冷系统的性能，以实现高可靠性和低成本的目标；二是开拓和培育市场。当然从长远的角度来看，探索新的更适于应用的超导材料是十分必要的。因此，对于超导的应用研究与开发应该从战略性高度予以重视。

超导未来更可期

记者：前不久的美国《科学》杂志和近期的英国《自然》杂志以及我国物理学会主办的《物理》杂志等均推出纪念超导现象发现百年的专题，对超导的未来充满期待。作为从事探索高温超导体35年的科学家，您怎么看超导的未来？

赵忠贤：我在阅读这些纪念和回顾百年超导的发展进程史的文章时，除对奉献者的崇敬之外，还从中学到很多东西。一是坚韧不拔、献身科学和报效社会的精神；二是不断地提高实验技术水平和分析的能力。最重要的是敢于在概念上的突破，或者说是敢于创新。学习前人的"重见解""尚新知"的传统，同时也有责任积极推动超导应用以造福人类。

科学家从超导发现伊始就一直在坚持探索新超导体。这些探索带来的效果包括：新的实用超导材料、很有物理研究价值的新超导体、非超导但很有价值的新材料、新的工艺技术的发展，甚至开辟新的研究领域。发现室温超导体是科学家的梦想。室温超导体能否找到，既没有成功的理论肯定，也没有成功的理论否定。而事实上，临界温度一直在提高，新的超导体不断地被发现。如果找到室温超导体，那么其影响和意义是难以估量的。

　　总之，虽然超导电性的研究已有百年历史，但依然年轻。超导已经开始造福人类并有着广泛的应用前景，21 世纪一定会有新的技术成为经济的新增长点。如果在超导材料方面有新的重大突破则有可能成为这类新技术的候选者。对超导电性的深入认识一直推动着量子力学和物理学的发展，高温超导体的发现又带来了新的机遇和挑战。这是一个依然充满挑战与发现的领域，中国科学家应该也能够为人类的文明做出新的、无愧于我们先人的贡献。

（原文刊载于 2011 年第 10 期《世界科学》）

潘建伟

    潘建伟，1970 年 3 月生，浙江东阳人。物理学家，国际量子信息实验研究领域的先驱和开拓者之一。1999 年获奥地利维也纳大学实验物理博士学位。中国科学院院士，发展中国家科学院院士，奥地利科学院外籍院士。曾任教育部量子信息与量子科技前沿协同创新中心主任，中科院量子信息与量子科技前沿卓越创新中心主任等职。现任中国科技大学常务副校长、中科院量子信息与量子科技创新研究院院长、中国科协副主席。

我的量子研究之路

1987 年夏，我从浙江省东阳中学考入中国科学技术大学近代物理系。在科大学习期间，我第一次接触到了量子力学，发现微观世界里有很多奇特的现象。我对这些奇怪的量子特性陷入苦苦思考之中，甚至使我疏于做习题而险些挂科。但不管怎么样，量子世界的诡异特性令我着迷，因此我确立了我的奋斗目标：与量子打交道、交朋友。本科毕业前，我集中研究和总结了量子力学的各种佯谬，作为我的本科毕业论文。毕业后，我继续在科大攻读理论物理硕士学位，理论基础的加深使得我对量子的脾气摸得更透了。

物理学终究是一门实验科学，再奇妙的理论如果得不到实验检验，无异于纸上谈兵。然而，当时国内缺乏进行量子实验的条件。研究生毕业后，在导师的推荐下，我从 1996 年开始师从国际上著名的量子物理实验学家，奥地利因斯布鲁克大学的蔡林格（Anton Zeilinger）教授攻读博士学位。一个理论物理专业的硕士，要想很快进入实验量子物理的前沿，其中的困难可想而知。为了尽快掌握实验知识和要领我几乎整天都泡在实验室里，在中国科大训练出的较扎实的理论功底使我得以迅速理解和掌握实验技术。终于有一天，我有了自己的量子隐形传态的实验设想。然而，当我兴奋地向导师和同事们讲了自己的想法后，才知道这其实就是 Bennett 等提出的量子隐形传态方案，并且实验室正在做这个实验。我当时就提出要加入这个实验，并得到了蔡林格教授的应允。

经过一年左右的努力，我和实验室的同事完成了这个在国际上首次实现光子的量子隐形传态的实验。我们的工作发表在 *Nature* 杂志上，被认为是量子信息实验领域的开端，同时被美国物理学会、欧洲物理学会、*Science* 杂志评为年度十大进展，并被 *Nature* 杂志在其特刊选为"百年物理学 21 篇经典论文"。至今，这篇论文仍然是量子信息科学领域被引用次数最多的实验论文。此后几年内，我和同事们先后实现了量子纠缠交换、三光子纠缠及其非定域性检验、四光子 CHZ 纠缠和高保真度的量子隐形传态、量子纠缠纯化等重要实验，结果均发表在 *Nature* 或 *Physical Review Letters* 上，这些工作多次被欧洲物理学会和美国物理学会评为年度物理学重大进展。

我在奥地利攻读学位的时候，是量子信息这门新兴科学开始蓬勃发展的年月。这门学科——包括量子通信、量子计算、量子模拟和量子精密测量等研究方向——正是利用了量子的奇特性质，能够用一种革命性的方式对信息进行编码、存储、传输和操纵，可以实现利用任何经典手段都无法完成的信息功能：量子通信克服了经典加密技术内在的安全隐患，是迄今为止唯一被严格证明是无条件安全的通信方式；量子计算和量子模拟具有超越经典极限的强大并行计算和模拟能力，一方面为密码分析、气象预报、资源勘探、药物设计等所需的大规模计算难题提供解决方案，另一方面可揭示高温超导、量子霍尔效应等长期悬而未知的物理机制；量子精密测量通过实现对重力、时间、位置等物理量的超高灵敏度测量，可以大幅度提升卫星导航、潜艇定位、医学检测、引力波探测等的准确性和精度。在怀着极大的热情与量子打交道的同时，我将目光投向了国内，迫不及待地希望祖国能很快跟上这个新兴科技领域的发展步伐，在信息技术领域抓住这次赶超发达国家并掌握主动权的机会。

从 1997 年开始，我每年都利用假期回到中国科大讲学，为我国在量子信息领域的发展提出建议，并带动一批研究人员进入该领域。2001 年，我入选"中科院引进国外杰出人才"，并获得了国家自然科学基金委海外青年学者合作研究基金和中科院知识创新工程重要方向性项目的支持，在中国科大组建了量子物理与量子信息实验室。这个实验室以一批年轻教师和学生为班底，朝气蓬勃。虽然我们是从零开始，但因为在组建之初就得到了国家自然科学基金委、中科院和中国科大的大力支持，在以后的几年里又陆续得到了科技部等主管部门的大力支持，因此实验室的发展速度非常快。仅 2003 年一年，我们研究组作为第一单位发表在 *Physical Review Letters* 的论文就有 7 篇。2004 年，我们在国际上首次实现五光子纠缠和终端开放的量子态隐形传输，发表在 *Nature* 杂志。这一成果同时入选欧洲物理学会和美国物理学会评选出的年度国际物理学重大进展，这对中国科学家来说是第一次。

量子信息科学领域是一个日新月异、正在迅速发展的多学科交叉领域，需要各方面的人才和技术，需要与世界上优秀的科研团体合作，学习他们的先进技术和经验。正是考虑到这一学科背景，在 2003—2008 年，我国内、国外两头跑，一方面在中国科大实验室大力发展光量子信息技术，另一方面前往在冷原子和原子芯片方面具有很强研究实力的德国海德堡大学物理所，以玛丽·居里讲席教授的身份在欧洲通过各种渠道申请经费支持，从国内招收研究生和博士后，为我国培养冷原子量子存储方面的研究力量。几年下来，我们在冷原子量子存储方面形成了丰富的人才和技术积累，取得了一系列国际领先的研究成果。2008 年，*Nature* 杂志发表了我们"量子中继器实验实现"的研究成果。利用量子存储技术在国际上首次完美地实现了长程量子通信中亟须的"量子中继器"，*Nature* 杂志称赞该工作"扫除了量子通信中的一大绊脚石"。这项成果入选欧洲物理学会年度物理学重大进展。我们还首次实现了光子比特与原子比特间的量子隐形传态，首次将单次激发量子存储的寿命延长至毫秒量级，较以前的结果提高了两个数量级。

2008 年，在完成了充分的技术积累和人才储备后，我放弃了在海德堡大学的职位，同时将在海德堡大学的实验装置陆续搬迁回中国科大，将一批优秀的年轻人才从海德堡大学以国家"青年千人计划"、中科院"百人计划"等方式引进到中国科大。

全时回国工作后，随着研究工作的不断深入和研究方向的扩大，寻求稳定的科研经费支持在一段时间内一直是困扰我们团队的主要问题。2009 年，我获得"国家杰出青年科学基金"资助，无疑是对我团队工作的高度肯定和鼓励。在"杰青"项目、中科院的知识创新工程项目和科技部重大科学研究计划项目等的支持下，我们团队的经费需求问题初步得到解决，可以在国内开展国际领先的工作了。值得指出的是，我们团队的研究骨干中，有三人先后获得"杰青"项目的资助，充分体现了"杰青"是对我国优秀科研人员的高度认可。

团队未来的重点发展方向有两个：一是将广域量子通信向实用化方向进一步推进；二是发展量子模拟及量子精密测量技术，用发展起来的量子操纵技术反过来推动量子物理和凝聚态物理方面的基础研究，这将使量子科学与技术之间形成良性的正反馈关系，这是我感到最为快乐的事情。

回顾我们过去几年的发展，我感叹这是一个不断实现和超越梦想的光荣历程。我们应该感谢量子，是它使得我们能够有机会像"两弹元勋"等老一辈科学家们那样，为国家和社会的发展贡献自己的一份力量。我更应该感谢我们祖国在经济建设和社会进步中所取得的巨大成就。我们在发展量子信息科技上所取得的成绩，与国家自然科学基金委、教育部、科技部、中科院等科研主管部门和中国科大的强有力支持是分不开的。不仅如此，国家对引进海外高层次人才的重视也达到了新的高度，使得更多的优秀青年人才可以归而报国，在国内充分发挥他们的创造力，成为前沿研究领域的生力军。可以说，团队所获得的持续支持和所取得的成绩不仅彰显着我国不断提高的综合国力和科技创新能力，也充分反映了我国对支持战略性前沿基础科学研究的敏锐判断力和决策力。

（此文发表在 2014 年第 5 期《神州学人》）

奇妙的量子世界

20世纪物理学有两个重大发现，即普朗克的量子论和爱因斯坦的相对论。量子论与相对论的研究和应用一开始就与信息技术紧密相关。这两大重要物理发现在本质上奠定了20世纪和21世纪科学技术的基础，带来了人类物质文明的巨大进步。

量子及其特性

所谓量子，是构成物质的最基本单元，也是物质、质量、能量的最基本携带者，具有不可分割性。像分子、原子、光子等构成物质的最基本单元，统称为量子。量子有一个非常奇怪的特性，叫量子叠加。什么是量子叠加？经典事件里可以用某个物体的两个状态代表0或1，比如一只猫，或者是死，或者是活，但不能同时处于死和活状态之间。但在量子世界，不仅有0和1的状态，某些时候像原子、分子、光子可以同时处于0和1状态相干的叠加。比如光子的偏振状态，在真空中传递的时候，可以沿水平方向振动，可以沿竖直方向振动，也可以处于45度斜振动，这个现象正是水平和竖直偏振两个状态的相干叠加。正因为有量子叠加状态，才导致量子力学测不准原理，即如果事先不知道单个量子状态，就不可能通过测量把状态的信息完全读取；不能读取就不能复制。这是量子的两个基本特性。

量子还有一个特性，叫作"量子纠缠"。比如甲、乙两人分处异地，两人同时玩一个游戏——掷骰子，甲在一地扔骰子，每次扔一下，1/6的概率随机得到 1 到 6 结果的某一个；同时，乙在另一地掷骰子，尽管两人每一次单边结果都是随机的，但每一次的结果却是一模一样的，这就是"量子纠缠"。最早提出这个概念的是爱因斯坦。爱因斯坦当时认为怎么允许两个客体在遥远的两地之间会有这种诡异互动呢？因此质疑量子理论的完备性。后来为了检验这种现象，科学家做了大量试验，发现这种纠缠性质确实存在。而且在验证过程中，科学家慢慢发展和掌握了对单个粒子状态进行人工制备和对多个粒子之间的相互作用进行主动操纵的能力，在这个基础上，诞生了量子信息科学。量子信息科学有三个应用方向，一是量子通信，即实现无条件安全通信手段；二是量子计算，超高速并且可以有效揭示复杂物理系统的规律；三是量子精密测量，测量精度超越经典极限，用于高精度导航、定位等。

量子信息科技应用

第一个应用是量子密钥分发。例如甲、乙二人要进行安全通信，甲发出的光子信息状态有水平、竖直、45 度等，如果有窃听，第一，窃听者不能把光子分成信息一模一样的两半，因为光子不可分割；第二，窃听者不能复制信息，因为单次测量测不准；第三，窃听者把光子截获，乙收不到信息，也就不存在窃听。无论怎样，根据量子力学原理，窃听都可以被发现，一旦被发现，原有密钥立即作废。甲就可以把没有被窃听的密钥传送过去，利用产生的密钥进行一次一密完全随机的加密。所以，利用量子不可克隆和不可分割的特性可以实现安全量子密钥分发，实现不可破译的保密通信。

第二个应用叫作量子隐形传态。量子的这个特性类似传说中的"瞬间移动"。比如需要我从合肥到北京开会，所有的交通工具都不能实现马上到达。这时候在合肥和北京分别有一个装置，两个装置里的粒子处于纠缠态，那么在合肥我身上的粒子跟装置里的粒子做一种联合测量，通过经典通信把每一次的测量结果发到北京，在北京对相应粒子做某种操纵，就可以在北京用同样多的分子、原子把我重新构造出来，这个过程是以光速进行的。所以，利用量子纠缠的方式，可以把量子信息本身从一个地点传送到另一地点。这就是量子的隐形传态。值得注意的是，传到北京的我包含了我所有的物质和信息，在合肥的我已经消失了，所以不是我的复制品，我还是独一无二的。这个技术要真正实现还需要很长时间，但是这个理念可以用在量子网络中，让信息在量子网络中传递，就可以构造所谓的量子计算和量子模拟。量子计算具有超强的计算能力，比如利用万亿次经典计算机分解300位的大数需要15万年，利用万亿次量子计算机，只需要1秒。同理，在大数据和人工智能里，求解一个亿亿亿变量的方程组，利用目前最快的亿亿次"天河二号"大概需要100年左右，但是如果利用万亿次的量子计算机，只需要0.01秒。其应用是非常广泛的，不仅可以解决大规模的计算机难题、破解经典密码、气象预报、药物设计、金融分析、石油勘探，而且可以揭示新能源、新材料机制、惯性约束核聚变、高温超导、量子霍尔效应等。现在是大数据时代，近三年产生的数据比之前几千年的总和还要多。美国情报部门在"9·11"事件发生后，对所接收的数据进行分析，结果发现，如果事先有足够分析的话，就可以知道9月11日那些恐怖分子会开展什么活动，发生什么事，但是当时因为数据太大来不及分析，大到需要100年才能分析完，如果需要提前100年来预测"9·11"就没有意义了。所以，如果造出量子计算机，对大数据中有效信息进行挖掘，是非常有效的。

还有一个应用是量子精密测量。目前世界上最好的经典加速度计，每天误差大概在200米左右，如果为潜水艇导航，100天以后的误差达到几百公里，可能发生撞到海沟或者撞到山上的情况。但是利用量子叠加原理采用量子精密测量手段，航行100天后的位置测量误差会小于1公里。

量子信息科技现状

量子信息技术的基础研究已经比较成熟，相关理论和实验多次获得诺贝尔物理学奖和沃尔夫物理学奖。目前，量子信息技术正由基础研究走向应用基础研究和应用研究。尤其是量子通信，目前已经可以实用。关于未来方向，国际有共同的发展路线图，一是通过光纤实现城域量子通信网络；二是通过中继器连接实现城际量子网络，把很多城市连接起来；如果把信息发射到驻外机构或者国外，或者更加高效遥远地点之间的量子通信，则需要第三个技术，通过卫星中转实现远距离量子通信。当把这三项技术结合起来，就可以构建广义的量子通信网络，从而保证各个节点之间信息传输的安全。

在量子计算、量子模拟和精密测量方面，目前国际上的研究热点是对各种有望实现可扩展量子信息处理的物理体系开展系统性研究，主要从三方面展开：实现高精度、高效率量子态制备与相互作用控制；在此基础上实现更多粒子的量子纠缠，粒子之间纠缠越多，计算能力越强大；同时实现更长的量子相干保持时间，相干时间越长，在计算过程中，量子有效性更能充分开发出来。在这三方面研究基础上，提高量子计算的可扩展性，实现量子计算的基本功能；利用量子模拟探索凝聚态物理机制；实现超高精度精密测量。

我国量子信息科技优势

我国较早展开对量子信息技术的布局：10 年前，科技部有专门的"量子调控"重大研究计划；"863 计划"也给予支持；国家自然科学基金委员会有"单量子态的探测及相互作用"和"精密测量物理"重大研究计划。中国科学院的支持更集中一些，对几个特别优势的团队进行重点扶持，比如有知识创新工程重大项目、"量子系统的相干控制"先导科技专项。"十二五"期间，我国在这方面投入每年 5 至 10 个亿，体量可观。

在前期投入基础上，我国已经形成优势团队，像中国科学技术大学、清华大学、南京大学、山西大学等，科研实力都很强。科技部首批三个科学家工作室中，有两个属于量子调控领域，分别是中国科学技术大学量子光学与量子信息科学家工作室和清华大学低维量子物质科学家工作室。这些团队基本上每年都有成果入选国内外年度重大进展，如 12 次入选两院院士评选的年度中国十大科技进展新闻，一次入选 *Nature* 评选的年度十大科技亮点，一次入选 *Science* 评选的年度十大科技进展，五次入选欧洲物理学会评选的国际物理学重大进展，五次入选美国物理学会评选的国际物理学重大事件。

我国在 2007 年、2009 年先后突破光纤量子通信安全距离 100 公里和 200 公里，2008 年在合肥首次实现全通型光量子通信网络，2009 年 60 周年国庆阅兵指挥构建了"量子通信热线"，进行小规模应用。

2010 年，在合肥启动了国际上首个规模化城域量子通信网络，共计 46 个节点。2012 年在北京建立了金融信息量子通信验证网，已经投入使用。中共十八大在中南海、京西宾馆、人民大会堂投入永久使用。目前，城域量子通信技术已经比较成熟。要实现广域量子通信网络，一方面需要用中继器将城域网络连接起来。在这方面已经得到国家发改委支持，启动了"京沪干线"大尺度光纤量子通信骨干网工程，正在建设千公里级高可信、可扩展、军民融合的广域光纤量子通信网络，建成大尺度量子通信技术验证、应用研究和应用示范平台。另一方面需要卫星。早在 2005 年我国实现 13 公里自由空间量子纠缠分发，随后又在八达岭实现了 16 公里自由空间量子隐形传态，这些实验验证了光子在穿透大气层后，其量子态能够有效保持；随后实现了 100 公里级自由空间量子通信，这是在青海湖做的实验。这个实验验证了即使星地链路损耗非常高，也是可以进行量子通信的。最后利用气球的高空平台，验证各种卫星运动姿态下星地量子通信可行性。我国在自由空间量子通信方面也具有国际领先地位，为实现星地量子通信打下比较好的技术基础。2011 年，中科院启动"量子科学实验卫星"战略性先导科技专项，将在国际上首次实现高速星地量子通信，并连接地面光纤网络，初步构建广域量子通信体系。

2012 年，*Nature* 杂志点评年度十大科技亮点时说："这标志着中国在量子通信领域的崛起，从 10 年前不起眼的国家发展为现在的世界劲旅，将领先于欧洲和北美……"在量子通信方面，我国良好态势得以保持的话，产业化方面有望领先于欧洲和北美。

在量子计算和精密测量方面，我国在多光子纠缠操纵方面一直处于国际领先地位，保持着纠缠光子数目的世界纪录。目前为止，在原理性演示范围，我国学者在各种系统里几乎验证了所有重要量子算法。其中在国际上首次实现拓扑量子纠错，发表在 *Nature* 纪念图灵诞辰 100 周年特刊。所以量子计算方面，*New Scientist*（《新科学家》杂志）评价："中国科学技术大学——因而也是整个中国——牢牢地在量子计算世界地图上占据了一席之地。"这里只是一席之地，前面说的是领先。这说明我们只在某一个方向上有一个比较好的优势。

借他山之石攻玉

我国量子信息科技到了深化发展、快速突破的应用研究阶段。在这方面，国际上已经体现了这样一种趋势。

第一，科研机构密切协同，多学科交叉。最有代表性的两个中心分别在欧洲和美国。在欧洲，剑桥、牛津大学有联合中心，瑞士也有联合研究中心，和德、法、奥地利科学家一起，构成欧洲量子光学与量子信息杰出研究团队。在欧盟支持下，几十个小组分工明确进行相关研发。10 年中，该团队在量子调控与量子信息领域已经得到两个诺贝尔物理学奖、三个沃尔夫物理学奖。在美国，哈佛大学与拟 MIT 合作组建联合中心，加州理工有量子计算研究中心，加拿大几个大学合作也有相关中心。最有代表性的机构是美国国家标准与技术研究院（NIST），10 年中有五位诺贝尔物理学奖获得者。

第二，政府大力支持与投入。比如 NIST，每年运行经费 9 亿美元；DARPA、美国空军、美国国安局、情报高等研究计划署也在这方面做了大量投入。欧盟有相关的专项支持，2014 年英国启动了国家量子技术专项，投资 27 亿美元支持四个小组开展相关研究。相比之下，我国五年投入大概只有几亿美元，而且分散在各个小组，不像国外投入比较集中，且有序分工。

第三，企业介入。一些公司和大学合作，如 Google、NASA、UCSB 成立了量子人工智能实验室。IBM 发布未来芯片研究，五年内投资约 30 亿美元，开展量子计算、神经网络、硅光子技术等相关研究。量子通信方面目前计划更多，企业已经很具体地介入。像美国一家大型研发公司 BATTELLE 的商用量子通信网络，已经在建一小规模网络，计划用 5 到 10 年进一步建立连接 Google、IBM、微软等公司的数据中心，总长达 1 万公里左右环美国的量子通信网络。

协同创新的探索我国起步比较晚，且短期科研项目支持力度有限，仅能以"有限目标、重点突破"的方式维持少数优势研究方向的常规发展，难与发达国家的科技资源整合力度和支持力度相抗衡；另外，企业在战略性科技投入方面相比发达国家有较大差距。像华为、阿里巴巴虽然也开始组织这方面工作，但是投入很有限，因为企业还没有充分享受高科技带来的好处，所以动机不是特别强烈。在这方面，需要发挥我国制度优势，以"两弹一星"模式统筹力量、协同攻关，实现基础研究、关键技术创新与集成、工程化产业化开发的有效链接，实现跨越式发展。

总之，经过 10 年左右努力，希望形成天地一体化的全球量子通信基础设施、完整的量子通信产业链和下一代国家主权信息安全生态系统，目标是构建基于量子通信安全保障的未来互联网（"量子互联网"）。通过 10 到 15 年努力，量子计算机的计算能力可以和"天河二号"相媲美，而且耗电量只是"天河二号"的几万分之一甚至更低。

引用约翰·惠勒的话："过去 100 年间量子力学给人类带来了如此之多的重要发现和应用，有理由相信在未来 100 年间它还会给我们带来更多激动人心的惊喜。"我们对未来充满希望。

（此文发表在 2015 年第 3 期《民主与科学》）

探索的动机

我在欧洲留学时，到阿尔卑斯山区的一个大峡谷，一个很少有外国人到的地方去游历。在那里，我见到一位 80 多岁、满头白发的老太太坐在轮椅上。她非常高兴看到一个外国人，于是我们就聊起来。她问我是干什么的，我说："我是做量子物理的。"然后她进一步问我："你做量子物理的哪一方面？"我说："是量子信息、量子态隐形传输，就像时空穿越里的东西。"她说："我读过你在《自然》杂志发表的那篇文章。"我非常感动，一位 80 多岁的老太太，却对科学保持着这样一种原始兴趣的初心，当时我想也许她只是个例。又过了几年，我在海德堡大学做切除息肉的手术。当我做完手术醒过来之后，正好护士站在我的床前。她说："潘教授，你是不是研究跟时空穿越类似的东西啊。"我说："是啊。"她说："你能不能给我讲讲。"因为我当时鼻子里面插着两根管子，非常痛苦。我说："现在我讲不了，我将来送给你点资料吧。"为什么举这两个例子？我觉得一位护士对科学感兴趣，一位乡村老太太对科学也感兴趣，这很难得。如果我们对科学没有这种原始的冲动，没有兴趣，我们就不可能变成一个真正的创新的国家。

什么是探索的动机？作为科学家，特别关心两件事情。第一，宇宙的规律是怎么样的。通过规律研究，希望能够知道我们从哪里来，到哪里去，也就是说，我们非常关心人类和宇宙的生成和命运。好多年前我曾经读过房龙的一本书，叫作《圣经的故事》，声明一下，我不是教徒，里面讲到，上帝当时说要有光，然后要有云，要有天，要有地，这个过程就是告诉我们创世纪的过程。所以人类追求的过程中，一直希望能够理解，我们是怎么来的？

我们的未来是怎样的？以此寻找一种安全感。但是在过去，因为没有科学，只有靠人类的种种想象。经过几千年的知识积累，到了1687年人类的观念发生了重大改变。1687年之前，一个偶然机遇使伽利略把玻璃片做成望远镜观测太空，他看到了土星环等等。那时人类开始能够探索整个宇宙是怎样的，不仅仅看地球怎么样。1687年，牛顿在前人知识基础之上，发表了一部专著《自然哲学的数学原理》，改变了整个人类思想认识进程。这部书告诉我们，宇宙的演化完全可以通过微积分计算出来。这是什么意思？本来我们觉得上天非常神圣，而牛顿却说苹果掉在地上和星星在天上转是可以算出来的。当我们感觉原来可以计算神圣的上天的星星运行的轨道时，科学的自豪感无比巨大，这样我们就可以计算我们的未来。但是如果进一步想，你马上会感到非常失望，完了，我的命运是不是也在宇宙诞生的时候就已经被决定了呢？比如，潘建伟成为物理学家，其实根本不是自己努力的结果，在宇宙刚刚诞生的时候，一切都已注定。为什么？牛顿力学告诉我们，这些都是可以计算的。所以，有些科学家在意识到这一点之后，认为这个世界是宿命的，奋斗毫无意义，于是他们选择了自杀，确实有这样的事情发生。当然，科学还是要进一步发展的。

一直到20世纪初，又一个新的革命发生，这就是量子力学。量子力学非常有意思，它跟原来的牛顿力学完全不一样。牛顿力学告诉我们，比如我今天在北京做讲演，那就不可能在上海。但在量子力学有个概念——作为一个微观客体，当你没有看它到底在上海还是在北京的时候，它可以同时在两个地方，处于一种叠加的状态。我们把这样一种状态叫作量子叠加态。小片量子，是物理学概念，作为不可再分割的基本个体，量子用来形容微观世界的一种倾向，粒子的物理量（比如能量）倾向于不连续的变化。微观世界与经典世界最明显的一个区别是，事物不是明确的非此即彼，而是此与彼的某种尚未确定的叠加态。举个例子，我要从德国柏林飞到中国北京，飞机有两种飞行路线，一条是柏林—莫斯科—北京（冷），另一条是柏林—新加坡—北京（热）。如果我在飞机上睡着了，那么我下飞机后就会觉得浑身处于一种"又冷又热"的奇怪状态，不知道飞机到底从莫斯科中转还是在新加坡中转。这时，用量子力学看世界的我只能得出结论"我同时经过莫斯科和新加坡"，也就是量子的叠加态；而当我在飞机上睁开眼睛看的时候，才知道到底是从莫斯科中转还是从新加坡中转，下飞机后也会觉得要么冷要么热，不会再处于"又冷又热"的状态了。这也正是量子力学的积极哲学，"看到即改变"，当你把视线关注到量子运动轨迹，其状态就会随之发生改变。这就告诉我们，你睁开眼睛看一下，对整个世界的演化是会有影响的。量子力学，从哲学上讲是一种非常积极的概念，它的含义是我们个人的奋斗，对这个世界是有影响的。量子力学不仅可以了解宇宙的历史，也可以推动一个新学科的发展。目前我们在从事的研究叫作量子信息科学。利用所谓的量子叠加原理来做量子通信，解决信息安全问题。

量子力学还有一个所谓量子纠缠的概念。一个粒子可以处于零加一，就是两个状态的叠加。两个粒子也可以处于一种非常奇怪的状态叠加："零零加一一"。比如我和你同在北京，假定我给你一个纠缠粒子在手里，另一个在我手里，然后我回到合肥。你把手中的粒子一扔，它会随机得到零或一。但是我在合肥看一看我手中粒子的状态，我就可以把你手中的结果猜出来，因为即使这两个粒子已经隔得非常远，它们扔出来的结果始终是一样的。科学上把这种现象叫作量子纠缠，或者从不太严格的意义上讲，甚至可以叫作"遥远地点之间的心电感应"。利用这个，可以构造一种非常强大的量子计算机，通过量子计算，在大数据爆炸时代，把信息有效地提取出来。所以从这个角度上讲，科学不仅能带来心灵的自由和安宁，而且科学是非常有用的。

随着电动力学和量子力学的发展，带来了信息科技，整个世界已经变成一个地球村。所以，人类的进化是与信息共享和互动紧密联系在一起的。同时，还有一个非常重要的东西需要我们进一步珍视和加以保护，那就是心灵的自由和独立的思想。从古到今，正因为我们保证了思想的独立性，才能够保证想法的千变万化，才会有创新和进步。爱因斯坦有一篇著名的演讲，题目叫《探索的动机》。他说有三类人在科学的殿堂里，第一类人只要有机会，也许会成为企业家，也许会成为政治家，也许会成为诗人。只要是能够让自己得到荣耀，得到名利，他干什么都可以。当然他还是很有才华的。还有一类人完全是兴趣驱动，他只是觉得好玩，不管对大家有没有好处，有没有坏处。第三类人是什么？他确实希望能够对这个宇宙进行探索，进行凝视，进行思索，能够找到一些先天和谐的规律。只有这一类人才能够很静心地、长久地从事科学研究。爱因斯坦说，当然不能把前两类人驱逐出去，因为这些人可能对科学做过很多，也许是主要的贡献。把他们驱逐出去，这个殿堂就倒塌了。但是可以肯定，如果没有第三类人，这个殿堂就不会成为殿堂，只能是一些蔓草，而不会成为森林。什么是探索的动机，作为一个真正的科学家，他应该是很有责任心的，他会用无穷的耐心，去理解这个宇宙是怎么样的。但现在我们还不能解释为什么我们会有爱？为什么我们会有感情？我想随着未来科学的发展，也许到某一天我们能从方程里给出非常好的解释。这就是探索的动机。

（此文系作者 2016 年在中央电视台公开课《开讲啦》的演讲，略有删节）

世界首颗量子卫星——开启量子通信新时代

　　随着我国发射的世界上首颗量子科学实验卫星"墨子号"顺利升空，中国将成为全球第一个实现卫星和地面之间进行量子通信的国家，与此同时，我国也将实现"天地一体化"量子通信网络的初步构建。

　　作为迄今为止唯一被严格证明是无条件安全的通信方式，量子通信技术在金融、军事和政务等领域的应用前景得到了世界各国的广泛关注，美国、日本等国也启动了相关的研究计划。此次"墨子号"的发射，更巩固了我国在量子通信领域的世界领先地位。

独一无二的"量子卫星"

　　"墨子号"量子科学实验卫星是中国科学院空间科学先导专项首批四颗科学卫星之一，是继暗物质粒子探测卫星"悟空"、微重力返回式科学实验卫星"实践十号"之后的第三颗科学实验卫星，其主要任务是开展基于卫星平台的广域量子通信和量子力学基础原理检验。那么具体的科研任务有哪些?

　　中国科学技术大学常务副校长、中国科学院量子科学实验卫星先导专项首席科学家潘建伟表示，"墨子号"的主要科研任务有三个。

　　第一，通过量子卫星实现卫星和地面的量子密钥分发，从而实现广域的量子保密通信。潘建伟解释，之所以需要通过发射卫星来建立天地之间的量子通信网络，是由于地面信号的传输主要以光纤为媒介，而光纤传输的过程中信号损失相当严重，实验表明光纤传输的量子通信信号在 200 公里以后就几乎被吸收殆尽，如果人类想实现远距离的量子通信传输就必须建立多个安全可信的信号中继站，这无疑大大增加了信息泄露的几率。

科学家们经过研究发现，光在穿透大气层的过程中能量损失仅为 20%，也就是说天地之间数千公里甚至上万公里的距离，光在其间传输的损耗要远远低于在地面光纤网络中传输的损耗。利用这一原理，人类利用空间中的量子卫星作为地面网络的中转站，可以将地面多个城市中建立起的城际量子通信网络连接起来，从而极大地提高量子通信的效率。

第二，"墨子号"还承担着对量子力学本身的基本原理进行检验的实验任务。量子纠缠态是量子力学中的一个经典现象，即在多粒子量子系统中，一对具有量子纠缠态的粒子，即使相隔极远，当其中一个状态改变时，另一个状态也会即刻发生相应改变。这种现象称为"量子非定域性"，曾经被爱因斯坦等用来质疑量子力学理论的完备性，并引发了长期的争论和持续至今的各种检验。

科学家们在地面上已在相距 100 公里的距离成功地验证了量子非定域性，但尚未做到严格无漏洞的终极检验。而量子卫星将把这个实验带到外层空间，将在国际上首次得以实现千公里量级的量子非定域性实验检验，对于人类加深对量子力学基础理论的认识具有重要的意义。

第三，"墨子号"将连接中国和奥地利之间的量子通信网，以证明全球规模的量子通信网络设想是可行的。这也是我国在量子通信领域开展的第一个大型国际合作，潘建伟表示，未来我国将与更多国家开展合作，共同推动量子通信领域的进步与发展。

潘建伟还介绍，作为建设"天地一体化"通信网络的重要组成部分，"墨子号"量子卫星与普通卫星相比存在着巨大的差异。发射升空的量子卫星以及建设在地面的多个地面观测站，共同组成了前所未有的覆盖地面和空间的巨大实验网络。

"针尖对麦芒"的精准定位

"墨子号"量子通信卫星作为"天地一体化"的空间中转站，承担着发射和传输光信号的重要任务。如何保证距离地球表面数百公里的光信号能够顺利被地面光学天线接收，潘建伟形象化地解释道，这其中涉及的关键性实验技术的难度就好比是"针尖对麦芒"一样。

他介绍说，由于卫星发射的光信号是极其微弱的单光子级别，在由空间向地面传输的过程中会受到许多因素的干扰，比如星光、灯光等都将成为干扰信号传输的背景噪声。此外，卫星的运动速度很快，地面的光学天线必须时刻紧跟卫星的"节奏"才有可能实现信号的准确接收。所以，在"墨子号"量子通信卫星的设计过程中，不仅要克服各种噪声的干扰保证信号源的稳定，同时还要实现与地面光学天线的准确对接。尽管是如同"针尖对麦芒"般苛刻的实验条件，但是在我国科学家的不懈努力下，如此困难的技术难题也依然得到了解决。

保密通信的"京沪干线"

被称为"京沪干线"的地面量子通信网络，是"天地一体化"量子通信网络的地面组成部分。对于"京沪干线"的建设原理，潘建伟解释道：在建设地面量子通信网络的工程中，主要的应用都集中在城市范围内，将城市之间的城域网连接起来实现城际量子通信非常关键。据介绍，目前的技术仅能够达到点对点百公里量级的量子通信，所以就需要通过建立可信任的中继站点来起到信息中转的作用，连接相距数百公里两个城市的量子通信网络。已经建立起来的北京、济南、合肥、上海四个量子通信城域网，将在可信中继的帮助下，通过光纤串联起来，构成量子通信的"京沪干线"。未来还将会在每个城市中建设光学天线接收卫星的信号，这样，随着"墨子号"的顺利升空，地面的"京沪干线"与空间的量子卫星共同构成了覆盖全球的广域网络，充分利用卫星覆盖的广域性和光纤入户的便利性，从而真正实现"天地一体化"的量子通信。

开启量子通信新时代

随着量子卫星的发射升空和下半年"京沪干线"的完工，中国的广域量子通信体系为率先建成全球化的量子通信卫星网络奠定了基础，人类即将实现全球范围内卫星和地面间的首次量子通信。"天地一体化"的量子通信网络即将铺就，历经30余年的量子信息研究也将步入深化应用的时代。未来，量子通信将不仅仅是一种全新的加密通信手段，它将成为新一代信息网络安全解决方案的关键技术和日益普遍的电子服务的安全基石，成为保障未来信息社会可信行为的重要基础之一。也许就在不远的将来，量子通信技术将如同手机、电脑一般，走入寻常百姓家。

（此文发表在2016年第8期《中国科技奖励》，姜俊芳整理，略有删节）

志不强者智不达

1986年3月,九三学社前辈王淦昌、陈芳允等科学家建议国家跟踪研究国外战略性高技术发展。党中央果断决策,启动实施了"863"计划。30年后,我国科技实力和创新能力全面提升,不仅实现了对战略性高技术的跟踪研究,而且在一些前沿领域取得重大突破,在主要科技领域和方向上实现了邓小平同志提出的"占有一席之地"的战略目标。对此,我要说,中国科技工作者是好样的!

同时,我们要清醒地认识到,我国科技创新能力,特别是原创能力,与发达国家还有很大差距。航空发动机、高性能芯片等核心科技仍受制于人;卫星导航、高速铁路等工程技术达到世界一流,但竞争十分激烈;像量子卫星通信这样领跑的,还屈指可数。这与我们这样一个大国还很不相称。竞争必有胜负,落后就要挨打。对此,我要说,中国科技工作者一定要争气!我们中国人做事,讲究天时地利人和。当今世界,新一轮科技革命蓄势待发,在人工智能、生物医药、新材料新能源等领域,颠覆性创新技术呼之欲出。当今中国,以习近平同志为核心的中共中央把创新摆到国家发展全局的核心位置。我国有集中力量办大事的制度优势,有世界上最庞大的科技队伍,有齐备的学科体系,而且不像过去那样"缺钱少物"。海阔凭鱼跃,天高任鸟飞。对此,我要说,今天的中国科技工作者是幸运的!

建设科技强国,必须进一步深化科技体制改革,打破束缚科技人员施展才华的条条框框,把鼓励创新的各项政策落到实处,让人才无后顾之忧,让"英雄"有用武之地。与此同时,我们科技工作者也要扛起自己的责任,不怨天、不尤人,从我做起,全身心投入到科技创新当中去。

我们要敢于担当。科技强国，等不来、买不来，只能靠自己干出来、闯出来！我们要有当年搞两弹一星时"勒紧裤腰带也要搞出原子弹"的那股劲，要有志做王选院士所说的"顶天立地"的研究，要有时不我待、只争朝夕的紧迫感，创造引领世界潮流的成果。

我们要追求原创。志不强者智不达，只随人后，永远跑不到第一。搞研究，不能满足于仅在著名期刊上发表论文，在别人原创的成果上增砖添瓦，要敢为天下先，想别人还没想到的事，立志开辟全新的领域。搞技术，不能依赖模仿，不能习惯于引进，要有不甘雌伏、奋发赶超的志气。青年科技工作者，更要发挥激情和想象力，敢于打破陈规、挑战权威。

我们要包容友善。现在做科研，越来越需要跨学科和大协作。包容，就是要海纳百川，和而不同，允许出错、宽容失败，鼓励奇思异想，欢迎别出心裁，认同殊途同归。友善，就是要周而不比，不搞小圈子，不论资排辈，不以势压人。学科带头人，不能沾染老板习气，工作别人做、名利归自己，要甘为人梯、做铺路石，让雏鹰试翼、乳虎啸谷，使青年才俊尽快成长，更快超越自己。

我们要崇尚道德。欲求科研成功，修德为先。老一代科技工作者爱岗敬业，不计名利，甘于奉献，体现的是崇高的家国情怀。几千年中华文明创造中所体现的工匠精神，从来都是精益求精，拒绝心浮气躁，反对急功近利的，而抄袭、造假等学术不轨行为更为君子所不齿。同时，在当今网络传播时代，我们科技工作者更加有责任推动全社会树立尊重科学、求真务实、客观理性的风尚。

世界正在发生深刻变化，人类文明面临新的转折。中华民族"天行健，君子以自强不息"的精神，经受住了历史的锤炼，正在接受现代化的洗礼。"日出江花红胜火，春来江水绿如蓝"，当代中国科技工作者的不懈奋斗一定能使我国早日成为科技强国，而贡献给世界和人类的，将是有担当、勇创新、重包容、崇德行的中国精神！

（此文系作者2017年3月10日代表九三学社中央在全国政协十二届五次会议上的发言）

对话潘建伟：追梦路上从不停步

王慧峰

　　"嗅每一片落叶的味道，对世界保持着孩童般的好奇。只是和科学纠缠，保持与名利的距离。站在世界的最前排，和宇宙对话，以先贤的名义，做前无古人的事业。"

　　这是两年前"感动中国年度人物"组委会给全国政协委员、中国科学院院士、量子科学实验卫星"墨子号"首席科学家潘建伟的颁奖致辞。

　　去年末，《自然》杂志发布了年度对科学产生重大影响的十大人物，不出意外地，潘建伟榜上有名。他为国际同行称道的过人之处在于"能找到关键问题且敢于冒险"，"拥有他是中国之幸"的评价可以看作是至高无上的荣耀。

　　"科技兴则民族兴，科技强则国家强。"一路走来，潘建伟深感不易，心怀感恩。这份不易不仅包含科研探索路上的曲折，更有关于中国科技的发展和普及。进入新时代，科学家的使命与责任更重，在推动中国科研从量变到质变、从跟随到引领的路上，潘建伟和他的团队依然心无旁骛、无惧毁誉，一步步完成着和未来的对话。

"纠缠"于量子世界的科学匠人

　　1996年，潘建伟留学奥地利，师从量子实验研究的世界级大师、因斯布鲁克大学安东·蔡林格教授，从此开启了他的量子信息研究历程。2001

年，潘建伟回国组建实验室，自那时起，他便点燃了中国对量子技术的热情。

记者：科学始于好奇。我们都想知道，您和量子之间，究竟是谁选择了谁？

潘建伟：我本科时接触到了量子力学。从一开始，我就被量子力学给搞糊涂了。像量子叠加、量子纠缠的问题，当时我觉得是不应该发生的，有一次期中考试还因此差点没及格。

后来我的导师对我说，既然很多量子理论马上突破很困难，那就不妨先做实验。但当时国内还不具备这个条件，所以没办法，1996年我硕士毕业后就选择了出国留学，到奥地利攻读博士学位。

那年国庆节之后，我先到维也纳，然后转火车去因斯布鲁克。到了之后，我把行李一扔就跑到导师蔡林格的办公室里。他的办公室窗外就是阿尔卑斯山，景色很美。他问我的第一个问题是："你的梦想是什么？"我也不知道自己当时是想好了还是没想好，反正张口就说："我将来就想在中国建一个像您这里的实验室，世界一流的量子光学实验室。"

从1997年开始，留学期间，我每年都趁着假期回中国科大讲学，提一些量子信息领域的发展建议，也尽力带动一些研究人员进入这个领域。

记者：究竟量子技术是个什么技术？我们普通老百姓如何理解量子概念呢？

潘建伟：其实量子力学是20世纪初诞生的，大概概念就是，世界上的所有物质，都是由最小单元颗粒化这么一种东西组成的。比如说一盆水、一杯水不断地细分，后来就变成一个个水分子。水分子是作为水的化学性质最小的单元，不存在半个水分子。空气里面也有很多小颗粒，氧原子、氢原子等等，这些东西都属于量子的范畴，所以它是颗粒化最小的单元，不再可分。

量子的概念延伸出去就会导致一种量子纠缠的概念。比如说，我手中有一个玩游戏用的骰子，你手中有一个骰子，我们俩距离比较遥远，我在北京，你在上海。在我们手中扔这个骰子的时候，如果事先它们属于纠缠的话，你每次扔都出现 5 的结果，我也出现 5 的结果。所以在遥远地点之间，有这么一种奇怪的互动。这就叫量子纠缠。

记者：量子信息技术的发展会对中国经济和百姓生活带来哪些方面的影响？

潘建伟：以量子保密通信为例，实现信息的安全传输是自古以来几千年人类梦想，但从历史经验来看，所有的经典加密算法原则上都会被破解，信息安全每天遭受很大的威胁。

量子通信在原理上提供了一种不能破解、不能窃听的信息安全传输方式，所以它在国防、政务、金融甚至银行转款、个人隐私保护方面都会起到比较好的作用。

除此之外，还有量子计算。例如，如果能够相干操作一百个粒子的话，量子计算在某些特定问题的求解方面能达到全世界计算能力总和的一百万倍，是强大的计算工具，能够解决对于传统经典计算机非常困难的问题，比如气象预报、药物设计、物理材料设计，等等。

记者：在这场全球多国参与的未来颠覆性技术竞争中，我国的进展如何？

潘建伟：中国去年实现了多光子可编程量子计算原型机，首次演示了超越早期经典计算机的量子计算能力，并实现了 10 个比特的超导量子计算芯片，这是目前国际上通过严格测试和同行评审的最大数目的超导量子比特纠缠。最近，又发布了 11 比特的云接入超导量子计算服务，用户可上传测试运行各种量子计算代码，并下载运行结果。

在量子计算方面我们有非常明确的目标，希望在未来五年能够实现 50 个比特的量子计算机，在玻色取样等任务上超越目前最快的超级计算机的运算能力，也就是实现目前大家所说的"量子称霸"。

"在他们身上看到了老一辈科学家的那种家国情怀"

2003 年到 2008 年间，中科大同意潘建伟的特殊"申请"——赴德国海德堡大学学习冷原子量子存储技术。在潘建伟的布局下，一批学生也陆续被推荐到国外各顶尖实验室，"早日学成归国为民族复兴尽力"是师生们始终铭记在心的临别赠言。

记者：我们都知道，您有一个引以为傲的科研团队。人数不多、非常年轻，但取得了领先世界的成就。他们身上，您最为看重的是什么？

潘建伟：他们中的多数在学生时代就已经表现出对物理概念很强的理解力、熟练的实验操作能力，以及创造性地解决问题的能力。队伍壮大起来之后，他们的团队合作能力也很强。

而最让我感动的是他们的责任心。对于科学家来说，出国留学、工作不是什么新鲜事，关键是出国的目的是什么。事实上，当初送他们出国学习的时候只是以"君子协议"的方式约定了学成归国，并没有一个强制的措施可以阻止他们留在国外，但是后来他们全都回来了，我在他们身上看到了老一辈科学家的那种家国情怀。

记者：这种家国情怀，某种意义上是不是比一个人专业上的造诣更为重要？

潘建伟：老一辈科学家对国家、民族的感情，一直以来对我的影响都很大。我曾讲过，两弹一星元勋、物理学家郭永怀的故事，我终生难忘。

在对科学的好奇上，我们跟这些老一辈科学家有着共同的精神血脉，在对国家的感情上也是一样。不管时代如何变迁，个人的命运总是和国家紧密相连的，所以我经常跟去国外学习的年轻人说，学成了要回国。

记者：有科学家曾经感叹过，我国科研领域是"有人才、没队伍"。您如何看待这种现象？

潘建伟：这其实是一个科研组织模式的问题。在过去，我国的科研组织主要是短期科研项目单一形式，短期科研项目就存在项目结束队伍解散的尴尬局面。事实上，近年来国家有关部门为改变这种单一形式已经进行了初步探索。

目前，在量子信息领域重大项目和国家实验室的组织工作中，我们已经规划了一系列机制体制改革措施，推动建立起一支长期稳定、体现国家意志、实现国家使命、代表国家水平的战略性研究队伍。我相信随着重大项目和国家实验室工作的推进，"有人才、没队伍"的问题会从根本上得以解决。

记者：您刚刚提到了国家实验室，我们知道国家实验室代表了一个国家相关领域的最高科技水平，从 21 世纪初我国酝酿国家实验室，到论证、长时间筹建，去年终于有所突破。在您看来，未来应该如何规划新一轮国家实验室建设？

潘建伟：国家实验室的定位是整合全国优势力量，以举国之力开展协同攻关，未来最重要的一点，就是要充分利用业已形成的良好科研生态和协同合作机制，在各战略方向分别建立独立运行的国家实验室，充分发挥相关高校、研究机构、部门和政府的积极性，形成政产学研用协同创新的新局面。

具体地说应注意两点：一是建立有效的统筹管理机制，通过设立国家层面的国家实验室独立法人机构，确保统一目标、统一领导、统一建设、统一资源、统一管理、统一评价。

二是坚持十九大报告中反复强调的事业单位"政事分开""管办分离"的改革方向。在行政管理上，由相关部门设立国家实验室管理办公室，受国务院委托行使国家实验室的行政管理职责；在科研业务上，可以依托相关领域最有优势的机构进行组建，联合相关高校和科研院所，多部门联动开展相关重大科研任务。

支撑我的是兴趣和责任

潘建伟团队已提前完成预先设定的"墨子号"三大科学目标，在赢得了巨大国际声誉的同时，将我国量子通信领域的研究推至国际"全面领先"的优势地位。而在他的同事和学生看来，是潘建伟使团队成为一个充满想象力、组织性和实验天赋的结合体。

记者：科学研究从来没有坦途，注定失败多过成功。您也肯定有过那种挫败的时候，是什么支撑您一路走到量子科学研究的最前沿？

潘建伟：实验上进展不顺的情况经常有，我觉得克服困难的根本还是来自于团队的通力合作和创造力。

比如"墨子号"本来定好 2016 年 7 月就要发射的，可是没想到，6 月底卫星进场前却突然发现一个信标光激光器能量下降，大家并没有互相推卸责任，而是一起讨论，最终联合把问题解决了。

"墨子号"刚进入轨道，外太空的环境比我们预计的还要恶劣，对卫星的光学系统很快就产生了影响，眼看实验就要做不成了，整个团队又在一起调整卫星参数，再次把卫星"挽救"了回来。

至于你说是什么支撑我一路走到现在，我想还是兴趣和责任，是"中国的科技创新一定不能仅满足于跟踪和模仿，我们也一定能做出开创性的成果"这一坚定信念。

记者：您如何看待失败和质疑呢？

潘建伟：失败和质疑，我倒觉得反而可以成为推动我们进步的一种动力。我刚开始回国组建实验室的时候，因为国内对量子信息的了解还不够，甚至有人质疑我们搞的是"伪科学"。对于这些质疑，我们不会刻意去反驳，而是坚持做好每一项工作。

从 2003 年最初提出卫星量子通信的构想，到去年"墨子号"预定科学实验任务的全部完成，经过了 14 年的努力，其中在条件非常艰苦的青海湖外场地面验证实验就进行了五年。当不断地有好的成果产生，大家也就逐步了解并认可我们所从事的研究工作的重要性了。

记者：您对刚刚踏入科学研究的新人有什么建议？

潘建伟：要找自己感兴趣的事情去做。物质科学里面有很多研究方向，需要选择自己感兴趣的方向，还有就是对自己研究课题的鉴赏能力。知道这个东西到底是不是好，是不是非常有趣，这也很重要。从这种角度上讲，去做自己比较有兴趣的事情，自己能够理解到它的妙处的事情，可能是一个比较好的选择。最后，也是最重要的，要一以贯之地坚持下去。

因为时代变迁而获得的幸运

"过去，我们在科研领域常常扮演追随者和模仿者的角色，研究方向的选定、科研项目的设立都先要看看国际上有没有人做过。量子信息是一个全新的学科，我们必须学会和习惯做领跑者和引领者。"这是 2001 年学成归国后开始酝酿组建量子实验室时，潘建伟对自己许下的承诺。在实现梦想的道路上，潘建伟从不停步。对于未来，我们也充满期待。

记者：您曾将过去五年称为中国科技创新发展的"黄金五年"。您如何评价过去五年我国在科技创新方面取得的成就？

潘建伟：得益于国家经济上的快速发展和对科技事业前所未有的重视，我国的科技整体水平顺利实现了从"跟踪、模仿为主"到"跟跑、并跑和领跑并存"的历史性转变，正在开始"全面实现并跑、领跑为主"的伟大进程。

能够在自己人生的壮年赶上国家历史性变革的时代，我觉得很幸运，这是因为时代变迁而获得的幸运。我也坚信，在这个伟大的新时代，中国的科技工作者必将有更大作为。

记者：成就有目共睹，但我记得您曾说过"我们要清醒地认识到，我国科技创新能力，特别是原创能力，与发达国家还有很大差距"。如何客观看待这种差距？

潘建伟：这种差距主要体现在某些核心技术仍受制于人，例如航空发动机、高性能芯片等。我国虽然是制造大国，但还不是制造强国，例如我国钢铁年产量超过世界总产量的一半，却仍有一些特种高质钢材的生产能力欠缺，2016 年大家广泛讨论的"造不出圆珠笔芯"的话题就说明了这一点。

再比如，我本人比较关注的信息安全领域，尽管我国在传统信息安全技术方面已经有了很大进步，但是传统信息安全"话语权"整体上仍然掌握在西方国家手中，这对国家的信息安全其实是一个长期的风险。这也是我们力求在量子通信方面取得领先、实现我国信息安全水平跨越式提升的主要原因。

记者： 造成这种差距的最主要原因是什么？

潘建伟： 这些核心技术涉及核心基础零部件、先进基础工艺、关键基础材料和产业技术基础等工业基础，是一个系统工程，需要长期的积累过程。由于历史的原因，我国错过了前两次工业革命，在第三次工业革命中也是后来者，由此造成了与发达国家的差距。改革开放后，虽然社会经济迅速发展，但仍然过多依赖于劳动密集型产业。

核心技术研发需要大量的资金投入，短期内又见不到成效，所以人们更多地满足于跟踪和模仿，追求的是如何快速获得利润。因此，创新驱动战略正是要改变这一局面，力求提升我国的原始创新能力，推进产业转型，改变"出口一亿条裤子换一架飞机"的被动局面。

记者： 以前"跟跑"时只要紧跟着第一方阵就行了，如今"领跑"会不会有很大压力？

潘建伟： 做任何事业都会有压力吧。我们处在一个大时代、新时代，能在国家的支持下，做成一些有益的、领先世界的事情，一些让国外同行也羡慕的事情，我很感恩。

但从事科学不能功利，不能急着说有没有用，科学是总结研究自然界的方法，循序渐进，慢慢就能发挥巨大的作用。我们虽然在量子通信领域取得了一些很好的成果，但也仅仅是某些方向上的成就，对于整个领域来说，我们要走的路还很长。

（原文刊载于 2018 年 3 月 15 日《人民政协报》）